稲作スマート農業の実践と次世代経営の展望

南石晃明 編著

養賢堂

まえがき

近年の情報科学技術の発展には眼も見張るものがあり，農業分野でも「スマート農業」が注目を浴びている．政策的にも農林水産省予算による「スマート農業技術の開発・実証プロジェクト」や「スマート農業加速化実証プロジェクト」などスマート農業推進が加速している．さらに，人気小説・TV ドラマ『下町ロケット』でも農業ロボットが取り上げられるなど，社会的にもスマート農業が注目されている．

既に畜産や施設園芸では情報通信技術 ICT が広く活用されているが，今後は稲作経営においてもその活用が大いに期待されている．そこで，本書では，まず稲作スマート農業の実践の取組みとその効果を紹介している．さらに，稲作ビッグデータ解析から，水管理自動化やロボット農機の評価まで，様々なスマート農業に関わる最新研究成果を盛込んでいる．これらの中には，わが国の米の生産コストを 4 割削減するという政策目標を実現できる稲作経営技術パッケージの導入効果も含まれている．

この技術パッケージの要素技術には，従来の水稲栽培技術から情報通信技術ICT（IT コンバイン，水田センサ，自動給水機，最適営農計画システム等）まで，水稲生産に関わる全ての技術が含まれている．対象とする水稲経営の経営理念・戦略・目標，立地条件，技術水準等に応じて，これら要素技術の最適な組合せが異なるのである．情報通信技術 ICT，自動化技術 AT，ロボット技術 RT は，次世代稲作経営においても，農業生産管理・経営管理の鍵の一つとなる要素技術であることは間違いない．こうした情報科学技術を最大限活用する稲作が稲作スマート農業であり，本書のテーマの一つである．

ところで，わが国の農業は，大きな環境変化に直面している．気候変動，人口減少，農産物貿易自由化等の自然・社会・経済のあらゆる面で農業を取り巻く外部環境が大きく変わろうとしている．また，農業の内部環境にも農家の減少，農業就業者の高齢化，農業法人経営の増加といった趨勢的変化が見られる．こうした環境変化に対処するには，従来の発想にとらわれず新たなビジョンを構築し，その実現を目指して農業を革新する実行力が求められている．さらに農業革新を実現するためには，スマート農業のような技術革新も重要であるが，経営管理革

新，市場・事業革新，組織革新等を含む経営全体の革新が求められている．

このような背景の中で，次世代の稲作経営についてどのような展望が描けるのか，これが本書のもう一つのテーマである．わが国の農業経営は，経営の経済規模や経営者能力からみれば主要先進国に比肩しうる水準にあるが，さらなる経営革新のためには何が求められているのだろうか．日本政府は，TPP11 協定（環太平洋パートナーシップに関する包括的及び先進的な協定：CPTPP），日 EU 経済連携協定（EPA），東アジア地域包括的経済連携（RCEP）といったメガ FTA 交渉を主導し，貿易自由化を推進している．そうした大幅な経営環境の変化の時代に，次世代の稲作経営はどのような未来を目指すべきなのか．こうした問題意識が本書の根底にある．

本書が，経営革新の意欲がある全国の多くの稲作経営者の参考になり，地域農業ひいてはわが国の農業革新に多少なりとも貢献できれば，執筆者一同，これに勝る喜びはない．また，本書がスマート農業，水稲栽培，稲作経営の研究に携わる研究者，次世代の農業に関心をもつ学生の参考にもなれば，望外の幸せである．引き続き，忌憚の無いご意見，ご鞭撻を賜りますようお願い申し上げます．

なお，本書の多くの章は，農匠ナビ 1000（次世代大規模稲作経営革新研究会）研究コンソーシアムが，農林水産省予算により生研支援センターが実施している「革新的技術開発・緊急展開事業（うち地域戦略プロジェクト）」の「農匠稲作経営技術パッケージを活用したスマート水田農業モデルの全国実証と農匠プラットフォーム構築」研究プロジェクト（略称：農匠ナビ 1000，研究代表者：南石晃明）の研究成果に主に基づいている．研究プロジェクトは本書原稿執筆時点でも進行しているが，これまでに得られた成果を速やかに社会還元したいとの思いから，本書の刊行を行うこととした．このため，本書一部には研究途中の暫定的な内容を含んでいることをご理解頂きたい．

この他，本書は，内閣府戦略的イノベーション創造プログラム（SIP）「次世代農林水産業創造技術」，日本学術振興会基盤研究，JST-JICA 予算による SATREPS プロジェクト等の研究成果に基づいている．詳細は各章末の付記を参照されたい．

これら研究プロジェクトの推進には，我々の研究プロジェクトに対して様々なご要望やご意見をお寄せ頂いた国内外の農業経営者，農匠ナビ 1000 プロジェクト協力機関として農匠稲作経営技術パッケージの全国実証・普及にご協力頂いた JA 全農（全国農業協同組合連合会）はもとより，農林水産省，内閣府，文部科学省，

農業・食品産業技術総合研究機構，協力企業を始めとする多数の方々から多大なご協力を賜った．また，本書の出版に際しては，（株）養賢堂小島英紀編集長のご尽力を賜った．ここに記して感謝の意を表します．

執筆者を代表して

南石晃明

刊行にあたって
―作物学の立場・視点から―

　現在わが国の稲作において喫緊な水稲生産技術の課題としては，次の三つの課題が挙げられる．一つは登熟期間中の異常高温に起因する収量，外観品質および食味の低下という高温登熟障害が深刻な問題になっている．このような高温登熟障害の回避に向けた収量性の確保を前提とする良質良食味米生産技術の構築である．二つは農地の集積が担い手に集積しているなかでの大規模稲作経営を前提とした省力低コスト良質米生産技術の確立，三つは米の国際競争力を高める視点から，さらなる米の生産コスト削減が求められているなかでの，増収を念頭においた良質米生産技術の開発が急務となっている．

　こうした課題と農家の高齢化，減少の進行において今，前述した課題を解決する有効な方策として，ICT（情報通信技術），AI（人工知能），ロボット技術等の最先端な情報科学技術を稲作技術に活用した革新的生産技術の開発に大きな期待が寄せられている．情報科学技術で熟練技能を可視化することによって熟練者以外でも効果的な伝達，習得ができて，その結果，適確な栽培管理が可能となり，省力化・効率化，そして高品質化が図られるということである．事実，情報科学技術を活用した水稲の増収や品質向上の成功例を示した幾つかの書の出版や報道がなされている．その一方で，米生産現場では情報科学技術の導入・普及に戸惑いが見られる．理由としては，具体的にすべき最適栽培技術例が提示されていないため，情報科学技術を活用した効果的な栽培管理の実施方法がわからないのである．例えば，品質向上のための情報通信技術を活用した効果的な水管理といっても，品質向上にとっての実施すべき最適な水管理方法が不明である．要は次世代稲作を担う稲作技術者や稲作経営者の人材育成にとって，可視化された地域に最適な圃場管理，水稲栽培管理および収穫後の乾燥調製等の技術構築が大切である．

　本書はこうした稲作農家の戸惑いに応えるためにタイムリーに上梓された解説書であり，スマート農業や稲作経営の研究者のための専門書でもある．また，持続的な大規模稲作経営を実現させるための，全国各地域においても適応できる情報科学技術を活用した稲作革新的生産技術を提示した，先導的な役割を果たす書で

もある．本書の特色としては，効果的な栽培管理技術に基づいた情報科学技術の活用例が先進稲作農家を通して記載されていることである．特に先進稲作農家自身による情報科学技術を活用した育苗・移植技術，施肥技術，水管理技術，収穫技術等が詳細に述べられている．また，先進稲作農家から得られたビッグデータの解析による収量，品質の有効な向上対策も提示されている．こうした活用事例を通して大規模稲作経営における低コスト化，作業の合理化等による生産性の向上，栽培管理の精緻化による増収と品質向上および自動化による省力化の現地実証が謳われている．

水稲の高温登熟障害が深刻な問題になっているなか，大規模稲作経営を推進していくうえでの大きな課題であった水田作における生産，経営の効率化および人材育成に大きく寄与できるものと確信する．

日本水稲品質・食味研究会　会長

松江勇次

刊行にあたって
―稲作経営者の立場・視点から―

　我々稲作経営者は，長い歴史の中で多くの農業研究者，研究機関，農業関連企業などの努力による様々な技術革新の恩恵を受けてこれまで稲作を続けてきた．

　研究機関，関連企業は農業者の課題やニーズをある意味で先回りして研究開発を行い，膨大な研究成果を蓄積し，われわれ農業者が課題に直面しそれを必要とするときにはすぐに提供できるような状況にあったと思う．

　それがここ10年ほどで起こっている地域水田農業の急激な変化によって，農業経営における課題やニーズが多様化・複雑化し，即応的に提供することは難しくなってきたと感じる．

　この変化は，高齢化した農業者の大量リタイアによるこれまでの常識を超える急速な農地の集積，加えて米消費の減少やTPP11などの市場環境の変化，外食消費の割合増加による品種ニーズの変化，そして昨今の災害を引き起こすレベルの異常気象・気候変動などなど，これまでに経験のない新たな課題であり分野も多岐にわたる．このような中，我々稲作経営者はもはや，受身的に自身の経営課題の解決に必要な新技術を待っていては，次々と降りかかる難題に対応できない状況にある．

　そこで，農業経営者が強い意志を持って，自ら必要な技術を，自らも研究者として大学や研究機関と同等の立場で研究開発するという「農業者が中心」の研究コンソーシアムを構成し，2014年から開始したのが「農匠ナビ1000プロジェクト」（第1期）である．日本の農業研究の歴史上初めてのもので，大変挑戦的な取り組みであり，このコンソーシアムの設立とプロジェクトの実施そのものも大きな成果だったと振り返る．

　私は，全国稲作経営者会議青年部顧問という立場で，全国の水田農業の将来的な担い手である若手稲作経営者と議論する機会が多く，地域や程度の差はあるものの誰もが同様の課題と危機感を持っている．そして世代的にも「スマート農業」という言葉に代表されるようなロボティクス，ICT，AI等と言った新しい技術を使った課題解決に大きな期待をしているが，一方で，経営に対して具体的にどのような効果をもたらすか明確でない新しい技術に対し，過度に期待しているよう

な面も否定できない．自分自身の経営課題を的確に捉えて，必要な新技術を自ら選択し組み合わせる（技術のパッケージ化）重要性がより高まっており，農匠ナビ1000プロジェクトが目指した，単なる要素技術の追求ではなく，その組み合わせによって経営全体がどのような経営効果をもたらすか，という視点は今後の研究開発にとって最重要である．また，農匠ナビ1000プロジェクト参画に加えて，SIPプロジェクトを始めとする国や民間企業の様々な研究プロジェクトに協力してきた経験から言えるポイントは，実際に農業経営を行っている農業経営者自らが，現場で実際に技術を組み合わせて実践的にその効果を検証することが重要，ということである．

　ただし，今回，私は農匠ナビ1000プロジェクトに「研究者」の立場として参加したが，本来農業経営者は農業経営の専門家でしかなく，研究の専門家である研究者になるということは実際には難しく，今後，多くの農業経営者が研究開発プロジェクトに積極的に参画していく時代を考えると，実践をする農業経営者と分析を行う研究者がうまく役割分担をしたうえで，一つの枠組みの中で議論を深めながら研究開発を進めていくことのできる，新しい機能をもった研究の仕組みづくりが必要になると考える．

　また，このように技術開発の分野に入っていく農業経営者は，イノベーター理論で言うところの「イノベーター」に分類されるような人たちで，技術が発展してくると「フォロアー」へと普及していくと考える．かつて手植えから田植機に移植技術が変化した際，田植え方式も育苗方式も大きく変わったが，ある先輩農業者の話では，当時の最新技術だった田植機稲作技術を学んだ相手は，専門の技術者ではなく，先に田植機を導入した農業者，つまり「イノベーター」だったという．今，開発されつつあるスマート農業という言葉に代表されるような新しい技術は，田植機稲作技術が普及したときと同じように，先行する農業経営者が技術を高めて，「フォロアー」となる農業者に普及していく形が合っているとも感じる．

　大きな変革期を迎えている稲作技術の研究開発と普及には，その仕組みさえも変化を起こす必要がある．この農匠ナビ1000プロジェクトが，その変化のさきがけとなっていたと，10年後に振り返ることを期待したい．

有限会社横田農場　代表取締役

全国稲作経営者会議　青年部顧問

横田修一

刊行にあたって
－茨城県の研究・普及の立場・視点から－

　2016年から開始した農匠ナビ1000プロジェクト（第2期）には，茨城県の広大な水田農地を有する県南ならびに県西地域の稲作を主体とする意欲ある4経営体（農家）が参加し，行政，普及，研究が一体となって，それぞれの経営体が目指すべき経営改善を実証，確立しようとした．農家をはじめ，県の普及指導員，行政職員，研究職員が「研究員」として行う実証研究は，初めてのことである．

　2016年度は各農家の経営上の問題点を把握するため，2015年度の米の生産費を調査したが，最初は「戸惑い」が多かったと思う．農家としても顔見知りの普及指導員以外の県職員に経営収支をすべて開示するのは，ためらいがあっただろうし，一方，栽培技術を有していても農家経営に未熟な県職員が一国一城の主である農家に立ち入り，経営改善の提案をしても受け入れてもらえるだろうかといった不安もあったと想像できる．しかし，互いに本音で議論してPDCAを回し，同じ視線で目標を達成するため，研究に取り組んだことで，これまでにない強固な「信頼関係」を築くことができたものと考えている．

　その結果，基本技術の見直しと励行に加え，IT農機や省力・低コスト技術を取り入れた営農改善計画（アクションプラン）の実施によって，60kg当たりの米生産費削減効果が明らかになってきた．この結果を見て，農家も「やってきたことに間違いがない」と自信につながったものと推察できる．

　本プロジェクトに参加したことで，実証農家，県の普及指導員，行政職員，研究職員がそれぞれ大きく成長できたと考えている．私達が得た最も大きな成果は，人づくり（人材育成）であったと言っても過言ではない．今後，彼らが本県の大規模水田農業を担う農家，指導者であることは間違いないと確信している．近い将来，彼らを中心とした研究会組織を立ち上げ，県内に技術の横展開を図っていきたい．

　本県の取り組みを参考事例として各地域でご活用いただければ幸いです．また，プロジェクトにご協力頂いた実証経営をはじめ，関係者の皆様に厚く御礼申し上げます．

茨城県農業総合センター農業研究所　所長

渡邊　健

目　次

まえがき………………………………………………………………………… 3

刊行にあたって………………………………………………………………… 6

序章　本書の目的と構成……………………………………………………16
　1. 背景と目的………………………………………………………………16
　2. 本書の構成………………………………………………………………19

第1章　稲作経営革新の現状………………………………………………22
　1. はじめに………………………………………………………………… 22
　2. 稲作経営革新の事例分析……………………………………………… 23
　3. 稲作経営革新の全国アンケート調査分析…………………………… 32
　4. おわりに………………………………………………………………… 39

第1部　農匠経営技術パッケージを活用したスマート水田農業の実践…………43
　第2章　先進稲作経営が主導する技術パッケージの開発と実践………………44
　　1. はじめに………………………………………………………………… 44
　　2. 農匠ナビ1000実証研究の背景と農業経営技術パッケージの概要………44
　　3. 密苗の高精度移植による水稲省力・低コスト栽培技術……………… 48
　　4. 流し込みによる水稲省力的施肥技術………………………………… 53
　　5. 温暖化時代における臨機応変な追肥技術…………………………… 57
　　6. 高温登熟条件下における増収・良質米生産技術…………………… 62
　　7. ITコンバインによる水稲の収量計測・可視化手法と生産履歴システム…
　　　　　　　　　　　　　　　　　　　　　　　　　　　　　　　……66
　　8. 水田センサによる水稲水管理の可視化と改善……………………… 70
　　9. 自走式土壌分析システムによる土壌マップ作成手法……………… 74
　　10. 農作業映像コンテンツの作成手法と技術・技能伝承……………77
　　11. 大規模稲作経営における直播栽培と流し込み施肥によるコスト低減の可
　　　　能性と課題………………………………………………………………82
　　12. 無人ヘリ・UAVによる生育情報の収集および判定技術………………86

13. 圃場均平作業の省力化・コスト低減をめざした制御可能な排土板付ウイングハローの試作……90

14. おわりに……94

第3章　茨城県におけるスマート水田農業の実践……98

1. はじめに……98

2. 茨城県における地域農業戦略と稲作経営の課題……98

3. 茨城県県南・県西地域における稲作経営戦略と省力・低コスト栽培技術の実証……100

4. 茨城県における農業生産管理システム ICT の導入活用事例……131

5. 農匠ナビ 1000 プロジェクトの横展開……139

6. おわりに……141

第4章　福岡県におけるスマート水田農業の実践……144

1. はじめに……144

2. 福岡県における地域農業戦略と稲作経営の課題……145

3. IT コンバインを活用した圃場別収量マップの作成と収量レベルに対応した増収技術……148

4. 登熟期間中の飽水管理技術による収量・品質向上……152

5. 水田センサを活用した飽水管理技術と水管理の省力化……154

6. IT コンバインや水田センサの普及可能性……156

7. おわりに……158

第2部　稲作スマート農業における情報通信・自動化技術の可能性と課題……161

第5章　ビッグデータ解析による水稲収量品質の決定要因解明と向上対策……162

1. はじめに……162

2. 先進大規模稲作経営におけるビッグデータ構築と可視化……162

3. 水稲収量・品質の定義と圃場別の実測・推計……165

4. 水稲収量・品質の決定要因……167

5. おわりに……178

第6章　情報通信・自動化技術による稲作経営・生産管理技術の改善・革新……182

1. はじめに……182

2. 農匠プラットフォームによる低収量圃場特定と水管理改善·············184

3. 自動給水機の受容価格帯と水管理改善効果················190

4. 圃場内水稲収量分布と水位・水温変動の関連性··············196

5. 現場運用可能な土壌センシングの活用方法···············200

6. 現場運用可能な UAV 利用水稲生育情報の収集方法·········· 203

7. 農業技術体系データベース FAPS-DB による経営シミュレーション··· 208

8. FAPS による気象変動を考慮した最適作付計画············· 212

9. おわりに·······························216

第7章　大規模稲作経営における情報通信・ロボット技術導入効果··········220

1. はじめに······························220

2. 稲作経営者からみた情報通信・ロボット技術の可能性···········220

3. 稲作経営における機械操作技能向上のコスト削減効果···········230

4. 稲作経営におけるロボット農機の規模拡大効果··············234

5. 稲作収穫・水管理・施肥管理支援 IT サービスの評価···········238

6. 稲作経営における ICT 費用対効果の評価················243

7. おわりに·····························249

第3部　稲作経営の事業展開・マネジメントと国際競争力·············251

第8章　稲作経営の経営管理と情報マネジメント

—他作目と比較した特徴—···························· 252

1. はじめに······························252

2. 全国農業法人アンケート回答経営と分析視角··············253

3. 稲作経営の経営属性·······················254

4. 稲作経営における経営目的と経営管理意識···············258

5. 稲作経営における人的資源管理·················261

6. 稲作経営における事業展開···················264

7. 稲作経営における情報マネジメント·················268

8. おわりに·····························271

第9章　稲作経営における TPP の影響と対応策

—他作目と比較した特徴—···························· 274

1. はじめに······························274

2. TPP における農産物の合意内容と日本農業への影響···········275

3. アンケート調査の概要‥‥‥‥‥‥‥‥‥‥‥‥‥‥‥‥277

4. TPP の影響と対応に対する農業法人の意識‥‥‥‥‥‥278

5. TPP に対する経営対応策と規定要因‥‥‥‥‥‥‥‥‥281

6. おわりに‥‥‥‥‥‥‥‥‥‥‥‥‥‥‥‥‥‥‥‥‥288

第 10 章　世界の稲作経営の多様性と競争力‥‥‥‥‥‥‥292

1. はじめに‥‥‥‥‥‥‥‥‥‥‥‥‥‥‥‥‥‥‥‥‥292

2. 農産物競争力における「価格」と「非価格要因」‥‥‥‥292

3. ヨーロッパ大陸イタリアの稲作経営‥‥‥‥‥‥‥‥‥295

4. 北アメリカ大陸アメリカ（カリフォルニア）の稲作経営‥‥‥303

5. 南アメリカ大陸コロンビアの稲作経営‥‥‥‥‥‥‥‥312

6. アジア大陸中国の米生産と技術革新‥‥‥‥‥‥‥‥‥322

7. おわりに‥‥‥‥‥‥‥‥‥‥‥‥‥‥‥‥‥‥‥‥‥331

第 11 章　次世代稲作経営の展望‥‥‥‥‥‥‥‥‥‥‥‥336

1. はじめに‥‥‥‥‥‥‥‥‥‥‥‥‥‥‥‥‥‥‥‥‥336

2. 欧州主要国と比較したわが国の農業経営‥‥‥‥‥‥‥336

3. 稲作経営を取り巻く長期的変動要因とリスク‥‥‥‥‥338

4. 次世代稲作経営の将来像‥‥‥‥‥‥‥‥‥‥‥‥‥‥342

5. 次世代農業経営確立の政策課題‥‥‥‥‥‥‥‥‥‥‥349

6. おわりに‥‥‥‥‥‥‥‥‥‥‥‥‥‥‥‥‥‥‥‥‥354

索引‥‥‥‥‥‥‥‥‥‥‥‥‥‥‥‥‥‥‥‥‥‥‥‥‥‥357

執筆者一覧‥‥‥‥‥‥‥‥‥‥‥‥‥‥‥‥‥‥‥‥‥‥361

序章　本書の目的と構成

1. 背景と目的

　本書には，2つの目的がある．第1の目的は，スマート農業の実践事例における取組み概要とその効果を紹介することである．第2の目的は，長期的国際的視点も加味して次世代稲作経営の展望を行うことである．スマート農業は後者において重要な要素であるが，それ以外にも，経営環境変化や経営革新等，経営展望を行う際に考慮すべき様々な重要な要因も多数存在している．本書では，可能な限りこれらの要因についても検討を加えることとする．

1）スマート農業とICT活用

　まず，第1の目的に関連して，スマート農業の概要や背景を以下に紹介する．農業情報学会（2014）では，「生産から販売までの各分野がICTをベースとしたインテリジェンスなシステムで構成され，高い農業生産性やコスト削減，食の安全性や労働の安全等を実現させる農業」をスマート農業としている．また，農林水産省（2016）は，「ロボット技術やICTを活用して超省力・高品質生産を実現する新たな農業」を「スマート農業」として推進している．

　「スマート（Smart）」には，機敏，頭のよい，賢明，気のきいた，洗練されたといった意味があるので，「刻々と変化する状況変化に応じた，きめ細やかで，洗練された最適な生産管理や経営管理を迅速に行う農業」と言い換えることもできよう．従来は，匠の技を持つ熟練農家（篤農家）が，五感をセンサとして作物や家畜の生育状態，気象や農地の条件などをきめ細やかに感じ取り，刻々と変化する状況変化に応じた最適な農作業を高度な技能により行ってきた．しかし，こうした洗練された農業を，一定以上の経営規模で行うためには，情報通信技術（ICT），自動化技術（AT），ロボット技術（RT）の活用・併用が必要な時代になっているのである．

　こうした技術革新の影響は，無論のこと，農業に留まるものではなく，社会全体にも大きなイノベーションを起こそうとしている．政府が策定している第5期科学技術基本計画においては，わが国が目指すべき未来社会の姿として Society

5.0 が提唱されている（内閣府 2018）．これは，「サイバー空間（仮想空間）とフィジカル空間（現実空間）を高度に融合させたシステムにより，経済発展と社会的課題の解決を両立する，人間中心の社会（Society）」であり，「狩猟社会（Society 1.0），農耕社会（Society 2.0），工業社会（Society 3.0），情報社会（Society 4.0）に続く，新たな社会」とされている．また経団連（2017）からも Society 5.0 の未来像の提言がなされている．

こうした未来社会の実現に欠かせない科学技術として，データセントリック科学（Data Centric Science）が多くの分野で注目を浴びている．これは「大量の実データを収集して主として計算機上で解析を行い，それを活用することにより，何が起きているのかを解明し，また，新しい研究を開拓・推進する科学」（文部科学省 2018）であり，IoT，ビッグデータ解析，ディープラーニング，AI 等の最新技術の多くはこの科学領域に関わるものである．こうした科学技術革新に基づいて，経済や社会の未来像として，データ駆動型経済やデータセントリック社会が描かれることも多くなっている．その意味では，スマート農業は，農業におけるサイバー空間とフィジカル空間の融合ということもできる．

こうした背景から，近年，大きく注目されているスマート農業であるが，稲作に関しては実践事例の部分的な報告や報道はあるものの，具体的な実践内容や効果まで明らかにした研究成果はほとんどみられない．そこで本書の第 1 の目的は，スマート農業の実践取組み内容とその効果を紹介することである．これらの点については，第 1 部（第 2 章〜第 4 章）および第 2 部（第 5 章〜第 7 章）が主に対応している．

2）イノベーションと次世代経営展望

次に第 2 の目的に関連する背景としては，稲作経営を取巻く様々な環境変化が指摘できる．主食としての米の消費面に着目すると，わが国の人口減少・高齢化により，長期的には米需要量の低下が予見されている．また，TPP 等に代表される自由貿易の進展により，国産米の価格低下が予見され，コスト低減と共に品質向上等による差別化が喫緊の課題となっている．さらに，気候変動による生産リスクの増大，技術革新による技術リスクの増大等が想定でき，稲作経営におけるリスク・マネジメントの必要性が従来にも増して高まっている．

こうした背景から，今後は，稲作経営においても，経営管理能力に優れ，技術革新にも迅速に対応できる法人経営の役割が益々大きくなるとの指摘もある．稲

作における経営革新を実現するためには，一定の経営規模が必要な時代になりつつあり，その意味では法人経営の有利性が高まっているといえる．そこで本書の第2の目的は，法人経営を主な対象として，次世代稲作経営の展望を行うことである．そのためには，まず稲作法人経営の事業展開やマネジメントの現状を明らかにする必要がある．さらに，想定される経営環境変化の中で経営への影響が最も大きいと考えられるTPPに代表される貿易自由化に対する評価や対応策について，稲作経営者がどのような意識・意向を持っているかも明らかにする必要がある．さらに，海外の稲作経営と比較したわが国の稲作経営の国際競争力についても検討を行う必要がある．これらの点については，主に第3部（第8章〜第10章）および第11章が対応している．

　なお，技術パッケージは経営革新において重要な役割を果たす．第1部および第2部では，稲作経営における生産面の技術革新と経営管理革新を主な対象としている．これらの革新を実践するための体系化された技術・ノウハウ・技能の総体が「技術パッケージ」といえる（南石ら 2016）．技術パッケージの対象となる技術は，個々の栽培技術に留まらず，生産管理のためのあらゆる技術を意味している．また，経営管理に関わる技術も対象にしている．こうした農業経営に関わる技術を幅広く対象にして，経営革新を目指す農業経営の戦略や現状に最適な技術を組み合わせたものが技術パッケージである．生産管理と経営管理の革新には情報通信技術（ICT）が重要な役割を果たすため，ICTも技術パッケージの重要な要素となる．

　ところで，農業全体において，技術革新に加えて，市場・事業革新，経営管理革新，組織革新に区分される経営革新が進行している．経営革新は，経営段階のイノベーションであり，OECDオスロマニュアルでは，イノベーションを（1）プロダクト・イノベーション，（2）プロセス・イノベーション，（3）マーケティング・イノベーション，（4）組織イノベーションの4つに区分している（文部科学省 2016）．もともと，「イノベーション」は，経済発展の主要因として経済学者Schumpeterが『経済発展の理論』において再定義した経済学用語である．その後，イノベーションは，農業分野を含めて，産官学の幅広い分野で重要な概念となっており，様々な区分や定義が併存しているが，Schumpeterのイノベーションは，（1）新しい生産物または生産物の新しい品質の創出と実現，（2）新しい生産方法の導入，（3）産業の新しい組織の創出，（4）新しい販売市場の開拓，（5）新しい買い付け先の開拓に区分されている．

技術革新の事例としては遺伝子組換えやゲノム編集等（生命科学）による新品種開発，ICT・IoT・AI 等（情報学）を応用したロボット農機や植物工場があげられる．前者はプロダクト・イノベーション，後者はプロセス・イノベーションともいえる．酪農経営では給餌から糞尿清掃，搾乳までの主要生産工程全ての自動ロボットが商品化されており，ほぼ無人化された畜舎での酪農が技術的には可能になっている．施設園芸や植物工場でも収穫ロボットが実用化段階になり，全生産工程自動化が実現されつつある．また，経営管理面では，農業法人経営の増加や一般企業の農業参入の進展もあり，事業多角化・新市場参入が広くみられるが，これは市場・事業革新あるいはマーケティング・イノベーションといえる．さらに，従来の農業経営では，農業の匠の指示で従事者が作業を行うトップダウン型の組織がしばしば見られたが，最近では従事者の創意工夫・自律分散を重視するネットワーク（アメーバ）型組織も見られるが，これは組織革新あるいは組織イノベーションといえる．

2. 本書の構成

　本書は，本章の他，第 1 章〜第 11 章で構成されており，第 2 章〜第 10 章は 3 つの部に区分している（表 0-1）．まず第 1 章「稲作経営革新の現状と課題」では，わが国の農業法人経営を対象にした事例分析と全国アンケート分析により，稲作経営革新の現状を明らかにしている．

　これを受けて，第 1 部「農匠経営技術パッケージを活用したスマート水田農業の実践」では，わが国を代表する先進稲作経営の他，茨城県や福岡県での実践の取組みを紹介する．第 2 章「先進稲作経営が主導する技術パッケージの開発と実践」では，農匠ナビ 1000 プロジェクト（第 1 期）に共同研究機関として参画した先進稲作経営 4 社における「農家目線」の実践内容とその効果を幅広く取り上げている．その後，第 3 章と第 4 章では，第 1 期の研究成果を面的に普及するために実施している農匠ナビ 1000 プロジェクト（第 2 期）に共同研究機関として参画した茨城県・福岡県両県の実証経営における実践内容とその効果を紹介している．これらの章では，最初に地域農業戦略と地域農業の概要を述べ，収量品質向上やコスト削減の実現に向けたスマート農業を含む経営技術パッケージ導入の取組み，実践の内容とその効果を述べている．具体的には，経営技術パッケージ要素としては，密苗，直播，IT コンバイン，水田センサ，最適営農計画作成システム（FAPS）

20　序章　本書の目的と構成

表 0-1　本書の構成

章別構成　　　　　　　　　　　キーワード	スマート農業	経営展望	技術パッケージ	農家目線	世界視点
序章　本書の目的と構成					
1 章　稲作経営革新の現状	○	○	○		
1 部　農匠経営技術パッケージを活用したスマート水田農業の実践					
2 章　先進稲作経営が主導する技術パッケージの開発と実践	○		○	○	
3 章　茨城県におけるスマート水田農業の実践	○		○	○	
4 章　福岡県におけるスマート水田農業の実践	○				
2 部　稲作スマート農業における情報通信・自動化技術の可能性と課題					
5 章　ビッグデータ解析による水稲収量品質の決定要因解明と向上対策	○				
6 章　情報通信・自動化技術による稲作経営・生産管理技術の改善・革新	○				
7 章　大規模稲作経営における情報通信・ロボット技術導入効果	○			○	
3 部　稲作経営の事業展開・マネジメントと国際競争力					
8 章　稲作経営の経営管理と情報マネジメント　―他作目と比較した特徴―		○		○	
9 章　稲作経営における TPP の影響と対応策　―他作目と比較した特徴―		○		○	
10 章　世界の稲作経営の多様性と競争力		○		○	○
11 章　次世代稲作経営の展望	○	○	○	○	○

等が含まれている．特に第 3 章では，稲作経営者の意向を尊重した「農家目線」の経営改善案を稲作経営者と県の研究者・普及員が協力して作成，実践した取組みとその効果を紹介している．

　第 2 部「稲作スマート農業における情報通信・自動化技術の可能性と課題」では，第 1 部の取組み，実践の基盤となる情報通信技術 ICT や自動化技術の最新の研究成果を幅広く紹介すると共に，今後の課題も述べている．まず第 5 章「ビッグデータ解析による水稲収量品質の決定要因解明と向上対策」では，水田約 1,000 圃場で計測した圃場別の水稲収量・品質に，土壌成分，水管理（水位，水温），施肥，品種，作期等の様々な要因がどのように影響しているのかを，稲作ビッグデータ解析により明らかにしている．次に第 6 章「情報通信・自動化技術による稲作経営・生産管理技術の改善・革新」では，農匠プラットフォーム，自動給水機，水田センサ，土壌センサ，UAV（ドローン），FAPS-DB，FAPS 等の ICT・自動化技術による稲作経営管理・生産管理の改善について述べている．第 7 章「大規模稲作経営における情報通信・ロボット技術導入効果」では，様々な最新技術に対

する経営者による達観評価を紹介すると共に，FAPS による定量評価，仮想カタ
ログ法や因子分析等による統計分析の結果を紹介している．これらの章は，可能
な限り「農家目線」で開発と評価を行っている．

　第 3 部「稲作経営の事業展開・マネジメントと国際競争力」では，稲作経営の
経営管理や経営環境変化に着目して，他作目と比較した稲作経営の特徴を明らか
にしている．第 8 章「稲作経営の経営管理と情報マネジメント—他作目と比較し
た特徴—」は，筆者らが実施した全国農業法人経営アンケート分析に基づいてお
り，「農家目線」からの回答に基づく分析結果である．第 9 章「稲作経営における
TPP の影響と対応策—他作目と比較した特徴—」は，経営環境激変事例として TPP
を取上げ，前述アンケート分析により，農業経営者が考える影響と対応を明らか
にしている．一方，第 10 章「世界の稲作経営の多様性と競争力」は，広く海外に
目を向け，「世界視点」で世界 4 大陸の稲作経営（イタリア，アメリカ，コロンビ
ア，中国）を概観し，わが国の位置づけを行っている．

　最後に，第 11 章「次世代稲作経営の展望」では，わが国の農業経営が欧州主要
国農業経営と比肩する経営規模になっていることを確認した後，本書の内容に基
づいて次世代稲作経営のシナリオを考察している．

（南石晃明）

引用文献・参考文献

経団連（2017）Society 5.0 実現による日本再興，http://www.keidanren.or.jp/policy/2017/010.html
文部科学省（2016）第 4 回全国イノベーション調査統計報告，http://www.nistep.go.jp/archives/
　　30557
文部科学省（2018）データセントリック科学（Data Centric Science），http://www.mext.go.jp/
　　b_menu/shingi/gijyutu/gijyutu4/toushin/attach/1256592.htm
内閣府（2018）Society 5.0，http://www8.cao.go.jp/cstp/society5_0/index.html
南石晃明，長命洋佑，松江勇次［編著］（2016）「TPP 時代の稲作経営革新とスマート農業—
　　営農技術パッケージと ICT 活用—」，養賢堂．
農林水産省（2016）スマート農業の実現に向けた取組と今後の展開方向について，http://www.
　　maff.go.jp/j/seisan/gizyutu/hukyu/h_event/attach/pdf/smaforum-28.pdf
農業情報学会［編］（2014）「スマート農業—農業・農村のイノベーションとサスティナビリ
　　ティ」，農林統計出版．

第1章　稲作経営革新の現状

1．はじめに

　稲作経営は，わが国の「主食」の生産を行っており，食料安全保障上も重要な社会的使命を担っている．また，農業総産出額 92,025 億円のうち，米は単一作物としては最大の農業産出額 16,549 億円（全体の 18%）を占めている（農林水産省『平成 28 年生産農業所得統計』，http://www.maff.go.jp/j/tokei/kouhyou/nougyou_sansyutu/index.html）．さらに，部門別経営体数を見ると，農産物販売金額 1 位が稲作の経営は 714,870 経営体であり，全部門経営体数 1,245,232 経営体の 57%を占めている（農林水産省『2015 年農林業センサス』，http://www.maff.go.jp/j/tokei/kouhyou/kensaku/bunya1.html）．

　このように，稲作経営は，わが国の農業を代表する経営類型であり，様々な政策支援も実施されており，稲作経営の現状や課題，さらには今後の展望について社会的な関心も高い．稲作の歴史は長く，JA 農協をはじめとする関係農業団体も多数存在しており，以前から多くの課題が指摘されているが，近年は，稲作を行う農業法人経営の増加もあり，稲作経営の革新が進展している．

　研究面からみても，わが国の農業の発展，競争力，政策等を論じる場合，水田農業や稲作経営が主要な対象とされる場合が多い．例えば，2016 年度の日本農業経済学会大会シンポジウムでは，安藤（2016）が水田農業政策の展開過程を，細山（2016）が大規模水田作経営の展開を論じており，ミニシンポジウムでは「水田農業の次世代モデル」（佐藤ら 2016）が論じられている．また，2015 年度には高橋（2015）が稲作を主な対象とした農業調整問題について，さらに 2014 年度には川崎（2014）や冬木（2014）が国産米の品質評価や競争力について論じている．こうしたシンポジウム関連以外にも既に膨大な研究蓄積があり，新たな研究の余地は僅かであるようにも思われる．

　その一方で，従来の研究であまり着目されてこなかったテーマもある．その 1 つは，現実の営農現場や研究開発で広がっている経営革新のフロンティアである．そうした先進経営が一定の層として存在するようになっており，その中には，従来の「常識」を超える農業経営も出現している．こうした先進農業経営は次世代

第 1 章　稲作経営革新の現状と課題　　23

農業の萌芽ともいえる存在であり，これらの農業経営革新の実態・現状を明らか
にすることは，わが国農業の将来展望や政策立案に資する基礎的知見の整理とい
う意味で，学術的にも社会的にも意味のあることといえよう．

　そこで，本章では，南石（2017）に基づいて，スマート水田農業モデルの学際
的研究開発プロジェクトや農業法人を対象にした全国アンケート調査等の研究成
果に依拠しつつ，稲作経営を主な対象として，農業経営革新の現状を明らかにす
る．まず，第 2 節では，農匠ナビ 1000 プロジェクト（第 1 期）の成果に基づいて，
先進稲作法人経営 4 社を対象に，生産コスト低減の可能性や経営革新の実態・現
状について述べる．こうした萌芽的な先進事例の分析と全国的な現状とを関連付
けた議論を行うため，第 3 節では，全国の農業法人経営を対象に筆者らが実施し
たアンケート調査に基づいて経営革新の現状について述べる．

　なお，農業経営の発展は，経営革新によって経営の成長，継承，体質改善が持
続的になされていく過程と考えられている（稲本 2000，南石 2011a）．また，経
営資源という面からみれば，革新の主体は「人的資源（人材）」であり，経営革新
を促進するためには，人材育成が重要な課題になる[注1]．しかし，稲作経営を論じ
る際に，従来は経営資源の中で「農地」に着目する場合が多く，「人的資源（人材）」
に関わる研究蓄積は限定的であり，今後のさらなる研究が期待される分野である．
そこで，本章では今後その重要性が高まると考えられる「人的資源」に焦点をあ
てている．

注 1）農地に関する研究蓄積に比較し人的資源・情報資源に関する研究は限定的であり，今
後の研究が期待される．人的資源は，技能・ノウハウ・技術や情報資源とも密接に関連して
おり，南石（2015）では，これらの用語定義から ICT 活用による技能向上まで対象にして
いる．技能・ノウハウ・技術の向上は，作業時間の短縮，作業精度・収量・品質の向上を実
現するが，松倉ら（2015）は作業能率の向上がコストを 2～3 割程度低下させる可能性があ
ることを定量的に分析している．また，農業革新と人材育成システムに関する国内農業を対
象とした実証研究および国際比較研究については南石ら（2014）を参照されたい．

2.　稲作経営革新の事例分析

　本節では，農匠ナビ 1000 プロジェクト研究（第 1 期，南石ら 2016ab）に参画
した 30ha～160ha の先進稲作経営 4 社における経営革新の事例分析を行う[注2]．具
体的には，稲作経営技術パッケージと稲作経営革新について，技術革新，組織革
新，事業・市場革新に着目した整理を行う．なお，技術革新の対象となる技術に

24　第1章　稲作経営革新の現状

表 1-2-1　経営革新の区分と事例

経営革新[注1]	本章で取り上げる革新の具体的内容の例示	イノベーション[注2] との関係
事業・市場革新	事業や販路の多角化（高付加価値米や加工食品の生産，消費者・小売業者・食品加工業者への販売等）	新しい生産物ないし生産物の新しい品質の創出と実現（新たな製品設計），新しい販売市場の開拓（斬新なマーケティング）
技術革新	新たな栽培方法（密苗栽培），新たな生産管理方式（機械 1 台体系で100ha 超の水稲生産，ICT 活用による「見える化」等）	生産部門における事実上未知の新しい生産方法の導入（新たな生産プロセス）
経営管理革新	新たな経営管理方式（ICT 活用による経営管理・人材育成等）	
組織革新	専門化・自立分散型生産管理組織	新しい組織の創出（組織革新）

注 1）稲本（2000）に基づく．
注 2）稲本・津谷（2011）に基づく．ただし，「原料ないし半製品の新しい買い付け先の開拓」は本章では対象にしていない．
出典：南石（2017）.

は水稲栽培技術と共に ICT 活用による生産管理手法等も含まれるため，技術革新は生産管理面での革新が主な内容となる．

　本書のキーワードの一つである経営革新は，①技術革新，②事業・市場革新，③経営管理革新，④組織革新に大別できる．表 1-2-1 には，本章で取り上げる経営革新の事例と「イノベーション」との関係を示している[注3]．技術革新は，新しい品目・品種，作型，栽培方法，機械・施設，情報通信技術 ICT 活用による新たな生産管理手法等の導入を行うことである．事業・市場革新は，新たな部門の導入や販売チャネルの開拓等を意味している．経営管理革新は，成長・発展のための経営分析・計画・統制に関わる革新であり，ICT 活用による新たな経営管理手法の導入等も含まれる．経営管理革新には組織革新が関連し，生産管理面での革新には狭義の技術革新のみならず，経営管理革新や組織革新が関わる場合がある．

1) 稲作経営における経営革新と生産コスト低減

　農匠ナビ 1000 プロジェクト（第 1 期）の結果は，南石ら（2016a）で詳しく紹介しているように，全国 15ha 以上規模層の玄米 1kg あたり「全算入生産費」は192.6 円であるのに対し，プロジェクトに参画した 30ha 規模経営は 154.6 円（全国 15ha 以上規模層の 80.3%），100ha 超規模経営は 149.5 円（同 77.6%）まで低減

していることを示している[注4]．特に，物財費のうち建物・自動車・農機具費は49.7円から27.3円，23.8円へそれぞれ低減しており，全国15ha以上規模層の55.0%〜47.9%であり半減している．建物・自動車・農機具費の大半は機械施設の減価償却費であり固定費である．このため，規模拡大により機械施設の稼働率や作業効率が向上し，固定費低減に大きな効果が現れたことを示している．これに対して，物財費のうち種苗費・肥料費・農業薬剤費等は変動費であり，規模拡大による低減効果は相対的に小さいことが確認できる．なお，こうしたコスト低減は，玄米1kgあたりでみればわずかに思えるが，経営全体では大きな経営改善になる[注5]．

2) 稲作経営技術パッケージと技術革新・組織革新
(1) 経営立地・戦略と稲作経営技術パッケージ

　農匠ナビ1000プロジェクト先進経営4社が生産コスト低減を実現している背景には，経営技術パッケージ（各社の経営戦略に対応した技術の最適な組合せ）がある．個別技術ではなく，経営技術パッケージを確立することが重要な経営革新であるといえる．また，技術が意図した成果を上げるためには，技術を使いこなせる作業者のノウハウや技能が必要である．このため，技術パッケージは，技術と共に可視化されたノウハウや技能も対象としている．こうした技術の中には，水稲栽培技術だけでなく，生産管理に関わる技術も含まれる[注6]．経営戦略が異なれば，異なる経営技術パッケージが必要になるため，経営技術パッケージは経営環境の変化に対応して変化する場合がある[注7]．

　先進経営4社の概要，戦略，経営技術パッケージの特徴を表1-2-2に示す．例えば，Y社「機械体系1セットによる100ha超稲作経営技術パッケージ」は機械施設の稼働率や作業効率の向上等により生産コスト低減を実現している．また，B社「高収益低コスト稲作複合経営（加工）技術パッケージ」では，周密な施肥・水管理，「への字」栽培，刈取ロス低減等により，高収量（全圃場品種平均590kg）と低コストの両立を実現している．

　各社の売上高は約7,000万〜3億円，従事者数（＝役員＋正社員）は4〜17人，水稲経営面積は29.6〜187ha（うち水稲作付面積21.2〜157ha）であり，後述するように多様な事業展開を行っている．各社の経営・技術の詳細は，南石ら（2016a）を参照されたい．4社とも，消費者への小売（小分け）製品では収益率（＝販売価格÷生産費）が2倍以上の商品がある．特にB社の収益率は4社の中で最も高

26　第 1 章　稲作経営革新の現状

表 1-2-2　先進経営の概要，戦略，経営技術パッケージ

作付規模	30ha 規模	30ha 規模	100ha 超規模	100ha 超規模
社名（立地県）	A 社（熊本）	B 社（石川）	Y 社（茨城）	F 社（滋賀）
水稲作付面積①	21.2ha	28.0ha	125ha	157ha
水稲作業受託面積②	10.6ha	1.6ha	20ha	30ha
水稲経営面積③＝①＋②	31.8ha	29.6ha	145ha	187ha
その他作物作付面積	0.6ha	1.4ha	0	55ha
その他作物作業受託面積	0	0	0	20ha
役員数	2 人	4 人	2 人	4 人
正社員数	2 人	8 人	11 人	13 人
長期パート従業員	2 人	10 人	5 人	1 人
売上高	6,800 万円	1 億 4,600 万円	1 億 3,000 万円	3 億 800 万円
立地条件に対応した経営戦略	作付規模拡大困難であり，複合化・低投入経営を志向	作付規模拡大困難であり加工・高付加価値経営を志向	作付規模拡大に対応できる生産システムを志向	作付規模拡大に対応できる生産システムを志向
経営技術パッケージ名	低コスト稲作複合経営（畜産）技術パッケージ	高収益低コスト稲作複合経営（加工）技術パッケージ	機械体系 1 セットによる 100ha 超稲作経営技術パッケージ	高収量 150ha 超稲作複合経営（野菜）技術パッケージ
収益率 2 倍以上の品種・栽培様式（抜粋）	森のくまさん（慣行）	コシヒカリ（特栽）コシヒカリ（慣行）にこまる（特栽）にこまる（慣行）あきだわら（特栽）	コシヒカリ（有機）コシヒカリ（特栽）ミルキークイーン（特栽）等	コシヒカリ（有機）コシヒカリ（特栽）ミルキークイーン

注 1）農匠ナビ 1000 実施期間の経営概要を示す（面積は 2015 年作付，売上は各社 2014 年度会計年度）.
出典：南石（2017）

く収益率 2〜2.5 倍であり，それぞれの経営の外部環境（気象・農地等）および内部環境（技術・人材等）に対応して高付加価値戦略を実践していることが確認できる.

（2）技術革新と組織革新が連動した経営革新の事例

　Y 社「機械体系 1 セットによる 100ha 超稲作経営技術パッケージ」は，わが国の稲作経営の「常識」を覆す経営革新といえる. その特徴は以下の 4 点に要約でき，①，②，③は技術革新，④は組織革新と経営管理革新に区分できる. この例は，技術革新と組織革新が連動することで，大きな経営革新が実現できることを示している.

①圃場集積と団地化

　2.5km 四方の地域での規模拡大を進めることで，圃場の面的集積・圃場連坦による区画拡大（平均 32a）を行っている. 規模拡大により平均圃場面積は一時的に低下するが，一定規模（100ha 程度）に達した以降は，圃場の面的集積・連坦化により平均圃場面積も増加し作業効率が向上する現象がみられる.

②作期拡大

　7 品種を組合せることで田植は 4 月中旬〜6 月下旬，収穫は 8 月中旬〜10 月下

旬まで実施し作期拡大を図っている.

③周到な作業計画

　無駄のない育苗管理，圃場条件・特性を考慮した品種配置・作業順序・経路の精査等の周到な作業計画で，効率的な作業を実施している.

④農作業専門化，自立分散型生産管理組織，人材マネジメント

　田植機，水管理，収穫コンバイン等を原則1名で対応することで農作業専門化を図り，1人あたり作業量の増加（100ha超）により技能習得期間を短縮している.さらに，自主性を最大限尊重する自立分散型生産管理組織とすることで，動機づけを行う等の人材マネジメントを実施している．これにより，周到な作業計画は作成しているものの，状況変化にも柔軟に対応できる効率的な作業体制を可能にしている．なお，これに対して，例えばF社では生産責任者が農業作業全体を統括管理する方式を採用しており，現状ではこの方式を導入している農業法人が多いと考えられる.

　Y社の技術革新と組織革新による技術パッケージによる最適規模を検証するため，現状の機械施設装備を前提に，過去10年間の降雨条件を考慮した確率的多目的計画モデルによる最適営農計画を策定した[注8]．その結果，以下の点が明らかになった．過去10年間のどの降雨パターンでも農作業が実施できる慎重シナリオでは，①現有の人員・機械施設のままで145.5haまで規模拡大することで収益が最大化される，②直播栽培（乾田および湛水）は導入せず移植栽培のみで規模拡大に対応可能である，③営農最適化により経営費（一般管理費は除く）は約20円/kg低減する可能性がある.

　Y社の2016年度作付面積は132ha（別途，作業受託延20ha）に達しており，Y社経営者は，現在の機械施設装備を前提とした規模限界に近付いていることを強く感じている．このことは，上記の最適営農計画モデルの結果と整合的である.

　Y社立地地域では，同社による水稲作付を希望する農家が増加しており，今後当面の間は150〜200ha規模，将来的には300〜500ha規模を視野に入れた経営が求められている．こうした持続的な経営発展を実現するためには，Y社はさらなる経営革新が求められる段階に入りつつあるといえる.

（3）さらなる技術革新の候補事例

　表1-2-3は，農匠ナビ1000プロジェクト先進経営4社が実証した主な実践技術（経営技術パッケージの要素技術）を示している（南石ら2016b）．これらは，圃

28 　第 1 章　稲作経営革新の現状

場の大区画化技術・均平化技術，施肥技術，育苗技術，栽培方法に区分できる．各区分の技術は，各社の営農現場で実践されており実用性が高く，そのほとんどが普及段階にあり，さらなる経営革新の候補事例といえる．例えば，土壌分析・単肥施肥（玄米 1kg あたりコスト 1.9 円削減）やフレコン発酵鶏糞ペレット施肥（同 1.1 円削減），苗箱施肥（同 0.1〜3 円削減），疎植（同 3.9 円削減）等の要素技術の組合せの普及により，生産コストのさらなる削減が期待できる．

　さらに，農匠ナビ 1000 プロジェクトにおいては，大学・研究所・農機メーカ・先進経営が協力して，栽培技術と情報通信技術 ICT 等の新たな技術を開発・実証している（南石ら 2016b）．例えば，栽培技術では，高密度育苗栽培技術（玄米 1kg あたり 5.8〜8.8 円削減），流し込み施肥技術（同 1.1〜2.9 円削減），気象変動対応型栽培技術（同 8.7 円削減）等により，一層の生産コスト低減（技術導入費用考慮済み）が可能であることが明らかになっている．また，情報通信技術 ICT では，営農可視化システム FVS 水田センサによる水管理省力化（労働時間約 5 割減），FVS 農作業映像コンテンツによる作業時間削減（熟練者 1 割減，初心者 5

表 1-2-3　農匠ナビ 1000 プロジェクト先進経営 4 社の主な実践技術

区分	技術名	効果 （コスト減は玄米 1kg あたり）	段階	農場
圃場大区画化・均平化技術	圃場大区画化	作業時間削減（30a に比較し 60a は 4 割減，田植・代かき等）	普及	F
	圃場均平（レーザレベラー）	収量増（5.2%）	普及	F, B
	簡易低コスト代掻き時圃場均平技術	通常のレーザレベラーに比較し，精度（高低差 70〜50mm）は劣るがコスト削減（1 セット 109 万円減）	実証	A
	（自動水平制御装置および廉価レーザレベラーによる排土板付きウイングハロー試作，手動操作）			
施肥技術	土壌分析＋単肥施肥	コスト削減（1.9 円）	普及	A
	フレコン発酵鶏糞ペレット施肥（乾田直播）	コスト削減（1.1 円）	普及	Y
育苗技術	移植栽培の育苗・移植株数の改善（播種量，施肥，移植株数）	苗箱施肥でコスト削減（0.1〜3 円）	普及	F
栽培方法	複数の移植栽培（疎植，紙マルチ，合鴨）の組合せ	需要対応，疎植のコスト削減（3.9 円）	普及	A
	複数の栽培方法（移植・乾田直播・湛水直播）の組合せ	作期分散・作業ピーク解消・規模拡大	普及	F, Y
	複数栽培様式（慣行・特栽・有機）の組合せ	特栽・有機：収益率 2 倍以上	普及	B, Y, F

注）農場記号は，表 1-2-2 の社名に対応している．
出典：南石（2017）．

割減），飽水管理法による収量向上（5%以上）等の効果も確認されている．これらの技術は，今後の技術革新の候補となることが期待されている．

3）事業・販路多角化と事業・市場革新

　従来の「農家」では，生産物はJA農協や市場に「出荷する」ことが主であり，そこには「どう売るか」という視点が希薄であった．しかし経営発展を志向する稲作経営においては，プロダクトアウトからマーケットインに経営行動が変化する[注9]．表1-2-4に，長命・南石（2015）に基づく各先進経営の事業・販路多角化の概要を示す．各社は，特定の品種において高付加価値化による差別化を図るとともに省力化技術の導入により低コスト化を図っている．例えばY社やF社では，実需者ニーズのみならず拡大する農地面積に対応するため，早生品種から晩生品種まで複数品種を取り入れた作期分散を図っており，収穫時期から逆算して育苗や田植えの時期，品種，作付する圃場等を決め，栽培計画を作成している．

　各社の主要事業を見ると，B社ではこんか漬やかぶら寿し等の食品加工品の製造・販売，Y社ではロールケーキ等の米粉スイーツの製造・販売，F社では加工

表 1-2-4　先進経営における事業・販路の多角化

	A 社	B 社	Y 社	F 社
主要事業				
農産物生産・販売	水稲	水稲，野菜	水稲	水稲，野菜
農産物加工・販売		こんか漬，漬物，かぶら寿し，いかめし，玄米茶等	米粉スイーツ	餅，酒
その他	作業受託，畜産（繁殖牛），稲発酵粗飼料，植物工場コンサルティング	作業受託	作業受託	作業受託
水稲生産・販売の多様化				
特徴的な水稲栽培方法（慣行栽培以外）	特別栽培，紙マルチ栽培（減農薬栽培）	特別栽培，こだわり栽培（匠米），「密苗」栽培	特別栽培，有機栽培（紙マルチ）	特別栽培，有機栽培（合鴨農法）
栽培品種数	7	8	7	12
栽培様式数（品種・栽培方法の組合せ）	8	13	13	16
販売チャネル数	4	6	6	7

出典：南石ら（2016a）および長命・南石（2015）に基づき筆者作成．

用米（餅や酒米）の生産，A社では繁殖雌牛の飼養，稲発酵粗飼料（WCS）の生産に加え，植物工場コンサルタント等の多様な事業に取り組んでいる．また，主な販売チャネル（販路）数は4（A社）〜7（F社）に達している．Y社は，卸業者，量販店および外食産業との取引が中心であるが，有機栽培米を原料とする米粉スイーツを自店舗やインターネットで販売している．B社は，米や加工品の通信販売（ダイレクトメール含む），直営店（2店舗），小売・卸業者への販売を行っている．また，北陸新幹線開業に合わせて，金沢駅構内にも直営店を出店しており販路・事業の拡大を図っている．F社は，複数の卸業者および量販店と契約を結び販売を行うと共に，直接販売も行っており合鴨農法による有機栽培米等はインターネット販売が中心になっている．A社では，卸業者がビジネスパートナーの中心となっているのに加え，近年では大手牛丼チェーンとの取引を行っている．こうした各社の事業・販路多角化は事業・市場革新の一種といえる．

　また，各社の水稲栽培品種数は7（Y社，A社）〜12（F社），栽培様式（品種・栽培方法組合せ）数は，8（A社）〜16（F社）に達しており，同じ品種であってもその販売先・用途に合わせて複数の栽培方法を取り入れて対応を図っている．栽培方法については，各社とも慣行栽培の他に特別栽培を行っている．この他，例えばY社では有機栽培，F社では合鴨農法による有機栽培，A社では紙マルチ移植による減農薬栽培等を行っている．食用米と加工用米との比率を見ると，30ha規模のB社およびA社では食用米がほぼ全量を占めているが，100ha超のY社およびF社では加工用米の比率が3〜4割を占めている．こうした多様な栽培様式（品種・栽培方法）は，消費者や実需者が求める商品特性に対応した顕在需要対応に留まらず，潜在需要発見や新需要創造といった事業・市場革新の結果であるといえる[注10]．

4）先進事例経営における経営革新と生産コスト低減

　以上の分析から，農匠ナビ1000プロジェクトに参画した先進稲作経営4社全てにおいて，技術革新，事業・市場革新が進行しており，一部の事例では組織革新も確認された．こうした経営革新の結果として，規模拡大（ビジネスサイズ）や生産コスト低減が実現されていると考えられる．特に，生産コスト低減に関しては，各経営の立地・戦略に対応した経営技術パッケージ（作業のノウハウや技能を含む）が重要な役割を果たしていると考えられた．

　今後期待される技術革新については，育苗・移植技術，施肥技術，水管理技術

第 1 章　稲作経営革新の現状と課題　　31

等の新たな農業技術の実用化が近いことが確認された．また，圃場別収量計測が可能な IT コンバインや水位・水温計測が可能な水田センサ等の情報通信技術 ICT を活用した次世代生産管理システムの研究開発が進んでいることも確認された．

注 2）本章で対象とする先進経営 4 社の経営概要や農匠ナビ 1000 研究プロジェクト成果については南石ら（2016b）を参照されたい．「農匠ナビ 1000」プロジェクト研究（研究代表者：南石晃明）は，農林水産省予算による農研機構「攻めの農林水産業の実現に向けた革新的技術緊急展開事業（うち産学の英知を結集した革新的な技術体系の確立）」（2014〜2015年度）の一環として実施したものである．九州大学を代表機関とし，農業生産法人 4 社，農機・IT 企業 2 社，県立農業試験場 2 機関，東京農工大学，農業・食品産業技術総合研究機構（2 センター）が参画し，全国 1000 圃場を対象に大規模な研究開発・現地実証を行った．なお，大日本農会（2017）では，本節で対象とする Y 社および F 社を含めて，先進稲作経営 16 事例の挑戦と課題が技術・経営両面から述べられている．その他の先進事例は，例えば日本農業経営学会（2011）等を参照されたい．
注 3）「経営革新」や「イノベーション」と，「経営改善」や「小さなイノベーション」（稲本・津谷 2011）との区別は相対的なものであり，時代と共に変化すると考えられる．その意味では，本章における「経営革新」の事例は，次世代農業においては「経営改善」になっている可能性がある．中小企業庁（http://www.chugoku.meti.go.jp/chusho-hp/4-keiei-kakushin/1-keiei-kakushin.htm）では，「消費者ニーズに合った新商品の開発または生産・新サービスの開発または提供」を行うことを「経営革新」としている．なお，人材育成や ICT 活用等を含むイノベーションや経営革新の事例分析としては坂上ら（2016）がある．
注 4）農匠ナビ 1000 プロジェクトに参画した先進経営の推計値（経営全体）であり，各 2社の平均値である．労働費は，各社の労働時間×「全国 15ha 以上規模層」労賃単価（農林水産省 2015）で評価したものである．
注 5）30ha および 100ha 超規模層の 1kg あたり生産費低減額はそれぞれ 38.0 円と 43.1 円である．これは，収量 500kg/10a を想定した場合，経営全体（1kg あたり生産費低減額×総収穫）でみれば 30ha で約 570 万円，100ha で約 2,150 万円程度に相当する．この例は，1kg あたりではわずかに思える生産費低減額も，経営全体の総額では大きな生産コストの低減につながり，経営収支の改善に大きく貢献することを示している．なお，南石（2017）では事例経営 4 社の収量に基づく試算金額を示した．
注 6）経営技術パッケージは，技術，ノウハウ，技能から構成されるが，南石（2015）では，これらの概念を以下のように整理・区別している．技術は，意図したように物事をたくみに行う方法であり知識の一種である．ノウハウとは，技術を用いて意図した結果を得るために役立つ，技術の実施に関する知識であり，言語で表現されていない場合も多いが，「可視化」により言語化が可能である．言語で表現することが困難な（あるいは，言語化されていない）知識を暗黙知と言い，経験に基づく「経験知」や身体運動を伴う「身体知」等も含むものと考える．技能は，意図した結果が無意識のうちに得られるように心身が働く自動化された能力であり，感覚運動系技能（体の技能），作業判断系技能（脳の技能），企画計画系技能（脳の技能）に区分できる．技能の要素の一部は，情報通信技術 ICT 等を活用して可視化することで，「暗黙知」や「ノウハウ」になり得る．
注 7）経営戦略は，経営の外部環境（立地・圃場・気象・市場等）や内部環境（技術・人材・組織等）にも影響される．また，経営戦略が外部環境や内部環境に影響を及ぼす場合もある．
注 8）最適化分析では，営農技術体系評価・計画システム FAPS（南石 2011a）を用いてお

32　第1章　稲作経営革新の現状

り，実際の営農実態に即した現実味のある営農計画を策定するため，①降雨に伴う機械作業リスク，②籾乾燥施設や育苗施設の処理能力，③規模拡大を考慮した水田面積制約，④日長時間や休暇を考慮した旬別労働可能時間等の制約条件をモデルに組込んでいる．降雨に伴う機械作業リスクでは，水稲の移植栽培の移植作業，直播栽培の播種作業，収穫作業の主要な機械作業の作業可能時間を，過去10年間の時間降水量から推計し作業リスクを評価している．その上で，過去10年間のどの降雨パターンでも作業実施できる「慎重シナリオ」や，過去10年間の平均的な降雨パターンで作業実施できる「強気シナリオ」の選択ができるようにしている．また，水田面積制約では，対象地域の農地賃貸借の実態に即して，一定の地代を支払うことで，水田圃場の借地による規模拡大が可能な設定としている．モデルのデータ収集・整理方法は宮住ら（2015），同モデル構造は筆者が指導教員を務めた修士論文（宮住昌志（2016）「農業経営における技術・技能向上と最適営農計画に関する研究—稲作経営を対象に—」），結果概要は南石（2016）で示している．

注9）米ビジネスでは，消費者・実需者ニーズに基づいて生産のあり方が決定される（納口2002）が，規模・販売量拡大が進むと高付加価値化から販売価格を抑えた業務用対応（米穀店や飲食店）へと展開していく傾向がある（齋藤 2008）．

注10）今後の生産・販売戦略については，B社では通販用のコシヒカリおよび自社加工用品種の拡大，A社では九州地域で需要の高いヒノヒカリに加えて低アミロースでブレンド米に適しているミルキークイーンの拡大を挙げている．Y社では外食産業需要対応としてのコシヒカリおよびゆめひたちに加えて，さらなる作期分散を可能にする品種の拡大を検討している．F社ではインターネット販売で高評価を得ている有機栽培米（ミルキークイーン，コシヒカリ），米飯業者需要対応品種（にこまる），そして酒米（中生新千本および玉栄）の拡大を考えている．

3. 稲作経営革新の全国アンケート調査分析

　本節では，南石（2017）に基づいて，農業法人を対象にした全国アンケート調査結果より，農業経営革新の現状を全国的な視点から明らかにする．具体的には，事業・市場革新および経営管理革新・技術革新の現状を分析する．また，経営革新と経営規模（売上高，従事者数）との関係について分析する．本節で用いるアンケート調査は，筆者らが2016年に全国の農業法人を対象に実施したものである[注11]．調査票のうち，本節では，回答法人属性（売上高・従事者数・経常利益率）の他，事業・販路多角化およびICT活用効果に関する回答を主に用いる．前者は事業・市場革新，後者は経営管理革新・技術革新に関わるものである．

1）回答法人属性

　経営規模指標として売上高に着目すると，水稲経営（単一経営，準単一複合経営，以下同じ）では売上高3,000万円以上82.2%，1億円以上28.8%である．例えば，1億円以上の割合は，他の多くの経営類型（野菜，果樹，畜産等）に比較し

小さい傾向がある．経営規模指標として従事者数に着目すると，水稲経営では従事者数（＝役員+正社員）5人以下が29.7%，6人以上70.3%，11人以上28.8%である．例えば11人以上の割合は，他の多くの経営類型（野菜，畜産等）に比較し小さい傾向がある．

収益性指標として経常利益率に着目すると，水稲経営の経常利益率0%未満（赤字含む）は24.1%，1〜5%未満31.0%，5%以上は44.8 %，10%以上は20.7%である．経常利益率5%以上の割合は，果樹・野菜等よりも高く，養豚等よりも低く，他の経営類型に比較し中程度であるといえる．

なお，収益性の面では，農業は他産業に比べて経常利益率の平均値は高いが変動係数が最も大きく，高い収益性を実現できているが変動リスクも大きいといえる[注12]．その一方で，営業利益率は他産業に比べかなり低い傾向がみられ，両利益率の差の一因は政策的支援によるものと考えられる（南石 2012）．売上高の面では，農業法人経営の売上高は全産業平均よりは低いが，サービス業とほぼ同規模で宿泊業・飲食サービス業より高い傾向がみられる．

2）事業・市場革新

売上高規模に着目すると，規模が大きくなると事業・販路多角化が進む傾向がみられる（表1-3-1）．項目平均の割合は，売上高「3,000万円未満」22.9%，「3,000〜5,000万円未満」21.3%，「5,000万〜1億円未満」24.1%，「1〜3億円未満」28.7%，「3億円以上」45.5%であり，売上高3,000万円以上では売上高増加に伴い事業・販路多角化の項目平均割合が増加している．売上規模平均超の項目数は，「3,000万円未満」では3，「3,000〜5,000万円未満」では1，「5,000万〜1億円未満」では3，「1〜3億円未満」では4，「3億円以上」では8である．このように，売上高3,000万円以上では，項目平均および規模平均超の項目数の何れでみても，売上高規模の拡大に伴い事業・販路多角化が進む傾向がみられる．項目別にみると農畜産物の加工（食品製造等）は，売上高の増加に伴い取組む経営の割合が増加する傾向が明瞭である．

ただし，「3,000万円未満」と「3,000〜5,000万円未満」を比較すると，事業・販路多角化の程度は同程度であり，僅かであるが前者が後者より高い傾向もみられる．また，売上高が3億円未満と3億円以上の規模で，事業・販路多角化の程度が相対的に最も大きく変化（16.8ポイント増加）しているが，3億円以上のサンプル数は少ない．これらの点については，より詳細な検討を要する．なお，経

34　第1章　稲作経営革新の現状

表 1-3-1　水稲経営における売上規模別事業・販路多角化別経営数割合

事業・販路／売上高	3,000 万円未満 (n=21)	3,000〜5,000 万円 (n=26)	5,000 万〜1 億円 (n=37)	1〜3 億円 (n=32)	3 億円以上 (n=2)	売上規模平均
市場出荷による農産物生産（畜産以外）	66.7	57.7	54.1	59.4	0.0	47.6
市場出荷による畜産物生産（肉，卵，牛乳等）	0.0	0.0	0.0	0.0	0.0	0.0
契約生産による農産物生産（畜産以外）	47.6	23.1	27.0	46.9	50.0	38.9
契約生産による畜産物生産（肉，卵，牛乳等）	0.0	0.0	0.0	0.0	0.0	0.0
農作業受託	66.7	73.1	73.0	62.5	100.0	75.0
農業生産資材関連（品種，苗生産・販売等も含む）	19.0	19.2	27.0	28.1	50.0	28.7
農畜産物の加工（食品製造など）	9.5	11.5	16.2	28.1	100.0	33.1
農畜産物の集荷・販売（集出荷）	0.0	11.5	5.4	12.5	50.0	15.9
直接販売（直売所・小売店の運営，ネット販売など）	33.3	34.6	54.1	56.3	50.0	45.7
飲食（レストラン，カフェなど）	9.5	0.0	5.4	15.6	50.0	16.1
観光農園（体験型農場・農業研修・農村交流施設など）	0.0	3.8	2.7	6.3	50.0	12.6
その他	9.5	3.8	13.5	12.5	0.0	7.9
項目平均	22.9	21.3	24.1	28.7	45.5	28.5
売上規模平均超の項目数	3	1	3	4	8	

注）作目別売上高合計に対する水稲売上高割合が 60％以上の経営のうち，事業・販路多角化の項目に未回答の経営も対象にしており，本集計の有効回答数は 118 である．表頭の売上高規模区分は経営全体の売上高である．
出典：南石（2017）．

営類型別に事業・販路多角化の割合をみると，複合や果樹等で高く，肉用牛や養豚で低く，水稲経営は中程度といえる．

3）経営管理革新・技術革新

（1）ICT 活用による経営革新

　売上高に着目して，ICT 活用による「費用対効果 1 以上」の経営の割合をみると，規模が大きくなるに従い ICT 活用の費用対効果の評価が高くなる明瞭な傾向がみられる（表 1-3-2）．アンケート調査票では，表に示す各項目の ICT 活用の費用対効果について，「ほとんど効果はなかった」，「効果はあったが，費用を下回った」，「費用に見合った程度の効果があった」，「費用を上回る効果があった」，「費

第 1 章　稲作経営革新の現状と課題　35

表 1-3-2　水稲経営における売上規模別 ICT 費用対効果 1 以上の経営数割合

経営革新区分・ICT 活用効果＼売上高	3,000 万円未満(n=12)	3,000～5,000 万円未満(n=9)	5,000～1 億円未満(n=28)	1～3 億円未満(n=22)	3 億円以上(n=2)	売上規模平均
経営管理革新						
経営の見える化	33.3	33.3	57.1	81.8	100.0	61.1
経営戦略・計画の立案	33.3	33.3	50.0	81.8	50.0	49.7
財務体質強化	58.3	33.3	50.0	81.8	50.0	54.7
販売額増加	25.0	44.4	53.6	59.1	50.0	46.4
経費削減	33.3	44.4	57.1	54.5	100.0	57.9
人材育成・能力向上	25.0	33.3	35.7	77.3	100.0	54.3
技術革新（主に生産管理面）						
農作業の見える化	33.3	33.3	57.1	72.7	100.0	59.3
生産効率化	33.3	44.4	57.1	72.7	100.0	61.5
リスク管理	41.7	44.4	46.4	63.6	50.0	49.2
取引先の信頼向上	50.0	33.3	64.3	63.6	100.0	62.3
項目平均	36.7	37.8	52.9	70.9	80.0	55.6
売上規模平均超の項目数	1	0	3	9	9	

注）作目別売上高合計に対する水稲売上高割合が 60％以上の経営のうち，事業・販路多角化の項目に未回答の経営も対象にしており，本集計の有効回答数は 118 である．表頭の売上高規模区分は経営全体の売上高である．
出典：南石（2017）．

用を上回る大きな効果があった」の選択肢を示して，ICT 費用対効果に対する経営者の主観的な評価の回答を得ている．本章では，「費用に見合った程度の効果があった」，「費用を上回る効果があった」，「費用を上回る大きな効果があった」の何れかの回答を「費用対効果 1 以上」として，少なくとも 1 項目で ICT 活用の回答をおこなった経営数を分母とする割合を算出している．

　その結果，特に，経営の見える化，人材育成・能力向上，生産効率化等では売上高との関係が明瞭であることが確認できる．項目平均割合は，売上高規模が「3,000 万円未満」では 36.7%，「3,000～5,000 万円」では 37.8%，「5,000 万～1 億円未満」では 52.9%，「1 億円～3 億円未満」では 70.9%，「3 億円以上」では 80.0%である．規模平均超の項目数は，売上高規模が「3,000 万円未満」では 1 項目，「3,000～5,000 万円未満」では 0 項目，「5,000 万～1 億円未満」では 3 項目，「1 億円」以上では 9 項目である．

　このように，売上高規模 3,000 万円以上では，項目平均および売上規模平均超の項目数の何れでみても，売上高規模の拡大に伴い ICT 費用対効果が向上する傾向があり，また 1 億円前後の規模間の変化が最も大きいといえる．項目平均の割合では，「5,000 万～1 億円未満」と「1～3 億円未満」の規模の間で相対的に最も大きく変化（18.0 ポイント増加）している．また，「5,000 万～1 億円未満」では

36　第1章　稲作経営革新の現状

経営戦略・計画立案，販売額増加，取引先の信頼向上の3項目が売上規模平均超となり，「1〜3億円未満」では経費削減以外の9項目が売上規模平均超となる．ただし，「3億円以上」のサンプル数は少なく，また「3,000万円未満」と「3,000〜5,000万円未満」のICT費用対効果は同程度であるといえ，より詳細な検討を要する．

　本節では，10項目のICT活用項目の因子分析の結果を参考に，経営の見える化，経営戦略・計画の立案，財務体質強化，販売額増加，経費削減，人材育成・能力向上は経営管理全体に関わるため，これらを経営管理革新に関わる項目として区分している．一方，農作業の見える化，生産効率化，リスク管理，取引先の信頼向上に関わるICT活用は，生産管理に関わる度合いが強いため技術革新に区分している（緒方ら 2017b）．しかし，人材育成・能力向上，取引先の信頼向上，リスク管理等は，経営管理革新と技術革新（生産管理）の両者にかかわると考えられる．

　なお，経営類型別にICT活用の「費用対効果1以上」の割合をみると，例えば，養豚や酪農で高く，水稲経営は低い傾向がある．南石ら（2016a）では，2013年に実施した調査結果に基づいて別の指標で分析を行い，ICT活用の費用対効果は，「畜産」で最も高く，「水稲」では中程度かやや高い結果となっている．ICT活用の費用対効果が比較的高い本章の「複合経営」の多くが，南石ら（2016a）の「水稲」に区分されることを考慮すれば，本節の結果は南石ら（2016a）および南石（2017）と整合的といえる．

（2）人材育成による経営革新

　従事者数規模別に着目すると，規模拡大により人材育成の取組みの割合が高くなる傾向がみられる（表 1-3-3）．項目平均の割合で見ると，従事者数規模が「1〜5人」では24.7%，「6〜10人」では37.7%，「11〜20人」では38.8%，「21人以上」48.9%であり，「1〜5人」と「6〜10人」，「11〜20人」と「21人以上」の規模の間で，人材育成・能力向上の取組み割合に相対的に大きな変化（13.0〜10.1ポイント）がみられる．従事者数規模平均超の項目数は，従事者数規模が「1〜5人」では2項目，「6〜10人」では6項目，「11〜20人」では5項目，「21人以上」では7項目であり，「1〜5人」とそれ以上の規模で大きな違いがみられる．

　取組み項目別では，作業マニュアルの作成，能力の修得状況を把握するための打合せ，定期的に査定・昇給，農業分野の研修会や見学会，農業以外の分野の研

第 1 章　稲作経営革新の現状と課題　　37

表 1-3-3　水稲経営における従事者数規模別人材育成取組み項目別経営数割合

人材育成取組み項目＼従事者数	1〜5 人 (n=35)	6〜10 人 (n=49)	11〜20 人 (n=26)	21 人以上 (n=8)	従事者数規模平均
作業マニュアルを作成している	25.7	30.6	30.8	75.0	40.5
意識的な現地教育（OJT）を行っている	31.4	61.2	42.3	50.0	46.2
能力の修得状況を把握するための打合せを行っている	40.0	55.1	57.7	87.5	60.1
人材育成のプログラム（教材）を導入（作成）している	17.1	8.2	19.2	12.5	14.3
定期的に査定・昇給を行っている	34.3	59.2	61.5	75.0	57.5
農業分野の研修会や見学会を受けさせている	45.7	75.5	92.3	100.0	78.4
農業以外の分野の研修会等を受けさせている	28.6	32.7	42.3	50.0	38.4
資格取得の支援	40.0	77.6	80.8	87.5	71.5
他社に短期間（1 日〜1 ヶ月）研修を受けさせている	8.6	6.1	0.0	0.0	3.7
他社に長期間（1 ヶ月以上）研修を受けさせている	0.0	6.1	0.0	0.0	1.5
その他	0.0	2.0	0.0	0.0	0.5
項目平均	24.7	37.7	38.8	48.9	
規模平均超の項目数	2	6	5	7	
1 経営あたり延べ取組み数（延べ取組み数÷経営数）	2.7	4.1	4.3	5.4	

注）作業別売上高合計に対する水稲売上高割合が 60% 以上の経営のうち，人材育成の取組みに未回答の経営も対象にしている．本集計の有効回答数は 118 である．従事者数規模区分は役員数と正規従業員数の合計である．
出典：南石（2017）．

修会，資格取得の支援等は，従事者数規模と比例関係が明瞭にみられる．なお，経営類型別に人材育成への取組み割合をみると，酪農，養豚，施設野菜，複合経営で高く，水稲経営は低い傾向がある．

4）水稲経営の規模と経営革新

　水稲経営の規模（売上高，従事者数）が拡大すると，事業・販路の多角化，ICT 費用対効果の評価，人材育成への取組みの何れもが向上する傾向が明らかになった．また，売上高が増加するほど経営管理意識が高まる傾向も確認されている（長

命・南石 2016，緒方ら 2017a）．さらに，規模（売上高，従事者数）拡大により，人材育成の取組み割合が増加し収益性が改善する傾向がみられる（南石ら 2014，西ら 2017）．これらの結果は，経営管理意識，事業・販路多角化，ICT 費用対効果，人材育成への取組み，収益性の何れもが，経営規模拡大と共に向上することを示している．本節の分析結果は，売上高では 1 億円あるいは 3 億円，従事者数（＝役員数＋正社員数）では 5 人あるいは 20 人といった経営規模が，経営革新が加速する 1 つの目安になることを示唆している．

　また，本節の結果は，少なくとも売上高 3 億円，従事者数 20 人程度までは，経営規模拡大により，次の経営革新の条件が整うことを示唆している．経営革新は，さらなる規模拡大を可能にするため，今後も規模拡大が進む可能性が高いと思われる．経営規模拡大が進むと，経営者には水稲の栽培技術や農業機械の操作といった生産管理能力よりも，人材マネジメントや情報マネジメント等を含めた経営管理能力が一層求められるようになる（南石ら 2014）．実際に経営規模拡大がどの程度進むかは，こうした経営管理能力を有する人的資源の存在状況（量，質）にも影響されるため，農業経営者の人材育成の重要性が高まっている．経営規模や作目によって，確保・育成したい人材（経営者，農場長，部門責任者等）が異なっており，こうした人材育成をどのように実現するかが，次世代農業を考える際の大きな課題といえる[注13]．

　なお，本節で用いたアンケート調査では最大規模層（3 億円以上，21 人以上）のサンプル数は少ない．また，売上高の最小規模層（3,000 万円未満）とその次の規模層（3,000〜5,000 万円未満）では，事業・販路多角化や ICT 費用対効果の程度は同程度であるか，僅かに最小規模層の方が高い傾向がみられた．最小規模層は，法人格を有しているが，実質的には家族労働力を主体とした「個人経営（家族経営）」であるとも考えられる．これに対して，次の規模層（3,000〜5,000 万円未満）は，雇用導入等が進み実質的な法人経営に変化する段階である可能性がある．このため，事業・販路多角化や ICT 費用対効果が一時的に停滞している可能性がある．こうした点も含めて，経営規模と経営革新の関係，経営革新が促進される経営規模の範囲，適正経営規模等について，今後のさらなる研究が期待される．

注 11）本アンケート調査は，筆者の研究室プロジェクト「農業法人経営における事業展開，人材育成，IT 活用に関する調査」として実施したものである．筆者が指導教員を務める学

生も分析を行っており，その公表成果には緒方ら（2017ab）や西ら（2017）等がある．送付先名簿は，日本農業法人協会が公開している会員名簿および既存文献に基づいて，筆者の研究室が独自に各法人経営の WEB 掲載情報を検索・整理して作成した．調査票（A4 サイズ 8 ページの 15 問）は，2016 年 8 月に郵便で 2468 通送付し同年 10 月までに 558 通の返信があった（回収率 22.6%）．このうち本章では 545 通を分析対象としている．なお，木下（2015）は，全国の農業者（個人経営，法人経営）を対象に，経営者特性，経営戦略，マネジメント内容等についてアンケート調査を実施している．この他の関連する調査も含めた比較検討は今後の課題である．

注 12）経済産業省（2015）によれば，2010 年以降の売上高経常利益率は小企業 1.19%，中規模企業 2.42%，大企業 4.51%である．調査の対象や方法が異なるため直接的な比較は困難であるが，稲作，大豆・穀類，花卉・観葉植物の 4〜5 割，麦類，酪農，肉用牛，養豚の 5〜6 割が大企業以上の収益性を確保していることになる．なお，筆者が指導教員を務めた卒業論文（津留伸明（2016）「農業法人経営の収益性に関する研究」）では，中小企業を対象とした『BAST TKC 経営指標』（TKC 全国会システム委員会 2004〜2013）の総資本利益率の予備的分析を行っている．

注 13）農業経営が求める職種として，生産管理責任者（農場長）に対する要望が，経営規模（売上高）に関わらず大きい傾向等がみられることが，本節アンケート調査の予備的分析から明らかになっている．また，経営代表者の大学卒業割合は，経営規模の大きい畜産経営（酪農，肉用牛，養豚，養鶏）等で高く，経営規模の小さい水稲経営等で低い傾向がみられる．また，大学卒業者のうち農学系分野の卒業生の割合は肉用牛や酪農で高く，水稲は中程度になっている．本章では経営内の人材育成の取組みに焦点をあてたが，今後は経営者の教育訓練属性と経営成果や経営行動との関係も含めて，人的資源が経営に及ぼす効果に関する総合的な研究が期待される．

4. おわりに

第 2 節では，「農匠ナビ 1000 プロジェクト（第 1 期）」の成果に基づいて先進稲作経営の事例分析を行い，技術革新，事業・市場革新が進行していること，組織革新も一部で見られることを確認した．こうした経営革新の結果として，規模拡大（ビジネスサイズ）や生産コスト低減が実現されていると考えられる．先進稲作経営は，経営立地に対応する経営戦略を立案し，それに対応した経営技術パッケージを確立することで，生産コスト低減を実現している．それと同時に，顕在需要だけでなく，潜在需要の発見，需要創造も行いながら，市場対応により商品・販路を多様化させて，経営発展を実現しているといえる．

第 3 節では，独自の全国農業法人アンケート調査に基づいて，農業経営全般の経営革新の現状を分析し，経営革新を行っている先進経営が一定の層として形成されていることを確認した．作目別に見れば，畜産等の作目で経営革新が先行して進行しており，稲作経営は他作目に比較し中程度かやや遅れている傾向もみら

れた．さらに，稲作経営を対象にした分析では，経営規模拡大（売上高，従事者数）により，経営管理意識，事業・販路多角化，人材育成への取組み，ICT 活用の費用対効果，収益性の何れもが向上する傾向を確認した．こうした傾向は，規模拡大により，さらなる経営革新の条件が整うことを意味しており，今後も規模拡大が進む可能性を示唆している．

（南石晃明）

付記

　本章は，日本学術振興会基盤研究（課題番号：16K07901）による研究成果に基づいている．

引用文献・参考文献

安藤光義（2016）水田農業政策の展開過程，農業経済研究，88（1）：26-39.

長命洋佑，南石晃明（2015）大規模稲作経営の経営戦略と生産技術の進展と課題，日本農業経営学会研究大会報告要旨（分科会報告），47-48.

長命洋佑，南石晃明（2016）農業経営における事業展開，経営管理と経営者意識の関係－農業法人経営を対象とした全国アンケート調査分析－，九州大学大学院農学研究院学芸雑誌，71（2）：47-58.

大日本農会［編著］（2017）「地域とともに歩む大規模水田農業への挑戦—全国 16 の先進経営事例から」，農文協.

冬木勝仁（2014）コメ流通における品質の意味，農業経済研究，86（2）：114-119.

細山隆夫（2016）農地・構造政策と大規模水田作経営の展開，農業経済研究，88（1）：51-66.

稲本志良（2000）農業経営発展と投資・資金をめぐるトラブル分析フレーム，稲本志良，辻井博［編著］「農業経営発展と投資・資金問題」，富民協会，13-33.

稲本志良，津谷好人（2011）農業経営におけるイノベーションの重要性と特質，稲本志良，津谷好人［編著］「イノベーションと農業経営の発展」農林統計協会，1-18.

川崎賢太郎（2014）国産農産物の品質評価をめぐる課題と展望，農業経済研究，86（2）：82-91.

経済産業省（2015）「2015 年版 中小企業白書」http://www.chusho.meti.go.jp/pamflet/ hakusyo/

木下幸雄（2015）「日本農業の経営力（全国の農業者を対象にした調査）」，岩手大学農学部農業経済学研究室，14.

松倉誠一，南石晃明，藤井吉隆，佐藤正衛，長命洋佑，宮住昌志（2015）大規模稲作経営における技術・技能向上および規模拡大のコスト低減効果—FAPS-DB を用いたシミュレーション分析—，農業情報研究，24（2）：35-45.

宮住昌志，南石晃明，長命洋佑，緒方裕大，李東坂（2015）ICT 活用による営農計画モデル構築のためのデータ収集方法－大規模稲作経営を対象とした事例分析－，日本農業経営学会研究大会報告要旨，32-33.

南石晃明（2011a）「農業におけるリスクと情報のマネジメント」，農林統計出版.

南石晃明［編著］(2011b)「食料・農業・環境とリスク」，農林統計出版.

南石晃明(2012)食料リスクと次世代農業経営—課題と展望—，農業経済研究, 84(2):84-95.

南石晃明，飯國芳明，土田志郎［編著］(2014)「農業革新と人材育成システム—国際比較と次世代日本農業への含意」，農林統計出版.

南石晃明 (2015) 技能の概念と農業技能，南石晃明，藤井吉隆［編著］「農業新時代の技術・技能伝承—ICT による営農可視化と人材育成」，農林統計出版，17-38.

南石晃明，長命洋佑，松江勇次［編著］(2016a)「TPP 時代の稲作経営革新とスマート農業—営農技術パッケージと ICT 活用」，養賢堂.

南石晃明，長命洋佑，松江勇次［編著］(2016b)農匠ナビ 1000「農業生産法人が実証するスマート水田農業モデル (IT 農機・圃場センサ・営農可視化・技能継承システムを融合した革新的大規模稲作営農技術体系の開発実証)」研究成果集，九州大学大学院農学研究院農業経営学研究室，48.

南石晃明 (2016) 稲作経営技術パッケージと最適営農計画,「システム農学会 2016 年度春季大会 in 福岡　シンポジウム・一般研究発表会」講演要旨集，11-14.

南石晃明 (2017) 農業経営革新の現状と次世代農業の展望，農業経済研究, 89 (2):73-90.

日本農業経営学会［編］(南石晃明・土田志郎・木南章・木村伸男［責任編集］)(2011)「次世代土地利用型農業と企業経営—家族経営の発展と企業参入」，養賢堂.

納口るり子(2002)新しいライフスタイルにもとづく農業ビジネスの展開,農林業問題研究，37 (4):187-196.

農林水産省 (2015) 農業経営統計調査「平成 26 年産米生産費」，http://www.maff.go.jp/j/tokei/kouhyou/noukei/seisanhi_nousan/pdf/seisanhi_kome_14.pdf

西瑠也，南石晃明，長命洋佑，緒方裕大 (2017) 農業法人経営の売上高と収益性—2016・2011 両年の全国アンケート調査比較分析—，2017 年度日本農業経済学会大会報告要旨，K20.

緒方裕大，南石晃明，長命洋佑，西瑠也 (2017a) 農業経営における経営目的と経営管理意識—農業法人全国アンケート調査から—，2017 年度日本農業経済学会大会報告要旨，K21.

緒方裕大，南石晃明，長命洋佑 (2017b) 農業法人における ICT 費用対効果の評価に関する因子分析，農業情報学会 2017 年度年次大会講演要旨集，43-44.

齋藤仁蔵 (2008)「生産者の米マーケティング戦略と管理の特徴」，農林統計協会.

佐藤了，長濱健一郎，渡部岳陽 (2016) 水田農業の次世代モデルを問う—大潟村の検証—，農業経済研究，88 (3):244-258.

坂上隆，長命洋佑，南石晃明 (2016) 農業法人の経営発展と経営者育成，農業経営研究，54 (1):25-37.

高橋大輔 (2015) 日本農業における調整問題，農業経済研究，87 (1):9-22.

TKC 全国会システム委員会 (2004〜2013)「経営指標 BAST 平成 21 年版指標」(各年版 CD-ROM) TKC 全国会.

42　第1章　稲作経営革新の現状

第1部　農匠経営技術パッケージを活用した
スマート水田農業の実践

第2章　先進稲作経営が主導する技術パッケージの開発と実践

1.　はじめに

　「農匠ナビ1000」研究プロジェクトは，農業経営に関する技術・ノウハウ・技能をICT（情報通信技術）も含めてパッケージ化して，低コストかつ高収益の水田農業を追究し，次世代農業経営へ継承・発展させていくことを目的としている．「農匠ナビ」は，農業の匠の育成を支援する手法および情報システムの総称である．また，技術パッケージの実践性を担保するため，農業経営者自らが研究機関として農業経営技術パッケージの研究開発実践に取り組む点にコンソーシアム（共同事業体）としての大きな特徴がある．

　本章では，「農匠ナビ1000」（第1期）で構築した技術パッケージの概要を全国の農業経営者の方々に知っていただくため，実践的な技術を選定してその概要を紹介する．なお，本章はJA全農『グリーンレポート』巻頭連載（No.562-No.573）に基づいている．

（南石晃明）

2.　農匠ナビ1000実証研究の背景と農業経営技術パッケージの概要

　本節では「農匠ナビ1000」研究の背景と農業経営技術パッケージの概要を紹介する．

1）農業経営者も参画する実証研究プロジェクトを始動

　わが国の農業は，大きな環境変化に直面している．気候変動，人口減少，農産物貿易自由化など自然・社会・経済のあらゆる面で，農業を取り巻く外部環境が大きく変わろうとしている．また，農業の内部環境にも農家の減少，農業就業者の高齢化，農業法人経営の増加といった趨勢的変化がみられる．こうした環境変化に対応するには，従来の発想にとらわれず新たなビジョンを構築し，その実現をめざして農業を革新する実行力が求められている．

　従来，国産農産物の国際競争力や貿易自由化・関税化への対応策は，農業政策

第 2 章　先進稲作経営が主導する技術パッケージの開発と実践　45

や貿易政策の面から議論されることが多く，また，農業技術についても国公立の農業研究機関が主導して研究開発することが多かった．しかし，生産技術に関する製品やサービスの研究開発，国際競争力の向上や貿易自由化・関税化への対応策は，本来，農業経営者が主体となって考えるべき重要な課題でもある．

　そこで，わが国の稲作経営を代表する農業生産法人 4 社（関東，近畿，北陸，九州）にも共同研究機関として参画いただき，「農匠ナビ 1000 研究コンソーシアム（次世代大規模稲作経営革新研究会）」を組織し，次世代の稲作経営を実現する実証研究プロジェクトを 2 年間（2014〜2015 年度）実施した．

2）目的は大規模稲作経営のコスト低減・収益向上

　この研究の目的は，大規模稲作経営者が次の 3 点を実現するための実践的な技術パッケージを確立することである．

　①大規模化や生産管理・経営管理の高度化による農機具費・資材費の低減

　②作業の省力化や技能向上による労働費の低減

　③高収量・高品質による収益性の向上

　生産コスト低減の具体的な研究目標は，米の生産コスト（生産全算入生産費）を玄米 1kg 当たり 150 円まで低下させることである．これは，平成 26 年産の全国平均の全算入生産費玄米 1kg 当たり 257 円（農林水産省 2015 年）の 58%に相当し，42%のコスト低減になる．

3）稲作経営技術パッケージの概要

　主要研究成果のひとつである稲作経営技術パッケージは，各経営の戦略や立地条件に対応した実践的技術の最適な組み合わせである（図 2-2-1）．「農匠ナビ 1000」に参画した農業生産法人 4 社の技術パッケージは，①高収量 150ha 超稲作複合経営（野菜）技術パッケージ，②機械体系 1 セットによる 100ha 超稲作経営技術パッケージ，③高収益低コスト稲作複合経営（加工）技術パッケージ（30ha），④低コスト稲作複合経営（畜産）技術パッケージ（30ha）として取りまとめた．

　例えば，「機械体系 1 セットによる 100ha 超稲作経営技術パッケージ」では，圃場集積・団地化・大区画化（平均 33a，最大 2ha），多品種・作期分散（2 ヵ月半），農作業専門化などにより，田植機・コンバイン各 1 台で 100ha 超の作付けを可能にし，機械・施設の稼働率向上や生産コスト低減を実現している．また，「高収益低コスト稲作複合経営（加工）技術パッケージ」では，周密な施肥・水管理，「逆

想定規模	農場略称	稲作経営技術パッケージ名称
150ha	F	高収量 150ha 超稲作複合経営（野菜）技術パッケージ
120ha	Y	機械体系 1 セットによる 100ha 超稲作経営技術パッケージ
30ha	B	高収益低コスト稲作複合経営（加工）技術パッケージ
30ha	A	低コスト稲作複合経営（畜産）技術パッケージ

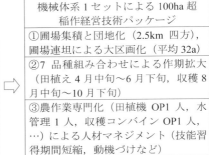

機械体系 1 セットによる 100ha 超稲作経営技術パッケージ
① 圃場集積と団地化（2.5km 四方），圃場連坦による大区画化（平均 32a）
② 7 品種組み合わせによる作期拡大（田植え 4 月中旬～6 月下旬，収穫 8 月中旬～10 月下旬）
③ 農作業専門化（田植機 OP1 人，水管理 1 人，収穫コンバイン OP1 人，…）による人材マネジメント（技能習得期間短縮，動機づけなど）
④ 従業員の自主性を重視した自立分散型生産管理方式

図 2-2-1　稲作経営技術パッケージの例

への字」栽培，刈り取りロス低減などにより，高収量（全圃場品種平均 590kg）と低コストの両立を実現している．

　このように各経営の最適な技術パッケージは異なるが，「農地集積・大区画化」から始まり，「生産計画（作付計画）」「栽培管理・作業管理」「収穫，乾燥・調製，販売」といった農作業の時間軸にそって整理・体系化すると，図 2-2-2 のように要約できる．これら技術パッケージを参考に，各地域の立地条件と経営戦略に合致した個々の技術を最適な組み合わせにして，対象経営の技術パッケージを構築・実践することでコスト低減が実現できる．

4）稲作経営技術パッケージの生産費低減効果

　「農匠ナビ 1000」の技術パッケージにより，全国平均の生産費は 30ha 規模では 40％の削減，100ha 超規模では 42％の削減が可能となり，政府が「日本再生戦略」で掲げる「現状全国平均比 4 割削減」を実現することができる（図 2-2-3）．30ha 規模も 100ha 超規模も，全国 15ha 以上の生産費に比べ 2～3 割のコスト低減が期待できる．また，高密度育苗栽培技術（玄米 1kg 当たり 5.8 円削減），流し込み施肥技術（同 1.1 円），土壌分析・単肥施肥（同 1.9 円）などの実践要素技術を組み合わせれば，さらなる生産コストの低減が可能である．これらの実践要素技術のいくつかは，平成 28 年から実用化・商品化がなされている．

　さらに，FVS（営農可視化システム）水田センサによる水管理省力化（労働時間約 5 割減），農作業映像コンテンツによる作業時間削減（熟練者 1 割，初心者

第 2 章　先進稲作経営が主導する技術パッケージの開発と実践　47

農地集積大区画化
① 農地集積・団地化➡信頼構築・交渉
② 圃場の大区画化・均平化➡レーザレベラ等
③ 圃場特性把握・改善➡土壌図・土壌マップ，土壌改良（牛糞・鶏糞堆肥施用を含む）

生産計画（作付計画）
① 需要対応・創造➡慣行，特栽，有機合鴨，紙マルチ等）
② 作期分散➡品種，移植・直播（乾田，湛水）
③ 収穫時期から逆算した田植時期の決定➡生育シミュレーション
④ 需要・経営資源を考慮した最適営農計画➡FVS-FAPS
・気象・機械・労働制約等を考慮した作付計画（品種・栽培様式・作期）
・販売計画を加味した作付計画
・機械台数と規模拡大限界の分析評価

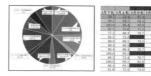
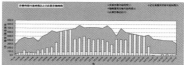

栽培管理（作業管理）
① 育苗省力化・コスト低減➡高密度播種機
② 代かき精度向上➡レーザ付きウイングハロー
③ 田植作業改善➡高密度田植機，疎植栽培
④ 施肥コスト低減高精度化➡単肥，流し込み施肥
⑤ 水管理コスト低減高精度化➡FVS水田センサ
⑥ 栽培管理改善➡生育調査➡FVSクラウド・生体センサ・ドローン

収穫乾燥調製販売
① 適期収穫➡刈遅れ回避型作付計画
② 圃場別収量改善➡ITコンバイン収量マップ
③ 玄米水分率の適正化➡乾燥調製高精度化
④ 圃場別品質改善➡外観品質・食味分析

図 2-2-2　稲作経営技術パッケージのイメージ

5 割減），圃場均平化や飽水管理による収量向上（5～8%），苗箱施肥によるコスト低減（2～9%）などの要素技術の実用化も進んでおり，実証導入段階にある．

5）書籍，Web で「農匠ナビ1000」の成果を紹介

　本章で紹介する「農匠ナビ1000」の成果は，拙共編著『TPP 時代の稲作経営革新とスマート農業－営農技術パッケージと ICT 活用－』（養賢堂）およびプロジ

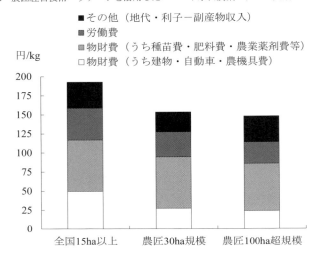

図 2-2-3　全国 15ha 以上層との農匠技術パッケージの玄米 1kg 生産費比較

ェクト公式 Web サイト（http://www.agr.kyushu-u.ac.jp/lab/keiei/NoshoNavi/NoshoNavi1000/）で詳しく紹介されている．なお，本研究は，農林水産省予算により，農研機構が実施する「攻めの農林水産業の実現に向けた革新的技術緊急展開事業（うち産学の英知を結集した革新的な技術体系の確立）」（2014～2015 年度）の一環として実施したものである．

(南石晃明)

3．密苗の高精度移植による水稲省力・低コスト栽培技術

　水稲では，生産コストの低減に向けて直播栽培や疎植栽培などの技術開発が行われている．また，育苗箱に種籾を高密度に播種し，移植に使用する箱数を減らす技術は，乳苗をはじめとして各地で取り組まれている．

　今回紹介する密苗栽培は，一般的な播種量（100g）をはるかに超える 250～300g（乾籾）の高密度に播種した稚苗を移植することで，必要な育苗箱数を劇的に削減できる技術である．この技術は，(株)ぶった農産，ヤンマー(株)，石川県農林総合研究センターが共同研究したものであり，本節では密苗の栽培技術，密苗対応の機械開発，実際の経営における導入効果について紹介する．

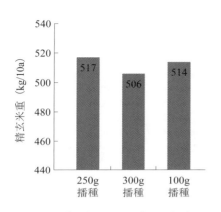

図 2-3-1 密苗栽培の 10a 当たり収量「コシヒカリ」，栽植密度 50 株/坪，5 月下旬移植，石川農研．

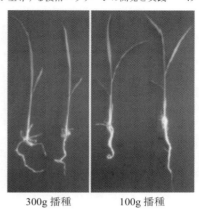

写真 2-3-1 移植時の苗の比較

1）密苗の苗姿は葉齢 2.0〜2.3，苗丈 10〜15cm

　密苗は，育苗箱に高密度に播種すること，密苗を 4 本程度で植えること以外は，慣行の資材を用いて，慣行の育苗および本田管理に準じて栽培できる．1 坪当たり 50 株の栽植密度，10a 当たり 5〜7 箱の苗で移植が可能である．なお，密苗栽培の 10a 当たり収量は図 2-3-1 のとおりで，品質は慣行の稚苗と同じである．

　密苗が目標とする移植時の苗姿は，本葉の葉齢 2.0〜2.3（写真 2-3-1），苗丈 10〜15cm である（写真 2-3-2）．これは北陸における播種後の育苗期間で 2〜3 週の苗姿である．播種や育苗管理の方法は次のとおりである．

（1）播種や育苗管理の方法

①種子予措（種子消毒，浸種，催芽）は慣行に準じる．移植時の苗揃いのため，ハトムネ催芽をよく揃える．

②播種は密苗に対応した播種機を使用する．または播種部を 2 回通す．試し播きをして，1 箱当たりの播種量が，期待する 250p や 300p（写真 2-3-3，いずれも乾籾で，粒大は「コシヒカリ」並み）になっていることを確認する．

③出芽器により加温出芽する．ビニールハウス内での平置きべた掛け被覆による出芽法も可能だが，短期間に斉一な出芽と苗丈確保をめざすので，加温出芽を推奨している．

300g 播種　　　　　　　　　　　100g 播種
（播種後 2 週）　　　　　　　　（播種後 2 週）

写真 2-3-2　移植時の苗の比較

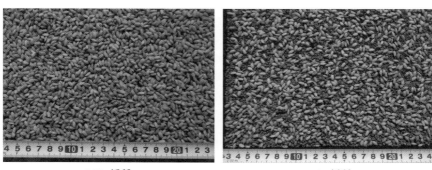

300g 播種　　　　　　　　　　　100g 播種

写真 2-3-3　播種量（1 箱あたり乾籾）の比較

④ビニールハウスでの育苗管理は慣行に準じる．なお，短期間に苗丈を得たいので，温度を低くしすぎないように管理する．また，個体密度が高いことから，苗の生長が進む育苗後半の好天時は激しく蒸散するので，かん水不足にならないように注意する．プール育苗も可能である．
⑤播種後 2 週以降で地上部を持ってもマットが崩れないようになる（写真 2-3-4）．
⑥育苗箱施用剤の使用は農薬登録に従い，移植前または移植時に施用する．
⑦本田の除草剤は田植機による移植同時散布または移植後の施用とする．

写真 2-3-4　根マット形成の様子
　　　　　　250g 播種，播種後 2 週．

写真 2-3-5　密苗移植作業
　　　　　　30a 圃場で田植え作業の途中での苗補給が不要に．

⑧移植後は急激な深水や入水を避け，浮き苗の発生を防止する．栽培期間の水管理は慣行に準じる．
⑨本田の施肥管理は慣行に準じる．
⑩同時期に移植した慣行の稚苗に比べ，出穂期や成熟期が 3 日ほど遅くなる．

　品種は，これまでの石川県と国内の実証試験から「コシヒカリ」をはじめ一般的な品種が適用できる．ただし，穀粒サイズ（千粒重）が極端に大きな品種は，期待する播種密度が得られない場合があるので確認が必要である．また，移植時の苗丈が 8cm 程度では短く，移植精度が劣るので，苗丈の伸びにくい品種は，育苗期の温度・水管理に注意し苗丈確保に努める．

2) 密苗を 4 本植えで高精度に移植する
　密苗マットから 4 本程度の苗を少量掻き取り，正確に移植するために，田植機の機械性能の改良と圃場準備時の対策を検討した．

(1) 機械性能の改良
①植付アームの回転バランスの向上
　高速作業時の植付姿勢を乱さないために，植付アームの回転を 37〜43 株/坪植えでは不等速に，50 株/坪植え以上では等速に回転させ，すべての栽植密度において，最適な植付軌跡を実現した．
②昇降制御ロジックの改良

作業速度の高速化にともない，作業部の田面高さの変化に対する昇降制御ロジックを改良したことで，植付姿勢の安定化や浮き苗の抑制など，植付精度が向上した．

③少量掻き取り機構

掻き取り爪の幅を従来と比べて約30％，横送り幅を約15％狭めた．前項の機械そのものの性能・精度向上と少量掻き取り機構により，密苗移植機構を確立した．

(2) 圃場準備の留意点

移植時の水田管理は，基本的には慣行法と同様であり，①適度な埋め戻りの土壌硬さと，②移植開始時に落水～ひたひた程度の水深を維持すれば，浮き苗や転び苗を防止することができる．

3) 密苗導入による経営上のメリット

実際の経営に密苗を導入した場合，次のメリットが期待できる（図2-3-5）．
①育苗ハウスの使用面積が少なくてすみ，余剰ハウスを受託育苗や施設園芸の拡大などに有効利用できる．
②苗数が少なく，運搬が軽労化されるうえ，短時間で行えるので，労力軽減に絶大な効果がある．
③育苗期間が短く，ハウスの稼働率が向上し，播種・田植え作業を分散して晩期移植栽培に取り組みやすくなるので，経営面積の拡大に有効である．
④必要な苗箱数が少なくてすみ，圃場に苗を運搬（トラック搭載）しておけば一

図2-3-5　密苗のコスト低減効果

人で田植え作業ができる．
⑤直播栽培と比べ細かな水管理や出芽不良の心配がなく，特別栽培や有機栽培も可能である．

　密苗の導入は，大規模稲作経営体では，繁忙な春作業時期の労働力が削減でき，作業ピークのカットが可能となるので，規模拡大に向けて大きな力となる．今後いっそうの経営規模拡大が進むと予想される稲作経営体をはじめとして，畑作物，園芸作物あるいは加工販売を行う複合経営体にとっても営農改善の有力な手段となる．

（佛田利弘・伊勢村浩司・澤本和徳）

4．流し込みによる水稲省力的施肥技術

　作業分散のために水稲栽培品種を多様化する大規模経営体において，安定的な収量性を得るには，生育ステージに合わせて追肥を行うことが重要である．しかし，背負式動力散布機による夏場の追肥作業（写真2-4-1）は極めて重労働であるため，近年，省力的な施肥法として流し込み施肥技術が注目されている．

　これは，水田の水口からかん漑用水と一緒に液肥や溶解性の高い顆粒状肥料を溶かして流し入れる施肥法で，作業者が水田の中に入らずに施肥ができるというメリットがある反面，以前から肥料の散布ムラが懸念されていた．そこで，この課題を解決するために，(有)横田農場では，茨城県と共同で新たな流し込み施肥技術を開発した．

1）新たな流し込み施肥装置の開発

　平成26年に開発に着手した後，いくつかの試作機を経て，平成27年に写真2-4-2の流し込み施肥装置（以下，施肥装置）が完成した．この施肥装置の主な構造は，肥料と水を混合させる第1容器，脱着可能な撹拌具（写真2-4-3），肥料溶液を一定量貯留させる第2容器，それらを畦畔などに設置するための脚部から構成されている．施肥装置の主

写真2-4-1　背負式動力散布機による追肥作業

写真 2-4-2　開発した流し込み施肥装置　　写真 2-4-3　撹拌具

な特徴は次のとおりである．
- 尿素などの安価な肥料を使用し，圃場で簡単に肥料溶液をつくることができる
- 肥料溶液を少量ずつ定量的かつ一定濃度で水田内へ供給できる
- 軽トラックで運搬できる

また，この施肥装置を使った流し込み施肥の手順は次のとおりである．
①尿素などの固形肥料とかん漑水を施肥装置の第 1 容器内に投入する
②付属の撹拌具で①の肥料と水を混合し，肥料溶液をつくる
③流量調節バルブで，目標の滴下流量となるように調節する
④水尻を閉めて，かん漑水と一緒に圃場内へ肥料溶液を流し入れる
⑤流し込みが終わったら，かん漑水の入水を停止するとともに装置を回収する

肥料を水田に流し入れている間は，ほかの作業に従事できるため，時間を有効に活用できる．

2) 開発した流し込み施肥装置よる水稲の追肥試験

茨城県農業総合センター農業研究所では，開発した施肥装置を使って流し込み施肥の試験を行った．その結果，施肥装置から流出する肥料溶液の窒素濃度と滴下流量は，長時間流し込みをしても常にほぼ一定で推移することがわかった（図 2-4-1）．

また，移植栽培では，本施肥装置の流し込みによる追肥区は，慣行の背負式動力散布機による追肥区に比べて，収量，玄米品質に大きな違いはみられず（表 2-4-1），しかも追肥の作業時間が慣行の約 6 割削減できた（データ省略）．この施

肥技術は,飼料用米はもちろん,品質を重視する主食用米にも適用できる.

3) 開発した施肥装置を用いた流し込み施肥のポイント

開発した施肥装置を用いた流し込み施肥のポイントは次のとおり.

① 流し込みを行う圃場は,通常よりも特に田面を平らに仕上げる必要がある.レーザーレベラーなどの機械があれば,事前に圃場を平ら(高低差は3cm以内を目標)に整地しておくことが重要である.

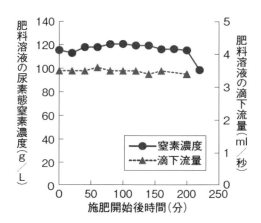

図 2-4-1　流し込み施肥装置からの窒素濃度と滴下流量の推移

② 流し込み開始時に田面の水深が深すぎると施肥ムラの原因になるため,流し込み開始直前の田面は,水がほぼない状態(飽水状態)まで落水してから流し込みを行う.逆に中干し直後のように,乾き過ぎて田面に亀裂が走っていると,亀裂部分に肥料溶液が流れ込み,施肥ムラの原因になるため,一度圃場全体を湛水し

表2-4-1　流し込み追肥による水稲の収量,玄米タンパク質含有率,整粒歩合

試験場所	試験区	品種	圃場面積(a)	調査区数	収量(kg/10a) 坪刈収量(平均)	変動係数(%)	玄米タンパク質含有率(%) 玄米タンパク質(平均)	変動係数(%)	整粒歩合(%) 整粒歩合(平均)	変動係数(%)
水戸市	流し込み追肥区	一番星	18	10	613	8.0	6.3	2.4	85.0	1.5
水戸市	動散追肥区(慣行)	一番星	18	10	595	6.4	6.3	2.3	82.6	3.3
龍ヶ崎市	流し込み追肥区	一番星	87	20	494	10.9	7.6	4.0	62.9	5.0
龍ヶ崎市	動散追肥区(慣行)	一番星	94	20	448	12.1	7.3	3.7	60.1	10.5
龍ヶ崎市	流し込み追肥区	コシヒカリ	27	8	523	6.7	6.3	2.5	75.1	1.9
龍ヶ崎市	動散追肥区(慣行)	コシヒカリ	21	8	543	2.5	6.5	4.8	74.3	4.9

水戸市は茨城県農業総合センター農業研究所,龍ヶ崎市は(有)横田農場の移植栽培における平成27年の試験結果.
流し込み追肥区は尿素による水口からの流し込み,動散追肥区は尿素または硫安を背負式動力散布機で追肥した.
追肥は,各品種の幼穂形成期後にそれぞれ1回実施した.
龍ヶ崎市の「一番星」流し込み追肥区は,水口3ヵ所からの同時流し込み,その他は水口1ヵ所からの流し込みとした.
玄米タンパク質含有率は,S社「AG-RD」を用いて測定した(水分15%換算値).
整粒歩合は,S社穀粒判別器「RGQI10B」を用いて測定した.

て亀裂をしっかりと水で満たしてから落水し，飽水状態で流し込みを行う必要がある．

③流し込みを行う圃場では，かん漑水の流量がしっかりと確保されていることが重要である．本施肥装置は，田面水を排水させた状態で水尻を閉じ，かん漑水とともに肥料溶液を少量ずつ長時間かけて流し込むのが特徴であるため，この施肥装置は，漏水田や，かん漑水の供給量が少ないなどの理由により丸1日かけても最低4～5cm程度の水深が確保できない圃場には不向きである．圃場に複数の水口があれば，すべての水口を開放して入水することもできるが，開放する水口の数だけ同時に肥料の流し込みが必要となる．

④パイプラインの場合，節電のためポンプの稼働日が制限されることがあるので，事前に流し込み施肥を行う日時のポンプ稼働状況を確認しておく必要がある．

⑤流し込みを行う圃場で，あらかじめ1時間当たりに上昇する水深を測定し，流し込み終了時に目標とすべき水深(4～5cm程度)となる施肥時間を把握しておく．または，一定時間バケツでかん漑水を取水し，かん漑水流量と圃場面積から施肥時間を推定してもよい．

⑥目標の施肥時間が決まったら，その時間内にちょうど流し込みが終わるように，投入する肥料溶液の容量から滴下流量を決定する．なお，流し込みに要する時間は，かん漑水量および滴下流量によって異なるが，茨城県農業総合センター農業研究所では18a規模の圃場で220分程度，(株)横田農場では15～27a規模で210～340分程度であった（いずれも水口の数は1ヵ所）．

⑦流し込み終了後は，水口をしっかりと止める．流し込みが終わって肥料がないままかん漑水のみを流し続けていると，その部分が薄まり施肥ムラの原因となる．

4）流し込み施肥技術の効果と今後の展望

「農匠ナビ1000」では，流し込み施肥の効果として，前述した移植栽培における省力効果のほか，乾田直播栽培における資材費の削減効果を明らかにした．乾田直播栽培では，播種と同時に肥効調節型肥料を用いることが一般的であるが，今回，乾田直播栽培での新たな試みとして，播種時に肥料を施用せず種子のみを播種し，生育ステージに合わせて計4回の全量流し込み施肥を行った．その結果，収量は肥効調節型肥料による慣行体系と同じ水準を確保しつつ，散布にかかる肥料費が大幅に削減されることが，横田農場による試算結果から明らかとなった（表2-4-2）．今後，直播栽培と流し込み施肥の組み合わせによる新しい省力低コスト

第2章　先進稲作経営が主導する技術パッケージの開発と実践　57

表 2-4-2　乾田直播栽培における施肥にかかる労働費および肥料費

栽培体系	施肥作業に かかる労働費 (円/10a)	肥料費 (円/10a)	計 (円/10a)	H27 収量 粗玄米 (kg/10a)	粗玄米 1kg 当たりの費用 (kg/10a)
乾田直播 (LP コート)	221	7,422	7,644	581	13.2
乾田直播 (尿素流し込み)	358	1,930	2,288	592	3.9
削減			▲5,356		▲9.3

注1) Y農場（茨城県龍ケ崎市）による試算結果（H27）.
注2) 品種は「あきだわら」. 乾直の播種日は4月25日.
注3) LPコート肥料は播種同時施肥, 尿素流し込みは生育期間中に計4回施肥を行った.
注4) 施肥量はどちらも窒素換算で計12kg/10aを施用した.
注5) 労働費単価は1,500円/時間, 肥料費はLPコート251.3円/kg, 尿素75円/kgとした.
注6) 上記試算には, 機械費やその他経費は含まれていない.

栽培技術として期待できる.

（森　拓也）

5. 温暖化時代における臨機応変な追肥技術

　水稲は比較的暖かい気候でよく育つが, 米粒が成長する時期の前半にあたる出穂後約20日間が暑すぎると, 本来透明になるはずの米が白濁する「白未熟粒」が増加する. 白濁部は, デンプンの蓄積が粗くなっており, 精米時や洗米時に砕けやすく, 多発すると食味も落ちる. 近年, 地球レベルの温暖化に加え, 場所によってはヒートアイランド現象の影響も受け, 白未熟粒の発生は増加傾向にある. 高温が広範囲かつ長期間発生した2010年には, 全国的に米の等級が低下した. このため, 高温による白未熟粒の発生, すなわち高温登熟障害の対策技術の確立と普及が急がれている.

1) 高温登熟障害の対策技術の考え方

　対策技術の考え方は大きく2つある（図2-5-1）. ひとつは高温を回避するタイプで, 遅植え（田植えを遅らせ, 秋に涼しくなってから実らせる）などがあり, もうひとつは高温耐性を高めるタイプで, 耐性品種への転換が有効である. そして, このタイプのもうひとつの技術として追肥がある. すなわち, 生育後半の追肥量を増やすと, 出穂後の高温で多発する白未熟粒（特に背白粒と基部未熟粒;

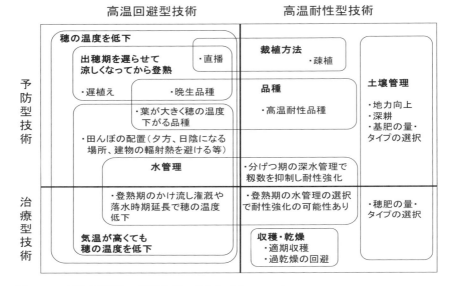

図 2-5-1 高温登熟障害の対策技術の考え方（森田 2011）

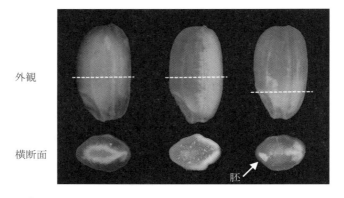

写真 2-5-1 乳白粒（左），背白粒（中央）および基部未熟粒（右）

写真 2-5-1 中央と右）の発生を軽減できることがわかってきた．ただし，追肥量を増やしてから出穂後に日照不足や台風が発生した場合は，別のタイプの白未熟粒である乳白粒（写真 2-5-1 左）が増えるほか，稲が軟弱になって倒れやすくなる．このため，気象予測情報で出穂後の高温が予測された場合に，臨機応変に追肥を行うことが重要となる．なお，追肥量は，多すぎると米のタンパク質濃度が

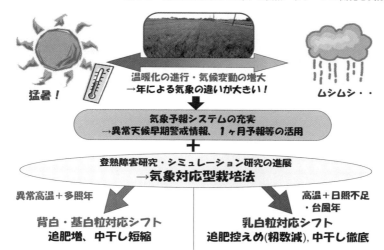

図 2-5-2　気象対応型追肥法の考え方

高くなって食味が落ちるため，葉色に応じて適正量を決める必要がある．農研機構九州沖縄農業研究センターは，このような考え方から，気象予測と葉色の情報から追肥診断を行う「気象対応型追肥法」（図 2-5-2）の開発を進めている．

2)「気象対応型追肥法」の構築と効果の検証
(1) 追肥の可否を決める目安

前述したように，出穂後 20 日前後の気温が高いと背白粒や基部未熟粒が増加する．1 回目の穂肥時期は，多くの地域で出穂前 17 日頃であり，この時期に 1 ヵ月予報で出穂後の気温を予測することを想定し，出穂後 15 日間の気温と品質の関係を解析した．なお，米の品質を判定する穀粒判別器の多くは，背白粒と腹白粒を区別できないため，本研究では，まず基部未熟粒を対象に気温との関係を解析した．その結果，九州沖縄農業研究センター（筑後市）における 2003〜2014 年の普通期栽培（6 月植え）の「ヒノヒカリ」では，出穂後 15 日間の日最低気温平均が 24.5℃を超えると基部未熟粒歩合が 10%を超えることがわかった．等級の格付けでは，整粒歩合が 70%以上で 1 等，60%以上で 2 等となり，白未熟粒が 10%を超えて増加すると等級が 1 ランク下がる影響力を持つという意味で，出穂後 15 日間の日最低気温平均 24.5℃が，追肥の可否の閾値*（いきち）になると考えた．

60 第1部 農匠経営技術パッケージを活用したスマート水田農業モデルの実践

＊：ある反応を起こさせる限界値，最小量．

（2）穂揃期の葉色を 35 付近に

追肥量は葉色に注目して決めることが重要である．高温年であった 2003 年と 2010 年に九州沖縄農業研究センターで栽培した「ヒノヒカリ」では，穂揃期の葉色が濃いほど基部未熟粒歩合が低下し，葉色（SPAD 値）が 35 を超えると基部未熟粒歩合が 10％を下回った．なお，穂揃期の葉色が濃いほど玄米タンパク質濃度が高くなるが，葉色 35 程度であれば，食味官能値に影響をおよぼさないとされる玄米タンパク質濃度 6.8％以下に抑えられていた．このため，穂肥によって穂揃期の葉色を 35 付近に持っていくことが，追肥診断のポイントになると考えられた．

（3）SPAD 値から追肥量の算出式を構築

これまでに，穂肥時の葉色と追肥量の組み合わせが穂揃期の葉色におよぼす影響を解析することで，「ヒノヒカリ」と「コシヒカリ」の葉色に応じた追肥量の算出式を構築した．低コストで入手できる葉色板による葉色から SPAD 値に変換する式も構築したところである．本技術の普及には 1 ヵ月予報の精度も大きく関わるため，アメダス久留米の過去 33 年間（1981〜2013 年）の実測気温と最新の気象予測モデルで過去にさかのぼって予測した気温を比較することでその精度を評価した．その結果，出穂前 17 日時点で出穂後 14 日間の気温を予測することは統計的に可能だが，有効性は十分でなく，予測精度が高まる出穂前 7 日や 3 日での追肥をターゲットにした「気象対応型追肥法」の検討も必要であると考えられた．このため，「ヒノヒカリ」「コシヒカリ」で，出穂前 7〜10 日に行う穂肥 2 回目での追肥量算出式も構築した．

（4）品質向上と増収により売上げ増加

本技術の効果検証は，この 2 年間，茨城県から熊本県に至る数ヵ所の農業生産法人などの協力を得て実施した（データ省略）．その結果，葉色診断の閾値である「出穂後 15 日間の日最低気温 24.5℃」に達して追肥量を増やした試験区では，品質向上と増収が認められ，追肥の増加で懸念される玄米タンパク質濃度の上昇も，6.8％に達しない範囲だった．さらに，24.5℃を上回ると予測されたと仮定して追肥を行い，実際は高温にならなかった場合の品質は 2014 年と 2015 年の気象条件では大きく低下することがなく，この場合にも収量は増加し，玄米タンパク質濃

度の点からもリスクは小さいことがわかった．したがって，出穂前 17 日時点での
出穂後 14 日間の予測気温の精度が，前述のとおり十分ではないことを考慮しても，
気象予測を使った追肥診断の意義は高いと考えられた．

　次に，「気象対応型追肥法」で対照区（各地域の慣行的な施肥）より追肥量が多
くなった場合の経営メリットを検討したところ，葉色診断に使う SPAD メーター
や葉色板，肥料代，これらに関わる労働費がかかるものの，品質向上と増収によ
る売上げの増加がこれらを上回り，10a 当たり 4,500 円を超える収入増加に結びつ
くと試算され，本技術のメリットが明らかになった．

3）技術普及に向けた今後の取り組みと課題

　前述したように「気象対応型追肥法」の効果が検証されたことを受けて，イン
ターネットで本技術を利用できるよう準備を進めている．インターネット上の地
図で田んぼを登録して，農研機構が開発した「全国 1km メッシュ農業気象データ」
を使い，自分の田んぼが高温になると予測された場合に，葉色に応じて追肥量を
算出するシステムの試作版を中央農研と協力して開発した．来年度以降の提供を
めざしている．

　なお，農業現場では，農業生産法人などの担い手に多くの圃場が集積し，追肥
作業が困難になっている地域も少なくない．このため，本技術の普及に向けて，
農家の追肥労力を軽減することが重要である．最近，茨城県農業総合センターと
（有）横田農場が共同で流し込み追肥技術を開発しており，今後，「気象対応型追
肥法」との組み合わせが期待される．

　一方で追肥を行わない基肥一発体系の普及が進んでいるが，倒伏や玄米タンパ
ク質濃度の上昇による食味低下を懸念して，施肥量を控えざるを得ないため，高
収量が望めないばかりか，高温年の品質低下を食い止めることは難しい．このた
め，生育後期に窒素発現が高まる一発肥料も開発されているが，増収効果は十分
とは言えず，年によっては倒伏や玄米タンパク質濃度の上昇も懸念される．そこ
で，当センターでは，基肥一発体系でスタートしておき，高温による品質低下が
懸念される年には葉色をみて追肥診断を行うことを想定して，緩効性肥料の窒素
発現予測を組み込んだ「気象対応型追肥法」の準備を新潟県や福岡県などの共同
研究機関と進めている．

　また，農業 ICT（Information and Communication Technology）のなかには，作物
の生育情報を追肥量に反映させる可変施肥機の開発・普及があるが，将来的には

このシステムに「気象対応型追肥法」のアルゴリズムを導入することも検討していきたい．

(森田　敏)

6. 高温登熟条件下における増収・良質米生産技術

現在，水稲の高温登熟障害の回避に向けた栽培管理技術の構築が急務となっている．また，国産米の国際競争力を高める視点から，さらなる米の生産コスト削減が謳われているなかでは，増収を念頭においた良質米生産技術の開発も急ぐ必要がある．

健全な米づくりとは，品質向上と収量性が両立していることであり，決して食味を含めた品質向上は収量性と相反するものではない．ここでは，こうした考えに立って，高温登熟条件下における増収および品質向上のための収量構成要素と玄米仕上げ水分，玄米形状について述べる．

1) 収量構成要素からみた増収

増収を前提とした良食味米生産のための方向性は，図 2-6-1 に示したように，

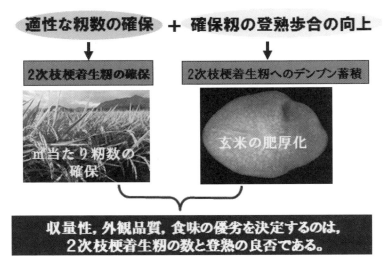

図 2-6-1　増収と品質向上への道筋
　　　　　出典：松江 (2016)．

第 2 章　先進稲作経営が主導する技術パッケージの開発と実践　　63

表 2-6-1　高品質・増収区における収量，収量構成要素，品質

処理区	m^2当たり籾数 ($\times 100$)	1 穂当たり		登熟歩合 (%)	1 株登熟歩合(%)		千粒重 (g)	収量 (kg/10a)	検査等級	タンパク質含有率 (%)
		1 次枝梗籾数	2 次枝梗籾数		1 次枝梗	2 次枝梗				
高品質・増収区	354	50.1	29.5	77.0	91.6	56.7	21.7	56.2	1 等	6.7
対照区	369	50.7	26.3	57.2	71.8	25.6	21.5	42.5	2 等	7.5

福岡県 2008 年（未発表）.
品種：ヒノヒカリ.
出典：松江（2012）.

収量構成要素からみて，品種に合った適正な籾数の確保と確保した籾の登熟歩合の向上にある．

　適正な籾数の確保とは，2 次枝梗着生籾（2 次枝梗粒）を確保することである．その理由は，1 穂に着く籾数は，強い遺伝的支配を受けている 1 次枝梗着生籾（1 次枝梗粒）と環境変動に大きく左右される 2 次枝梗粒（上林ら 1983）から成り立っているためである．

　したがって，1 穂に着く籾数の変動は，2 次枝梗粒の変動に依存していることになる．次に，確保した籾の登熟歩合の向上とは，穂全体の登熟の良否を決定するのは 2 次枝梗粒の登熟の良否であることから，その登熟歩合を向上することである．したがって，収量性，外観品質，食味の優劣は，2 次枝梗粒の数と登熟の良否により決定されている．事実，食味と食味に関与している理化学的特性も，2 次枝梗粒の充実度に大きく影響を受けている．

　このように，2 次枝梗粒の確保と充実を図ることは，増収とともに品質向上にもつながるものである．実際に登熟期間が高温の年において，2 次枝梗粒による登熟歩合の向上によって，高品質で増収が得られた栽培実証例を表 2-6-1 に示した．高品質・増収区は，対照区に比べて，m^2 当たり籾数と 1 穂籾数は大きな差がなく，千粒重は同程度であるにもかかわらず，登熟歩合の向上によって収量，検査等級は優れ，玄米のタンパク質含有率が低い．さらに，高品質・増収のキーとなった登熟歩合を枝梗粒別にみると，高品質・増収区は，対照区に比べて，1 次枝梗粒の登熟歩合は高く，特に 2 次枝梗粒の登熟歩合が 2 倍以上も高くなっている．このように，品質向上と収量性の両立には，2 次枝梗粒の登熟歩合の向上がいかに重要であるかがわかる．

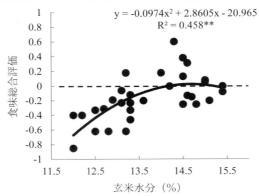

図 2-6-2　玄米水分と食味総合評価との関係（コシヒカリ）
基準米：福岡県産ヒノヒカリ.
**：1％水準で有意性があることを示す.
出典：松江（2016）.

2）玄米仕上げ水分および玄米の形状と食味との関係

　ここでは，全国有数の大規模稲作農業生産法人から収集した2014年産「コシヒカリ」の籾サンプル33点を用いて，外観品質と食味向上の視点から解析した結果を紹介する．なお，ここで供試した玄米の粒厚はすべて1.85mm以上である．

（1）玄米仕上げ水分と食味との関係

　玄米水分と食味の関係を調べてみると，玄米水分14.5％付近で最も食味総合評価が高く，玄米水分が13.5％以下になると食味は劣り，特に12.5％以下では著しく粘りが弱く，軟らかくなって食味が劣る（図2-6-2）．

　したがって，玄米水分は，単なる水ではなく，味を左右する大切な要素のひとつであるという意識と認識が必要である．

（2）玄米の形状と食味

　外観品質の指標である整粒重歩合（1等米は整粒重歩合が70％以上）と食味との間には，正の相関関係が認められ（r＝0.461**，1％水準で有意），整粒重歩合が60％以下になると食味が低下する．平均玄米粒厚と食味の関係でも，正の相関関係が認められ（図2-6-3），平均玄米粒厚が2.04mm以下になると食味は劣る傾向にある．このため，登熟歩合の向上に努め，整粒重歩合を増やして粒の厚い玄米を生産することが大切である（松江　2016）．

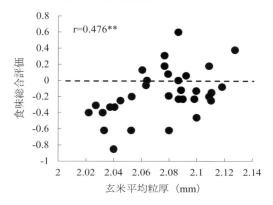

図 2-6-3　食味総合評価と玄米平均粒厚との関係（コシヒカリ）
基準米：福岡県産ヒノヒカリ．
**：1%水準で有意性があることを示す．
出典：松江（2016）．

表 2-6-2　食味総合評価に対する玄米水分，整粒重歩合，玄米粒厚，H/-H 比の標準偏回帰係数

玄米水分	整粒重歩合	玄米粒厚	H/-H 比
0.403*	0.164^{NS}	0.130^{NS}	-0.407**

n=33.
*，**：それぞれ 1%，5%水準で有意差があることを示す．NS：有意性がないことを示す．
出典：松江（2016）．

（3）米の理化学的特性と食味

　一般に精米のタンパク質含有率，アミロース含有率が高くなると食味は低下するが，今回はそうした傾向は認められなかった．この理由としては，供試した玄米はタンパク質含有率の範囲が 6.0〜7.3%，アミロース含有率の範囲が 17.0〜17.3%と，両形質とも食味からみた適正値の範囲内であったためと考える．

　次に，炊飯米の食感を表すテンシプレッシャーの H（硬さ）/-H（粘り）比と食味との関係をみると，両形質間には負の相関関係が認められ（r=-0.38*，5%水準で有意），H/-H 比が小さいほど食味は優れる傾向を示した．さらに，食味に対する前述した玄米水分，整粒重歩合，平均玄米粒厚および H/-H 比の影響度をみるために，これらの形質の標準偏回帰係数を表 2-6-2 に示した．絶対値は玄米水分と H/-H 比が大きいことから，食味評価には，玄米仕上げ水分と H/-H 比が

大きく影響をあたえていることがわかる．また，玄米水分の減少による食味低下は，成分の変化ではなく物理的に炊飯米の食感が劣るからである．このため，食味のよい米を安定的に生産するうえで，この玄米仕上げ水分と H/－H 比にはさらに注意を払っていく必要がある．

　したがって，今後は国産米の国際競争力の向上が求められているなかで，大規模稲作経営における米生産コストの低減を前提とした，良食味米の安定生産を図っていくうえでは，品種に合った収穫適期の刈り取りの励行と乾燥調製が極めて大切である．

　おわりに，健全な稲体を育て，充実した米粒（粒厚の厚い玄米）の生産を前提に収量性の向上を見据えた，収量，外観品質，食味がともに優れる良食味米生産技術の開発をさらに進めるべきである．

（松江勇次・李　東坡）

7．IT コンバインによる水稲の収量計測・可視化手法と生産履歴システム

　担い手農家にとっては，収益性向上をめざして，いかに生産性を上げるかが大きな課題である．今回紹介する IT コンバインによる水稲の収量計測・可視化手法と生産履歴システム「フェースファーム」（http://facefarm.jp/）は，特に収益に直結する"収量"に着目し，IT コンバインでは収穫作業時に収穫流量とロスを"見える化"し，「フェースファーム」では圃場・品種ごとの収量や品質のバラつきを"見える化"している．IT コンバインには，マシン状況をモニタリングする M2M システム「スマートアシスト」（https://www.yanmar.com/）を搭載しており，そのデータを「フェースファーム」に連携させることで，農家が収量向上の打ち手を的確に判断することができる．

1）新開発の収量測定システム

　従来のコンバインは，グレンタンク下部にあるロードセルで全籾重量を測定していたが，IT コンバインは，グレンタンク投入口に小型センサーを搭載することにより，1 回の投てき籾ごとの衝撃力から瞬時に収穫流量を算出できる機構とした．これにより，リアルタイムに正確な収量が測定できる（図 2-7-1）．この新しい収量センサーを搭載することで，図 2-7-2 のように，圃場内の収量のバラつきまではっきりとわかり，翌年の肥培管理の効率化につなげることができる．

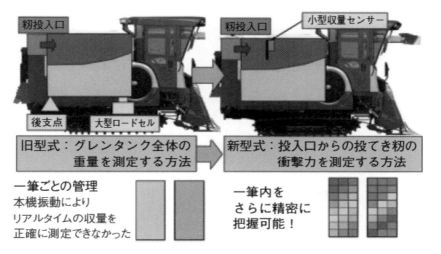

図 2-7-1 収量測定システムの改善イメージ

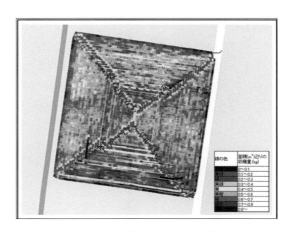

図 2-7-2 圃場内の収量データをマップ化

2) 国内唯一のロスモニター搭載収穫機

コンバインの機能には"脱穀機能"と"選別機能"がある．ITコンバインのロスセンサーは2つあり，脱穀機能によるロスは主に扱胴ロスセンサーで検出し，選別機能によるロスは主に揺動ロスセンサーで検出する（図 2-7-3）．

ロスモニターの効用

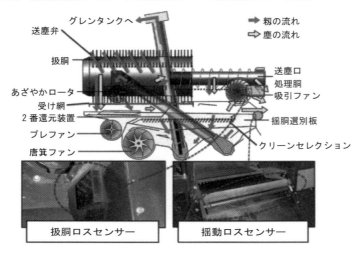

図 2-7-3　ロスセンサーの設置

　これまで，国内の収穫機にはロスの情報をアウトプットできる機種がなかった．従来機の場合，ロスは目視できても，それが脱穀機能による扱胴ロスか，選別機能による揺動ロスかを見分けられなかったため，コンバインの調整箇所の特定も困難であった．本機は，ロスモニターを搭載したことで，脱穀機能によるロス（扱胴ロス）が多い場合は，送塵弁を適正位置まで閉じ，選別機能によるロス（揺動ロス）が多い場合は，クリーンセレクションの隙間を適正位置まで開く，というように，ロス状況に応じたコンバインの自動調整が可能になり，ロスを減らすことができる．

3）ITコンバインと生産履歴システムとの連携

　収量アップやコスト低減を実現するには，まず圃場別の収量を把握し，その圃場での肥培管理を確認・反省して次年度への計画につなげることが重要である．毎日の肥培管理を生産履歴システムに手入力することや，圃場別の収量を把握して記録することは非常に困難であった．しかし，スマートアシスト（GPS＋通信機能付き）搭載のITコンバインでは，緯度経度と収量を記録したデータをクラウド版生産履歴システム「フェースファーム生産履歴」に自動送信することで，圃場別の収量が記録できるようになった．

　図 2-7-4 のように，IT コンバインは，稼働する緯度経度情報，籾収量，水分，

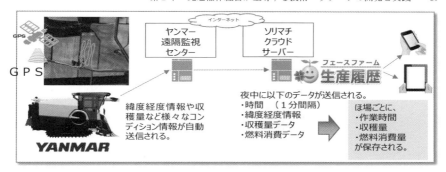

図 2-7-4　IT 農機と生産履歴システムとのデータ連携

図 2-7-5　10a 当たり収量を可視化

燃料消費量などの情報を記録し，ヤンマー（株）のデータサーバーに蓄積する．そのデータは夜間に「フェースファーム」のクラウドサーバーに自動でデータ転送され，「フェースファーム」側でグーグルマップ航空写真に設定した圃場の矩形と照らし合わせて圃場を特定し，圃場での作業時間や収量を自動記録する．

4）圃場別情報の地図化のメリット

　経営全体の収量を上げるには，もともと高い収量が見込める圃場をさらに高めるよりも，生産性が低いいくつかの圃場を底上げするほうが効率的である．当システムでは，図 2-7-5 のように圃場別に収量の色付きマップを作成したり，また図 2-7-6 のように品種別のヒストグラムによって収量の低い圃場を把握すること

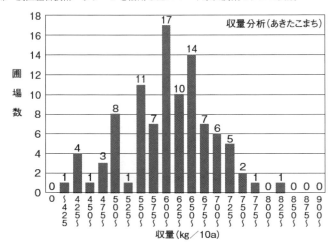

図 2-7-6　10a 当たり収量のヒストグラム

ができるため，管理圃場全体の収量の底上げに役立つ．

このように，当システムは，①手入力することなく全自動で圃場ごとに作業時間や収量を記録できる，②圃場ごとの"見える化"が容易にできる，③作業や肥培管理に無理や無駄がないか反省し，翌年度に効率的な栽培計画を立てることができる，などの利点があるため，担い手から非常に高い評価を得ることができた．

なお，ヤンマー（株）の IT コンバインと，ソリマチ（株）の「フェースファーム生産履歴」は，どちらも市販されており，すぐに利用することができる

（平石　武・伊勢村浩司・金谷一輝）

8. 水田センサによる水稲水管理の可視化と改善

水稲の収量はさまざまな条件によって決まるが，古くから特に重要なものは格言として語り継がれている．代表的なものでは，苗づくりの重要性を説いた「苗半作」や，収穫前の秋の天候の影響の大きさを示す「秋場（秋日和）半作」などがよく知られている．田植後の栽培管理については，水管理の重要性を説く「水見半作」がある．「米作日本一」農家の知恵から生まれた「水のかけ引き」が，当時の水稲「1t どり」の技を支えたともいわれている．

本節では，収量・品質の向上と省力化をめざして，水田センサによる水稲水管

理の可視化技術と，この技術を活用した水管理改善の可能性について紹介する．

1）水位計測と水管理の可視化

　水管理技術を次世代へ伝承し，さらに改善するためには，まず，営農現場で日々行っている水管理の現状を可視化することが必要になる．具体的には，日々の水位の変化を計測し，水管理の実態をほかの水田や農場と正確に比較できるように，数字（帳票），グラフ，地図などで表示することが求められる．「農匠ナビ1000」プロジェクトでは，これを水管理の可視化と呼んでいる．可視化によって，目標としていた水管理と実際の水管理との差や関係を知ることができ，改善に向けての出発点となる．

2）1000 圃場の水管理を可視化

　「農匠ナビ1000」では，プロジェクトに参画した稲作経営 4 農場の合計 1,000 圃場に水田センサを設置し，実際の営農現場での水管理を可視化することに挑戦した．こうした大規模な現地実証は，今まで関連学会でも報告・論文が見当たらず，世界的にも例をみない試みといえる．

　研究を開始した当時，1,000 圃場での水位計測に活用できる実用的な水田センサは市販されていなかった．このため，プロジェクトでは，独自仕様の水田センサの研究開発を行った．水位計測にはいくつかの方法があるため，フロート式や水圧式といった方式の水田センサの試作・試験を繰り返し，これらの試験結果を比較検討して 1,000 圃場用の水田センサの改良・開発に活かした．

　図 2-8-1 は，九州大学と（株）AGL が関連企業の協力を得て試作したフロート式水田センサである．この水田センサは，機器全体が一体型となっており，①設置が簡単である（支柱が不要），②通信料金のかからないスマートネットワーク技術に基づく最新通信モジュールを内蔵している，③水面と水田底の水温が同時に計測できる，などの特徴がある．

　写真 2-8-1 は，九州大学が関連企業の協力を得て完成させた 1,000 圃場用の水田センサである．この水田センサは，上記の最新通信モジュールと，農研機構および協力企業が試作した水圧式水位センサを組み合わせた構造になっている．

　計測したデータは，九州大学が運営する FVS クラウドシステムに蓄積され，帳票，グラフ，地図などで可視化することができる．また，水位や水温があらかじめ設定した値になれば，警告メールを送信する機能もある．図 2-8-2 は，多くの

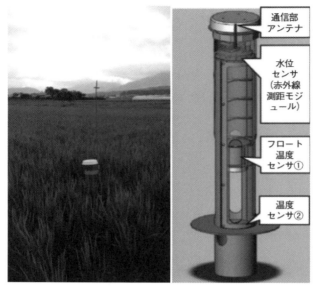

図 2-8-1　フロート式水位計測技術を用いた水田センサ

写真 2-8-1　水圧式水位計測技術を用いた水田センサ

圃場の水位状態を鳥瞰できる地図表示の例である．

3）水管理可視化技術の活用

第 2 章　先進稲作経営が主導する技術パッケージの開発と実践　73

図 2-8-2　水位データの FVS クラウドシステムでの地図表示例

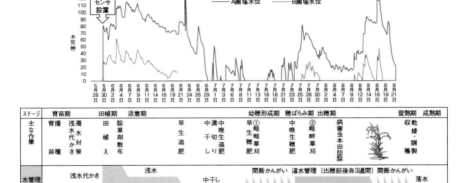

図 2-8-3　水稲栽培暦（水管理部分，下図）と水管理可視化の事例（上図）
　　　　　出典：水稲栽培暦（水管理部分）は『JA 東琵琶湖平成 28 年産水稲施肥設計書』
　　　　　から抜粋．

　プロジェクトに参画した農場のひとつ，（株）AGL の現地実証（水稲作付面積 21ha）では，圃場別の水位・水温計測データに基づいて水回り作業を実施したところ，水回りの頻度をこれまでの半分程度まで削減することができた．こうした作業の効率化は生産費低減にも効果があり，玄米 1kg 当たり 2～3 円程度の経費削減効果があると試算されている．
　（有）フクハラファームの現地実証（水稲作付面積 157ha）では，可視化によって水管理の違いと米の収量の関係性が明らかになった．図 2-8-3 は，（有）フクハラファームが水管理の参考にしている JA の栽培暦と，実際の水位の変化を示したものである．図 2-8-3 の上部は，水管理担当者が異なる 2 つの圃場（品種は

74　第1部　農匠経営技術パッケージを活用したスマート水田農業モデルの実践

同じ）の水位変化を可視化したグラフである．A 圃場（田植 5 月 21 日，収穫 8 月 28 日，収量 486kg）と B 圃場（田植 5 月 16 日，収穫 8 月 26 日，収量 564kg）を比較すると，A 圃場では中干しが不十分であり，落水前に湛水状態になっていたことがわかる．両圃場は水管理担当者が異なるため，実際の水管理に違いが生じ，それが収量差の一因となったと考えられる．同社では，水管理の可視化によって，栽培暦と実際の水管理の違いや，圃場ごとの水管理の違いを詳細に分析し，水管理ノウハウの共有化を進めている．

4）普及に向けた課題と今後の研究開発の方向

　今回紹介した「農匠ナビ 1000」の成果を活用した水田センサは，既に市販されているが，導入にあたっては，費用対効果の向上が課題になっている．また，市販の自動給水器では省力化・節水化効果が認められているが，全国的な普及には至っていない．

　今後は，水管理可視化技術と自動給水技術を融合し，省力化・節水化とともに，収量・品質の向上に貢献する稲作技術パッケージとして確立することが期待されている．水管理の改善は各稲作経営の課題でもあるが，次世代の水田管理情報の基盤整備は地域全体で取り組むべき課題でもある．わが国の水田 247 万 ha のうち，開（オープン）水路整備済みは 165 万 ha（66.8%），パイプライン整備済みは 42 万 ha（17.0%），未整備は 40 万 ha（16.2%）といわれている．こうした現状を考えると，パイプラインとともに，開水路を対象にした関連技術の研究開発の重要性が高まっているといえる．

（南石晃明・髙崎克也・福原悠平）

9. 自走式土壌分析システムによる土壌マップ作成手法

　「農匠ナビ 1000」では，市販のトラクタ搭載型土壌分析装置「SAS2500」よりも 150kg 軽量化し（総質量 506kg），オペレーティング機能をトラクタ運転席に集約して 1 名で操作が可能な自走式軽量土壌分析システム「SAS3000」を試作した．本試作機を用い，茨城県の水田を対象に，2015 年 10 月（10 圃場，10ha）と 12 月（25 圃場，23.5ha）に圃場を観測し，土壌サンプル 146 点で土壌成分 32 項目の検量線を得て土壌マップを作成した．

1) 自走式軽量土壌分析システムの試作

写真 2-9-1 が，試作した土壌分析システムの試作機である．従来は，トラクタの操作と土壌センシング部の操作にそれぞれ作業者1名が必要であったが，市販のトラクタ搭載型土壌分析装置

写真 2-9-1　自走式の軽量土壌分析システム「SAS3000」

「SAS2500（総質量 660kg：シブヤ精機（株））」のフレーム構造とチゼル土中貫入部の機構を見直して 150kg の軽量化を図り，制御部をトラクタ運転席に集中して作業人員1名で操作できるようになった．

同時に計測できるものは，土壌反射スペクトル，GPS 位置座標，地温，気温，観測面とセンサプローブの距離，接触型土壌電気伝導度である．試作した土壌分析システムの特徴は土中貫入部にある．チゼルを改良して土中に連続した水平方向の穴と安定した観測用土壌面を形成し，光ファイバーを利用して可視・近赤外光の土壌面照射とその土壌反射光スペクトル（波長 350nm〜1,700nm，解析分解能 5nm，271 スペクトル）を連続して観測できる．土壌反射スペクトルを用いた検量線により土壌肥沃度成分などを予測し，計測した位置座標を利用して詳細な土壌マップを作成できる．

2) 深さ 10cm，走行速度 0.3m/s で圃場観測

圃場観測は，「農匠ナビ 1000」プロジェクトが実施されている茨城県龍ヶ崎市の横田農場（水田圃場）で 2015 年 10 月（120 土壌サンプル，10 圃場，10ha）と 12 月（26 土壌サンプル，25 圃場，23.5ha）に行った．観測深さは 10cm，走行速度は 0.3m/s，土壌反射スペクトルの観測間隔は 3 秒で，圃場 1 枚につき長辺方向に 3〜5 本走らせ，300〜600 地点の土壌反射スペクトルを収集した．

参照用土壌サンプルは土壌分析を行い，その分析結果を検量線作成に用いた．東京農工大学では，含水比，土壌有機物含有量，pH および電気伝導率（EC）の 4 項目を分析し，有効態ケイ酸と遊離酸化鉄および酸化ナトリウムの 3 項目を住化分析センターに依頼した．また，有効態リン酸，交換性カリ，交換性苦土，交換性石灰，苦土/カリ比，石灰/苦土比，石灰飽和度，塩基飽和度，銅，亜鉛，マンガン，ほう素，熱水抽出性窒素，全窒素，硝酸態窒素，アンモニア態窒素，リン

酸吸収係数，塩基置換容量，pH，EC，全炭素，置換酸度，砂，シルト，粘土および乾燥密度の 26 項目の分析を農産化学研究所（帯広市）に依頼し，C/N 比は計算により求め，全 32 項目（pH と EC は重複あり）の分析を行った．

3）土壌マップの作成手法と作成例

図 2-9-1 に土壌マップ作成プロセスの概略を示した（Kodaira & Shibusawa 2013）．圃場で観測した土壌反射スペクトルと参照用土壌サンプルの分析結果を用いて，土壌成分を推定する多変量回帰モデル（検量線）を作成した．推定精度の高い検量線が得られれば，土壌反射スペクトル観測地点の土壌成分が精度よく推定できる．例えば，置換酸度，砂，シルト，粘土，有効態ケイ酸，遊離酸化鉄，酸化ナトリウムを除く，25 項目の 334 データ（2007 年〜2009 年測定，2 圃場，全 8.9ha）を PLS 回帰分析で求めたローカル検量線の全交差確認の結果で，測定圃場を対象とした精度は，0.82〜0.90（決定係数）である（小平・澁澤 2016）．また，それぞれに位置情報をつければ，土壌マップ作成ソフトにより目的とする土壌マップを描くことができる．検量線の作成には，多変量解析ソフト「The Unscrambler Ver.9.8

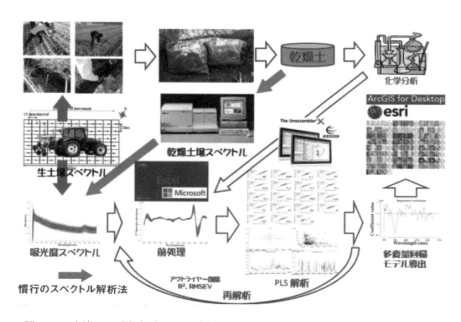

図 2-9-1　土壌マップ作成プロセスの概略

第2章　先進稲作経営が主導する技術パッケージの開発と実践　　77

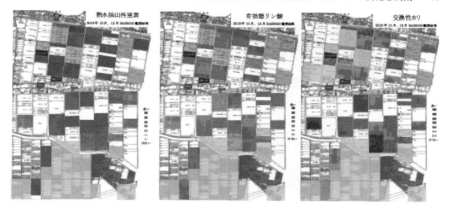

図 2-9-2　横田農場の 35 圃場マップ観測例
　　　　　左から熱水抽出性窒素，有効態リン酸，交換性カリ．

（CAMO Software AS）」を用い，土壌マップの作成には「ArcGIS V10.2.2（ESRI Inc. USA）」を用いた．

　横田農場が管理している圃場 380 枚のうちの 35 枚につき，熱水抽出性窒素と有効態リン酸および交換性カリの土壌マップを図 2-9-2 に示した．それぞれの成分ごとに圃場間のバラつきがみられるとともに，圃場内が均一なものとバラつきの大きいものがみられる．土壌成分の空間的バラつきの要因は多様であり，その対応が栽培ノウハウとなる．

　図 2-9-3 には，1 枚の圃場につき，収量コンバイン「AG6114R（6 条刈，ヤンマー（株））」による収量マップ，含水比，土壌有機物，熱水抽出性窒素，有効態リン酸，交換性カリのマップを示した．これらは，栽培履歴のひとつの結果を示すものであり，今後の利活用が求められる．

　　　　　　　　　　　　　　　　　　　　　　　　　　（澁澤　栄・小平正和）

10．農作業映像コンテンツの作成手法と技術・技能伝承

　農業従事者が 200 万人を割り込み，新旧の農業技術や環境変化に対応できる経験を持った農業者は急速に減少している．農業者の減少とともに，"匠"といわれる篤農家も減少し，カンや経験に基づいた技術・技能伝承が年々難しくなっている．こうした状況では，篤農家が持つ「匠の技」（の暗黙知）を抽出・構造化・可

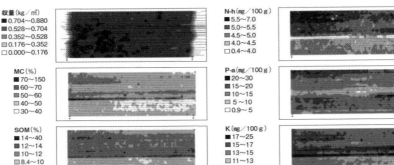

図 2-9-3　1 枚の水田の収量・土壌マップ観測例
　　　　　MC：含水比，SOM：土壌有機物，N-h：熱水抽出性窒素，P-a：有効態リン酸，
　　　　　K：交換性カリ．

視化し，ほかの農業者や新規参入者などに継承し，人材を育成していく手法・仕組みを確立していくことが重要である．それを伝える農作業映像コンテンツの作成手法と技術・技能伝承について，人材育成の視点から紹介する．

1）技術・技能の構造

　農業者は，その目的達成のために行動する．農作業の場合，個別の作業（タスクレベル），作物体系を見た作業（作物レベル），農場や技術全体と関連づけた作業（技術レベル），経営全体と関連づけた作業（経営レベル）の 4 階層に分類できる（図 2-10-1）．

　これは，全国の農業技術の"匠"（農水省認定）といわれる農業者などから実際に話を聞き，従事者のビジョン，動機，駆動目標に基づいて階層化したものである．

　新規就農者は，タスクレベルのことを中心に取り組むが，中堅農業者は，それに作物レベルや技術レベルまでを含め，さまざまな要件を思考しながら行動する．さらに，経営者は，ステークホルダー（利害関係者）なども含む多様な要素のなかで最適と思われる利潤動機に基づいた経営レベルの階層まで踏み込んで行動する．

　つまり，篤農家の技術・技能を構造的に理解し，「見える化」することが，人材育成には重要なのである．

第 2 章　先進稲作経営が主導する技術パッケージの開発と実践　　79

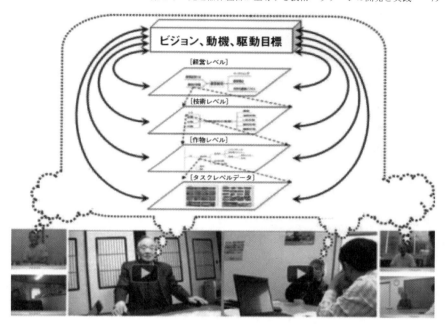

図 2-10-1　"匠"のインタビューから構築される技術・技能階層

2）映像コンテンツの作成手法

　新規就農者は，目の前に見えるものを中心に作業などをするが，熟練者は，複数の状況や目では見えない反対側からの視点も予測し，この後起こることまでを想定して作業を進めることが，"匠"へのインタビューでわかっている．つまり，熟練者は，同時に多くの視点で状況を理解し，栽培や作業の意思決定を行っているといえる．

　まずは，機械作業において，"匠"の頭のなかの状態を「多画面」化し，映像コンテンツ（写真 2-10-1）にした．例えば，トラクタでのロータリー作業の場合，匠は，ハンドルの操作や畦との距離，ロータリーの深さや砕土の状態，耕起する位置など，作業者の視点はもとより，客観的に圃場全体を把握し，作業全体の進行を把握することができる．

　映像のコンテンツ化にあたっては，まず，熟練者のインタビューに基づいて，ミニチュア模型を用いた撮影用の絵コンテを作成する（写真 2-10-2）．例えば，コンバインの場合，絵コンテ上にコンバインの動線を描き，作業の注意点やポイン

80　第1部　農匠経営技術パッケージを活用したスマート水田農業モデルの実践

写真 2-10-1　コメント付き多画面映像コンテンツ

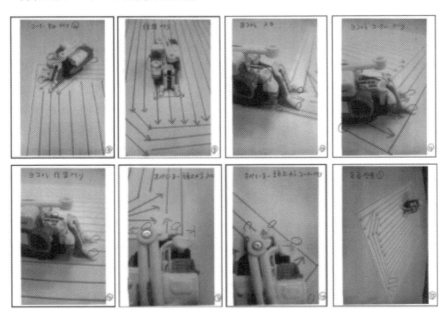

写真 2-10-2　ミニチュアを使った撮影用の絵コンテ

写真 2-10-3　FVS ビューアーを用いて作成した統合画像

トを列記して，撮影するための台本を作成する．次に，その台本にしたがって，実際の圃場でポイントとなる機械の箇所，オペレーターの動き，作業の流れのなかで留意すべき点に視点をあてて撮影する．撮影した複数の動画を統合し，コメントと字幕を挿入して多画面映像コンテンツができあがる．

さらに簡易な方法として，九州大学が開発したFVSビューアー（営農可視化システム：写真2-10-3）を使うと，撮影した画像をパソコンで簡単に同期し，統合した映像を簡易に作成できる．地図上の座標も表示でき，動線のマッピングも可能となる．農業者自らが映像コンテンツを作成して活用することができる．

3）コンテンツ視聴による効果

実際に，この多画面映像コンテンツを視聴し，その効果をトラクタの耕起作業で試してみた．耕起作業の直線部分は，新規就農者と熟練者では差が出にくいため，圃場の四隅の作業時間を抽出して計測した．コンテンツを視聴する前に行った作業時間と視聴した後に行った時間を比較すると（表2-10-1），就農2年目，4年目の農業者のいずれも，明らかにコンテンツ視聴後の作業時間が短縮されていることがわかる．これは二度目の作業ということに加え，コンテンツを視聴した結果である．稲作など年1作の作物のそれぞれの工程作業は，期間が限られており，習熟に十分な時間がとれないなかで，映像コンテンツを視聴し，事前に技術・技能のイメージを繰り返し把握できることは，重要な機会となる．

82　第 1 部　農匠経営技術パッケージを活用したスマート水田農業モデルの実践

表 2-10-1　トラクタ耕起作業のコンテンツ視聴前後の作業時間比較

キャリア	トラクタ耕起四隅作業時間	映像コンテンツ視聴前	映像コンテンツ視聴後	四隅作業短縮時間	四隅の作業時間減少率
2 年目就農者	11 分 29 秒	06 分 21 秒	05 分 08 秒	44.7%
4 年目就農者	09 分 05 秒	08 分 05 秒	01 分 00 秒	11.0%

4）今後の活用

　多画面映像コンテンツは，既に行ってきた水稲栽培の機械技術だけではなく，その間にあるさまざまな管理技術にも応用できる．

　また，その他の作物や施設園芸などの技術・技能，農薬や肥料，農業機械を利用する際も，技能の習熟はもとより，安全性，効率，効果など，さまざまな視点から作成することができる．

　日本の優れた "匠" の篤農技術を後世に伝承し，次代の新技術と融合させ昇華させてゆくことはもちろん，優れた農業者の育成により，減少する農業従事者を質的に補うという点でも，重要な意味を持つと考えられる．

（佛田利弘・南石晃明）

11. 大規模稲作経営における直播栽培と流し込み施肥によるコスト低減の可能性と課題

　大規模稲作経営の課題として，しばしば省力化，低コスト化や作業分散による規模拡大が指摘されているが，これに向けて最も有効な対応策は直播栽培であるといわれている．しかし，直播が，現実の大規模稲作経営におけるコスト低減を

表 2-11-1　播種同時コーティング肥料施肥と尿素流し込み施肥の比較試験概要

区分	播種乾籾（kg/10a）	播種同時（コーティング肥料）窒素（N）（kg/10a）	流し込み 1 回目 実施日	流し込み 1 回目 窒素(N)（kg/10a）	流し込み 2 回目 実施日	流し込み 2 回目 窒素(N)（kg/10a）
試験区	7.17	—	5 月 21 日	2.00	6 月 4 日	3.51
対照区	7.12	12.21	—	—	—	—

品種は「あきだわら」，播種は 4 月 25 日実施．

どの程度可能にするのかは，ほとんど明らかになっていないように思われる．

そこで，「農匠ナビ1000」プロジェクト（攻めの農林水産業の実現に向けた革新的技術緊急展開事業）において，横田農場では，流し込み施肥と組み合わせた不耕起乾田直播栽培によるコスト削減効果を明らかにした．また，九州

写真 2-11-1　8条ディスク駆動式不耕起乾田直播機

大学と連携して，営農技術体系評価・計画システム「FAPS」を用いて農場全体の最適作付計画を策定し，移植栽培と比較した直播栽培（乾田直播栽培および湛水直播栽培）の有利性を検討したので紹介する．

1) 不耕起乾田直播栽培における施肥コスト低減

一般的な不耕起乾田直播栽培の場合，省力化のために播種同時でコーティング肥料（肥効調節型肥料，いわゆる一発肥料）を施肥することが多いが，コーティング肥料そのものの単価が高いため，"省力"ではあるが必ずしも"低コスト"とは言いがたい．

そこで，省力＋低コストをめざし「農匠ナビ1000」プロジェクトで試作した8条ディスク駆動式不耕起乾田直播機（写真 2-11-1）と，茨城県農業総合センター農業研究所と共同で開発した流し込み施肥装置を用い，基肥，追肥ともに安価な尿素を使用した流し込み施肥を行い比較した（表 2-11-1）．

流し込み3回目		流し込み4回目		投入窒素計
実施日	窒素(N) (kg/10a)	実施日	窒素(N) (kg/10a)	(kg/10a)
6月30日	3.51	7月22日	3.01	12.03
—	—			12.21

写真 2-11-2　流し込み施肥 1 回目

写真 2-11-3　流し込み施肥 2 回目

表 2-11-2　コーティング肥料と尿素の 10a 当たり費用比較

区分	面積	肥料	使用量合計（kg）	肥料単価（円/kg）	肥料費合計（円）	10a 当たりの価格（円）
試験区	13,059m²	尿素	336.00	75.00	25,200	1,930
対照区	15,031m²	LP70 LPS120 混合肥料	443.96	251.30	111,567	7,422

肥料の価格は平成 27 年に横田農場が通常どおり購入したもの（コーティング肥料 251.3 円/kg，尿素 75 円/kg）．

2）コーティング肥料と流し込み施肥の肥料費

今回，コーティング肥料については，茨城県農業総合センター農業研究所の助言により，「あきだわら」の生育と肥料の溶出パターンを勘案し，LP70：LPS100 を 1：2 の割合で混合する施肥設計とした．また，流し込み施肥については，生育ステージに合わせて，4 回の施肥を行った（写真 2-11-2：流し込み施肥 1 回目，写真 2-11-3：流し込み施肥 2 回目）．

施肥量とその単価は表 2-11-2 に示したとおりであり，10a 当たりの肥料費で約 70％の削減となっている．

3）コーティング肥料と流し込み施肥の作業時間

作業時間をみると，コーティング肥料は播種同時で施肥するため，追加の作業時間はかからないが，流し込み施肥は播種以外に 4 回の施肥を行っているため，その作業時間と労働費は表 2-11-3 のとおりとなる．流し込み施肥にかかる時間は，水口の数によって異なるので注意が必要だが，装置の設置や撤去，肥料の投入などにかかる労働負荷はそれほど大きいものではない．

第 2 章　先進稲作経営が主導する技術パッケージの開発と実践　85

表 2-11-3　播種同時施肥と流し込み施肥にかかる 10a 当たり作
業時間の比較

区分	直播 作業時間	流し込み 作業時間	作業時間 合計	労働費 （円）
試験区	0:09:46	0:03:48	0:13:33	339
対照区	0:08:51	—	0:08:51	221

時間は 10a 当たり作業時間.
直播作業時間は播種作業時間と種子・肥料の補充時間を含む.
労働費は時給単価 1,500 円で算出.

表 2-11-4　播種同時コーティング肥料施肥と尿素流し込み施肥のコスト比較結果

区分	施肥作業に かかる労働費 （円/10a）	肥料費 （円/10a）	計 （円/10a）	平成 27 年 収量粗玄米 （kg/10a）	粗玄米 1kg 当たりの費用 （円/kg）
試験区	339	1,930	2,269	592	3.8
対照区	221	7,422	7,644	581	13.2
削減			▲5,375		▲9.4

4）粗玄米 1kg 当たりの費用比較

　まとめとして，播種同時コーティング肥料施肥および尿素流し込み施肥におけるコストを集計したものが表 2-11-4 である．播種同時コーティング肥料施肥は，肥料費が 7,422 円/10a，施肥作業（播種作業）にかかる労働費が 221 円/10a，合計 7,644 円/10a で，粗玄米の単収が 581kg だったため，粗玄米 1kg 当たりの費用は 13.2 円となった．

　一方，尿素流し込み施肥は，肥料費が 1,930 円/10a，施肥作業（流し込み施肥 4回）の労働費が 339 円，合計 2,269 円/10a で，粗玄米の単収が 592kg，粗玄米 1kg 当たりの費用は 3.8 円となり，約 70%削減することができた．

　この結果だけをみると，4 回の流し込み施肥を行ったにもかかわらず，播種同時でコーティング肥料を施肥するよりはるかにコストは下がっている．実際の生産現場では，試験圃場と並行して水管理や畦管理などほかの作業が競合するため単純な比較はできないが，省力化の名のもとに，高価な資材を使うことが，必ずしも全体のコスト削減につながらないことが理解できる．さらに，安価な資材と効果的な作業方法を選択することで，新たなコスト削減の可能性を示していると考えられる．

　ただし，今回のコスト計算の段階では，流し込み施肥装置が試作段階であり，

購入費用を計上していない点には留意する必要がある．流し込み施肥装置の販売価格によっては，肥料費の低減効果が相殺される懸念があり，施肥装置の低価格化が今後の課題のひとつである．

5）移植栽培と比較した直播栽培の有利性

横田農場の実績データを用いて，「FAPS」で移植栽培と比較した直播栽培の有利性を分析した．その結果，現状の田植機・コンバイン各1台の機械作業体系によって，移植栽培のみで140ha程度までの水稲栽培ができるという最適作付計画が得られた．このことから，乾田直播栽培（ディスク駆動式不耕起栽培）および湛水直播栽培（鉄コーティング栽培）のいずれの直播も移植栽培に比較して有利性が低く，導入の必要性がないとの結論であった．ただし，それ以上の作付規模の拡大を実施する場合には，増加面積部分を直播栽培で行うなど，移植栽培を補完する技術として直播栽培を位置づけることも考えられる．以上の結果は，乾田直播栽培そのものはコスト低減の可能性があるが，経営への導入効果は，経営条件によって異なることを示している．

（横田修一・南石晃明）

12．無人ヘリ・UAV による生育情報収集および判定技術

さまざまな分野で無人機の利用が注目を集めている．マンションなどに荷物を届ける宅配サービスや災害現場での利用など，実用化に向けた実証実験が行われており，農業では，飛行中にカメラやセンサを用いて葉色などの情報を収集する技術の研究が進んでいる．

ここでは，産業用無人ヘリコプターと UAV（Unmanned aerial vehicle，ドローンと呼ばれることも多い）を用いた農業技術について紹介する．

1）産業用無人ヘリコプターによる水稲の生育情報の省力収集技術

今日の水稲生産では，生産性向上と環境保全を両立する技術開発が求められている．こうした課題に対処するには，水稲の生育や環境を迅速に診断し，診断結果に基づいた栽培管理や資材の適正な使用が求められる．これを受けて，産業用無人ヘリコプターに生育診断機器を搭載した観測装置（以下，無人ヘリ生育観測装置）が開発されたので（市来ら 2014），その実用性を検討した．

(1) 無人ヘリ生育観測装置の概要

無人ヘリ生育観測装置は，産業用無人ヘリコプター，センサ部および制御部により構成されている（写真 2-12-1）．センサ部は，赤色域，近赤域の太陽光強度と反射光強度を測定する4つのセンサ（フォトダイオード）により構成されている．

生育情報である植生指数（NDVI）は，植物による光の反射の特徴を活かし，生育状況を把握することを目的として考案された指標である（下式）．なお，植生指数は，-1 から 1 の間の値を示し，生育が旺盛なほど値が大きくなる．

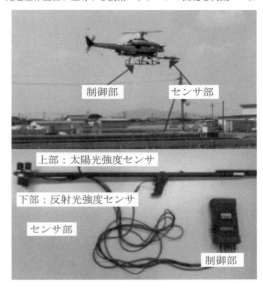

写真 2-12-1　無人ヘリ生育観測装置

植生指数(NDVI) ＝ (NIR－R)／(NIR＋R)
NIR：近赤域の反射光強度を太陽光強度で除した値
R：赤色域の反射光強度を太陽光強度で除した値

(2) 測定した植生指数を施肥対策に活用

無人ヘリ生育観測装置は，植生指数（NDVI）を 10a 当たり約 40 秒で測定できる．また，図 2-12-1 のとおり，GPS で測位した位置情報付きのデータは，表計算ソフトにより圃場マップ化できる．

図 2-12-2 のとおり，水稲の幼穂形成期（出穂 25 日前頃）における植生指数が高くなるにつれて，単位面積当たりの穎花数が多くなる傾向がみられる．しかし，「コシヒカリ」では，穎花数の増加にともなって収量が高くなっても，外観品質，食味が低下するため，適正な単位面積当たりの穎花数は 28,000～30,000 粒/m² であることが報告されている（川口ら 1995）．

	←	45m			→	
0.764	0.733	0.786	0.787	0.768	0.681	↑
0.745	0.752	0.783	0.797	0.788	0.742	
0.738	0.772	0.786	0.797	0.794	0.765	
0.733	0.762	0.779	0.794	0.781	0.780	60m
0.732	0.718	0.777	0.793	0.787	0.776	
0.741	0.713	0.742	0.777	0.775	0.765	↓

水口側

平均値　0.765
標準偏差　0.030

図 2-12-1　幼穂形成期の植生指数（NDVI）の圃場マップ例
　　　　　2015 年，品種「コシヒカリ」．
　　　　　1 メッシュは短辺 7.5m，長辺 10m である．
　　　　　色付き部分は平均値を上回った地点を示す．

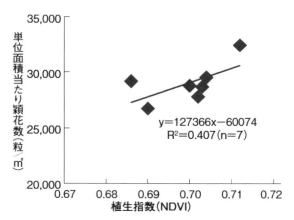

図 2-12-2　「コシヒカリ」の幼穂形成期の植生指数と単位面積当たり穎花数（2014 年，2015 年）
　　　　　植生指数は，旧型機による測定値のため，図 2-25 の測定値の 90％程度の値を示す．

測定した植生指数から穎花数が過剰になることが予想される場合は，幼穂形成期以降の施肥対策などで品質低下を防止できる可能性がある．また，植生指数は次年度以降の施肥設計において，適正な穎花数に誘導するために活用できる．なお，植生指数を施肥診断や施肥設計に活用するには，数多くの圃場でデータを収集して指標をつくることが必要である．

2）UAVを利用した簡易な水稲葉色判定法

　生育中の水稲葉色の判定を生産者自身が比較的手軽に，かつ短時間にできることをめざして，市販の可視光デジタルカメラ付き UAV と水稲用葉色板を組み合わせた簡易な水稲葉色判定手法を検討した．

　上空から水稲群落と葉色板を同じ画面内に映し込むことで，太陽光の影響を極力抑えつつ，撮影画像を目視比較または専用の画像処理判定ソフト（試作品）で解析して葉色値を得ようというものである．後述する運用上の注意点を守れば，試作判定ソフトは撮影画像の色相データを使用することで一定程度の葉色判定が可能である．

(1) 市販のカメラ付きUAVに葉色板を取り付けて水稲群落を撮影

　今回の試験では，国内でも広く普及していると思われる Parrot 社製「AR. Drone 2 GPS」，DJI 社製「PhantomVision 2+」「Inspire-1」の 3 機種の UAV を用いた．いずれも取り付け具を加工して機体カメラ前方に葉色板（葉色値 2〜6）を設置し，撮影画像内に映り込むようにしている（写真 2-12-2）．後は，UAV を飛行させ 1〜5m の上空から緩やかに見下ろすように水稲群落を撮影する．この撮影方法は，人が葉色板を持って水稲群落を見通して判定する場合の計測法に倣ったものである．

(2) 撮影画像を見ながら目視で，または専用の画像処理判定ソフトで葉色判定

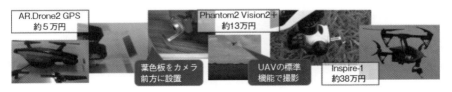

写真 2-12-2　市販 UAV 機 3 機種と葉色板取り付け状況

90　第1部　農匠経営技術パッケージを活用したスマート水田農業モデルの実践

写真 2-12-3　画像処理判定ソフトの動作画面例

　葉色判定は大きく2通りが可能となっている．試験に使用した3機種をはじめ，現在市販されている多くのカメラ付き UAV は，手元のコントローラ上で機体カメラの撮影画像をリアルタイムに確認できる．この機能を使って，飛行・撮影しながら，その場で画像内の葉色板と水稲群落の葉色を目視比較して葉色値を判定する．葉色板を持って自分が歩き回る代わりに葉色板付き UAV に飛び回ってもらうイメージである．

　もうひとつは，試験時に試作した画像処理判定ソフトで撮影画像を解析して葉色値を判定する方法である（写真 2-12-3）．この判定ソフトは Windows OS 上で動作する試作品であるが，照会いただければ提供可能である．機能的には，静止画（JPEG 形式）または動画（MP4 形式）を解析して葉色値を判定する．使用にあたっては①妥当な判定結果を得るために晴天時の撮影では UAV 機体の陰が葉色板に重ならないようにする②曇天時に撮影したほうが，妥当な判定結果を得やすい，などのこれまでに確認された特性に注意しながら撮影するとよい．

（中井　譲・福原悠平・吉田智一）

13. 圃場均平作業の省力化・コスト低減をめざした制御可能な排土板付ウイングハローの試作

　稲作の経営環境は，米消費の減少や販売価格の低迷などにより厳しさを増している．この厳しい状況にありながら，いかにしてコスト削減，増収・増益を実現

し，経営を維持・発展させていくのか，また栽培技術や管理技術をどのように改善すればよいのか，多くの経営者は，常々思考を巡らせている．

　経営改善のひとつの手段として，ここでは，作業省力化，コスト低減，さらには増収につながると考えられる圃場均平化技術について紹介する．水稲の収量は，土壌，圃場条件，気象，栽培管理，品種など諸条件の影響を受けるが，移植時の圃場田面・水深の均平度も重要な要因であると考えられている．その改善方法として，本稿では「自動水平装置およびレーザーレベラーによる制御可能な排土板付きウイングハロー」を用いた圃場均平化技術の可能性を紹介する．

1) 現状の圃場均平化技術の課題

　生産者自身が農閑期などに実施できる圃場均平化技術は，ほぼ確立されており，直装タイプやけん引式レーザーレベラーによる均平技術がある．この方法は，短時間に精度の高い均平化ができる反面，圃場面積が 30a 程度以下の小区画圃場では作業効率が悪く，導入コストもかなりの負担となり，作業条件，導入可能な生産者も限られる傾向がある．

2) 代かきと同時に圃場均平化が可能

　現状の圃場均平化技術の課題解決をめざして「農匠ナビ 1000」プロジェクトでは，自動水平装置およびレーザーレベラーによる制御可能な排土板付きウイングハローを試作し，現地圃場試験を行った．導入コストも考慮し，既存の低コストレーザー機器，代かき作業で使用するロータリーハロー排土板を活用し，これを電動アクチュエーターで制御する方式とした（写真 2-13-1）．この方式により，中山間地の狭い圃場でも，代かき作業時に圃場均平化が可能になり，2 つの作業を同時に行うことで効率が向上し，さらには増収が期待できる．

　具体的には，基準となるレーザーベンチを設定し，ベンチ基準レーザー受信機により，圃場田面の高低を目視で確認し，電動アクチュエーターを手動で操作して排土板の角度を調整する（写真 2-13-2）．これにより，高い位置の土をハロー内に保持し，低い位置で開放して均平を行う．この方式は，狭い圃場でも，また熟練者でなくても，水稲の生育に支障のない範囲での均平作業を代かき作業時に実施できるのが特長である．

92　第1部　農匠経営技術パッケージを活用したスマート水田農業モデルの実践

写真 2-13-1　制御可能な排土板付きウイングハローの外観

写真 2-13-2　制御可能な排土板付きウイングハローの構成機器

3）試作機による代かき作業の圃場試験と効果

　本試作機による代かき作業の圃場試験を平成27〜28年に行った（写真2-13-3）．平成27年の圃場試験では，作業前は圃場内高低差が10cm以上あったが，作業後は高低差が7cm程度に減少し，圃場均平化の効果を確認することができた．また，平成28年の圃場試験では，熊本地震で被害を受け，相当の高低差を生じた圃場の均平化に大きな効果があることがわかった．このことから，代かき作業と同時に圃場均平作業を行うことは可能であり，圃場内高低差が比較的大きな圃場では特に効果が大きいことが認められた．

熊本地震被災圃場均平化の可能性

　平成28年4月，熊本県において震度7を2回観測する地震が発生した．この地震は甚大な農業被害をもたらし，（株）AGLでも1mもの段差が各所に発生した．重機を入れないと作付けできない圃場が2haほどとなり，経営全体でみると，作付け不可能な圃場5％，通常作業より時間がかかる圃場80％，通常作業で作付け可能な圃場10％となった．

　農業施設や住宅も半壊状態だったが，とにかく田植えを優先させた．道路の陥没，用水路の崩壊が各所に発生している状況のもと，土地改良工区地権者対策会議が5月9日に行われた．予算も人手も不十分で，水路の修繕や水の確保，湧水が始まったのは，例年の1ヵ月後れの5月末となってしまった．催芽しても播種できずに廃棄した種籾，播種後60日になり使えなくなった苗も多かった．JAや地方行政，国県の担当の方々の尽力がなければ，本年度の田植えは諦めていたかもしれない．

　そうした状況のなか，今回開発した排土板付きウイングハローで均平作業を試みたところ，高低差20cm以内の圃場であれば，何とか田植えができるまでの均平が可能であることが確認された（写真2-13-3）．

　本試作機は，既存の機器を活用することで，従来のレーザーレベラーに比べ，導入コストを抑えたうえで，代かきと圃場均平作業を同時に行うことを可能にするものである．ただし，試作機では，圃場内の高低を示す表示を目視しながら排土板を制御するため，均平精度をさらに向上させるには，機器操作に多少の慣れが必要になる．技術的には，排土板の制御を自動化することは可能だが，コストは高くなる．

　今後は，導入・維持コストと性能・操作性のバランスをどのようにするのが最

写真 2-13-3　熊本地震で被害を受けた圃場の均平化作業の様子

も実用的であるのか，農業経営者の目線で判断する必要がある．それに基づき，さらに改良・試験を重ね，実用化をめざしたい．

（髙崎克也・南石晃明）

14. おわりに

　本章では，「農匠ナビ 1000」研究プロジェクト（第 1 期 H26〜H27）の成果である稲作経営技術パッケージの概要と，それを構成する要素技術について紹介した．表 2-14-1 は，既に実用段階にある主な研究成果を示している．栽培技術としては，高密度育苗による移植栽培技術，流し込み施肥器による施肥技術，気象変動対応型栽培技術，良質良食味米安定生産技術（飽水管理等）があり，コスト削減や収量向上の効果が期待されており，普及段階に至っているものも多い．情報通信技術に関わる成果としては，FVS クラウドシステム（水田センサ含む），IT 農機連動による生産履歴クラウドサービス（コンバイン収量管理システムと連動），FVS 農機ドライブレコーダ＋作業映像コンテンツ，UAV（ドローン）搭載可視光カメラ利用による省力的葉色計測手法，自走型軽量土壌分析システム等がある．すでに普及段階に至っているものもあるが，さらなる実証や研究開発を要する成果もあった．

　そこで，これらの成果を全国的に実証し普及するため，協力機関として JA 全農とも連携し，茨城県，福岡県，農匠ナビ(株)，農研機構農業技術革新工学研究センター，東京農工大学を共同研究機関，九州大学を代表機関として「農匠ナビ 1000 プロジェクト（第 2 期：H28〜H30）を実施した．そのテーマは，「農匠稲作経営技術パッケージを活用したスマート水田農業モデルの全国実証と農匠プラットフォーム構築」であり，本書 3 章では茨城県，4 章で福岡県におけるスマート

第 2 章　先進稲作経営が主導する技術パッケージの開発と実践　95

表 2-14-1　農匠ナビ 1000 (第 1 期) で開発・実証された主な技術

	技術名	効果 (コスト減は玄米 1kg 当たり)	実用化段階
栽培技術	高密度育苗による移植栽培技術	コスト削減 (5.8〜8.8 円)	普及：田植機発売
	流し込み施肥器による施肥技術	コスト削減 (1.1〜2.9 円)	普及：施肥器発売 (特許)
	気象変動対応型栽培技術	追肥により収量増 (4%) コスト削減 (SPAD 使用時 8.7 円)	普及：WEB 開始
	良質良食味米安定生産技術 (飽水管理等)	収量向上 (飽水管理で 8%, 仮説)	実証
ICT情報通信技術	FVS クラウドシステム (水田センサ含む)	水田水位・水温等を計測・可視化 (1000 圃場) 省力化 (水管理 5 割減)	普及 水田センサ発売
	IT 農機連動による生産履歴クラウドサービス (コンバイン収量管理システムと連動)	圃場別の収量，水分含量，農機作業軌跡，作業時間等を自動的に収集・可視化 (1000 圃場)	普及 実サービス
	FVS 農機ドライブレコーダ＋作業映像コンテンツ	省力化 (作業時間削減，熟練者 1 割減，初心者 5 割減)	普及 商品化検討
	UAV (ドローン) 搭載可視光カメラ利用による省力的葉色計測方法	市販の葉色板と UAV を活用して群落葉色を計測	実証 ソフトウェア公開
	自走型軽量土壌分析システム (土壌分析と合わせて含水比・有機物含有量・pH・EC・CN 比等 32 項目マップ化)	土壌センサの軽量化 (150kg 減，1 人オペレーティング可能に)	実証 注文生産

水田農業の実証・実践の成果について紹介している．また，全国の水田の 7 割を占めるオープン水路用の自動給水機「農匠自動水門」の全国実証も含めた情報通信・自動化技術による稲作経営・生産管理改善・革新に関わる最新の研究成果は 6 章で紹介している．なお，紙幅や時間的な制約により，本書には収録できなかったが，稲作経営技術パッケージの要素技術として，畦畔管理 (除草) や環境保全型乾田直播等の栽培技術，さらに農作業ノウハウ伝承支援のための映像コンテンツ作成マニュアル等の成果も得られている．これらの成果については，別途，公表を検討している．

(南石晃明)

96 第1部 農匠経営技術パッケージを活用したスマート水田農業モデルの実践

付記

　本章は，農林水産省予算により，国立研究開発法人農業・食品産業技術総合研究機待生物系特定産業技術研究支援センターが実施する「革新約技術開発・緊急展開事業」の一環として実施した「農匠ナビ1000プロジェクト」成果に基づいている.

引用文献・参考文献

市来秀之，吉野知佳，林和信，重松健太，紺屋秀之，中井護（2014）無人ヘリ携帯供用作物生育観測装置による空中測定，農業食料工学会年次大会講演要旨，73：83.

川口祐男，木谷吉則，高橋渉，南山恵（1995）品質，食味からみたコシヒカリの目標穎花数，北陸作物学会報，30：53-54.

M. Kodaira, S. Shibusawa (2013) Using a mobile real-time soil visible-near infrared sensor for high resolution soil property mapping, Geoderma 199: 64-79.

小平正和，澁澤　栄（2016）トラクタ搭載型土壌分析システムの多項目多変量回帰モデル推定と土壌マッピング，農業食料工学会誌　78（5）：401-415.

松江勇次（2012）作物生産からみた米の食味学，養賢堂，東京，141pp.

松江勇次（2016）第7章　稲作栽培技術の革新方向，南石晃明，長命洋佑，松江勇次［編著］，TPP時代の稲作経営革新とスマート農業，養賢堂，東京，pp.124-128.

南石晃明，長命洋佑，松江勇次［編著］（2016）TPP時代の稲作経営革新とスマート農業－営農技術パッケージとICT活用－，養賢堂，東京，285pp.

澁澤　栄（2013）リアルタイム土壌センサを用いた土壌施肥管理　－農業法人あぐりの試み－，農業技術体系　土壌施肥編，第4巻，追録23号，基本298，農山漁村文化協会，東京，pp.2-9.

上林美保子，熊谷幸博，佐藤友彦，馬場広昭，笹原健夫（1983）水稲の穂の構造と機能に関する研究　第5報　栽植密度,肥料水準をかえた場合の穂型の変動,日作紀 52：266-282.

第 2 章　先進稲作経営が主導する技術パッケージの開発と実践　　97

第 3 章　茨城県におけるスマート水田農業の実践

1. はじめに

　農業従事者の高齢化や減少により地域の基幹的な担い手に農地が急速に集積しつつある．米の需要減少や米価低迷に加え，経済のグローバル化が進展する中，今後は農地集積を通じたさらなる規模拡大による経営の効率化，良食味米生産等によるブランド力の強化，輸出を含めた新規需要の開拓等，産地競争力の強化を図るとともに，産地を支える意欲的な経営体の育成が急務となっている．

　本研究には，水田を中心とした広大な農地を有している茨城県の県南・県西地域の稲作を主体とする意欲ある 4 経営体が参画した．各経営体において 2015 年度に米の生産費調査を実施し，次に，水田センサ，収量コンバイン（以下「IT コンバイン」とする），農業生産管理システム等の ICT を活用し農作業や圃場ごとの収量を「見える化」することにより，個々の経営体の経営や栽培面の課題を明らかにした．それらを基に経営シミュレーション等を用いて，地域に合った省力低コスト栽培技術を組み合わせて 2018 年度の 60kg 当たり米生産費を 2015 年度に対して 20%削減することを目標とした．なお，各経営体の立地条件・戦略・目標によって，最適な技術の組み合せ方も異なるため，それぞれの経営体が目指すべき経営改善（稲作経営技術パッケージ）を実証，確立に取り組んだ．

　本章では，生産者（経営体）を中心に，行政，普及，研究が一体となり，同じ目標に向かって実施した茨城県における実証試験の取り組みについて紹介する．

（渡邊　健）

2. 茨城県における地域農業戦略と稲作経営の課題

　2016 年 3 月に策定された「茨城農業改革大綱（2016-2020）」では，「人と産地が輝く，信頼の『いばらきブランド』」を改革の基本方向としている．そこでの目標は，安全・安心で高品質な農産物を安定的に供給する従来からの取り組みに加えて，ブランド化や 6 次産業化，輸出等に取り組む革新的な産地づくり，経営感覚に優れた経営体の育成等を進め，消費者が満足する価値ある農産物の提供によ

り，信頼に応え発展する「いばらき農業」を目指すことである．

　茨城県産農産物のうち，米の農業産出額は 794 億円（2016 年）で全国第 5 位である．水稲は，茨城県の農業産出額全体のうち約 16% を占める重要な基幹作物であるが，近年の全国的な米価下落の影響を受け，これまで行われてきた省力・低コスト技術栽培の導入による規模拡大や生産コスト低減策だけでは，持続的経営の限界に近づきつつある．水稲栽培を振興するため，本研究の地域農業戦略では，ICT 等最先端技術（水田センサ，IT コンバイン，農業生産管理システム，経営シミュレーション等）の活用による経営の効率化や農地集積による規模拡大および革新的な省力化技術導入等により，徹底したコスト削減を目指しつつ，ドローン（UAV）や土壌センシング技術等を活用して作物の生育制御を行うことで，食味・品質とのバランスがとれた米産地としての評価を確立し，飼料用・加工用から高品質なブランド米まで幅広いニーズに応えられる「競争力ある米産地」の育成を目指すこととした．具体的には，茨城県の県南・県西地域で稲作を経営の柱とする 4 つの農業法人を実証法人として選定し，各法人に具体的な米生産費の削減目標値を定め，その達成を目指した．まず，目標値達成のために，ICT や経営シミュレーション等を活用した栽培管理の「見える化」により個々の経営及び栽培面での課題を明らかにした．次に，それらの課題や経営シミュレーションの結果を踏まえて，県普及指導機関等が各法人に営農改善計画（以下「アクションプラン」とする）を作成し，生産者に直接提示することで，経営者判断のもと省力低コスト栽培技術および作期分散が可能な品種構成を地域の現状に応じて効果的に経営に取り入れた．取り組み後は営農改善効果の確認を行った．

　研究の最終目標は各実証法人における取り組みを県内に普及するための「スマート水田農業モデル」の作成である．各実証法人は，先に定めた生産費削減目標の達成を目指しつつ，アクションプランに基づく省力低コスト栽培技術を実証する．さらに PDCA サイクルの手法を活用して，県普及指導機関等と協働しながらアクションプランや自社の農業経営を見直す．県普及指導機関等は，この作業を繰り返すことにより，地域の現状と課題を整理し，その課題を解決するための過程と将来展望を取り入れた営農改善事例として，「スマート水田農業モデル」を作成する．将来的には，これらの事例をもとに，まずは大規模経営体が多く存在する県南・県西地域の担い手を対象として，米生産費の削減あるいは収益性の向上を図り，その後は，競争力ある産地の維持・拡大の取り組みをはじめとして，段階的に県全体への波及を目指していく予定である．

3. 茨城県県南・県西地域における稲作経営戦略と省力・低コスト栽培技術の実証
　　—農匠 PDCA 手法の活用事例—

　農匠ナビ 1000 に参加する茨城県県南・県西地域の実証 4 法人を図 3-3-1, 表 3-3-1 に示す．実証法人は ICT 導入に意欲があること等を条件として，茨城県県南農林事務所・県西農林事務所の公募により選定された．いずれも水稲を経営の主軸とし，今後の農地集積が見込まれると共に経営改善に意欲的な経営体であるが，立地条件や人材，機械・設備等の保有する経営資源によって，それぞれ直面する課題が異なっている．第 3 節では，各実証法人における 2015 年度の 60kg 当たり米生産費を基準として，2018 年度までにそこから 20%削減することを目指した実証 4 法人における 3 年間の取り組みを報告する．

（森　拓也・清水ゆかり）

1) つくば市（株）エンドウファームの稲作経営戦略と省力低コスト技術の実証
(1) 経営の概要

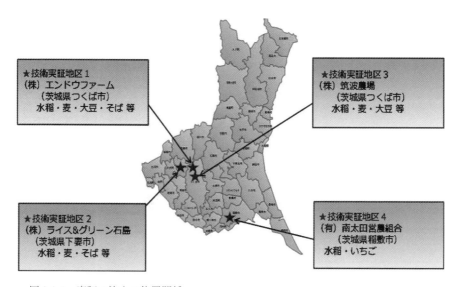

図 3-3-1　実証 4 法人の位置関係

第 3 章　茨城県におけるスマート水田農業の実践　　101

表 3-3-1　実証 4 法人の経営状況（2015）と主な課題

農場名	従業員数（人）	経営規模（品目・作付面積）	水田筆数	主な水稲品種（栽培様式）	主な課題
（株）エンドウファーム	役員 2	水稲 20ha 麦 15ha 大豆 15ha そば 2ha	70	食用米 1（移植・特栽） 飼料用米 1（移植）	栽培技術の向上 健苗育成 育苗ハウス面積の制限 収量向上
（有）南太田営農組合	役員 3 季節パート 4	水稲 47ha イチゴ施設栽培 0.2ha	70	食用米 3（移植・直播） 飼料用米 1（直播）	高齢化に対応した省力・軽労化 収量の向上 圃場面積の適正化による作業能率向上
（株）ライス＆グリーン石島	家族 2 常雇 2	水稲 36ha そば 10ha 麦 0.5ha	300	食用米 2（移植・特栽） 飼料用米 1（移植） 加工用米 4（移植・直播）	圃場の合筆による作業能率の向上 省力化 収量向上
（株）筑波農場	家族 4 常雇 3 季節パート	水稲 47ha 麦 13ha 大豆 13ha	140	食用米 1（移植） 飼料用米 2（移植） 加工用米 3（移植）	米品質とコスト低減のバランス 担い手の競合 育苗ハウス面積の制限

資料：各法人の代表者および担当普及指導員への聞き取り調査より作成.
注：経営状況は 2015 年当時.

表 3-3-2　略年譜（（株）エンドウファーム）

年	キーワード	事項
2002	新規参入	N 氏の父が他界，他産業に従事していた N 氏が農地を引き継ぎ，兼業農家へ.
2011	法人化	N 氏が同じ集落内で農業を営む M 氏を誘い，農作業を協力して行う.
2013		N 氏，M 氏が共同で農業法人を設立.
2015	経営多角化	従来から栽培する食用米，麦・大豆に加え，飼料用米を新規導入.農匠ナビ 1000 に参画.水稲の省力低コスト栽培として，高密度育苗を試験的に導入.
2017	省力化 新技術導入 多品種導入	前年度の試験成績が良好であったことから，水稲のほぼ全面積を高密度育苗に切り換える.イネ縞葉枯病抵抗性品種として「月の光」，多収品種として「ほしじるし」を新規導入.

　（株）エンドウファームは，茨城県つくば市の筑波山麓に広がる水田地帯において，水稲・麦・大豆・そばを生産する 2013 年に設立された役員 2 名の若い農業法人である（表 3-3-1，表 3-3-2）．2015 年当初の水稲栽培面積は 20ha で，約 6 割を主食用米品種「コシヒカリ」，残る 4 割は飼料用米品種を作付していた．他産業に従事していた N 氏は，同一集落内で農業を営んでいた M 氏と共同で，「地域の

102　第1部　農匠経営技術パッケージを活用したスマート水田農業の実践

食は自分達で守る」をコンセプトに農業法人を立ち上げた．法人設立当初は，地域の集団転作の担い手として麦・大豆の生産を主力としていたが，2018年に国の米政策が見直しとなり，地域の集団転作が終了したことがきっかけで，現在は飼料用米を含む水稲生産に経営の軸足を移しつつある．2015年当初の60kg当たり米生産費は12,827円であり，農林水産省2014年全国平均（15ha以上）の11,558円をわずかに上回る状況であった（表3-3-3）．

表 3-3-3　60kg 当たり米生産費（(株)エンドウファーム，2015 年）

2015 年産米生産費		主な課題
調査項目	金額（円）	
種苗費	1,642	・苗ロス率が高い
肥料費	5,240	・償却済資産が少なく経営面積が小さい
農業薬剤費	5,128	・経営面積に対し労働費（役員報酬）が高い
光熱動力費	7,915	・収量が低く，60kg 当たり生産費が高い
その他の諸材料費	3,085	・規模拡大のためには育苗ハウス面積不足
土地改良費・水利費	273	
賃借料及び料金	2,000	
物件税及び公課緒負担	1,000	
償却費	16,904	
修繕費	6,482	
労働費	25,714	
地代（借地・自作地）	21,600	
利子（支払・自己資本）	1,188	
10a 当たり生産費	98,172	
10a 当たり収量	459	
60kg 当たり生産費	12,827	

注 1) 網掛け部分は農林水産省データより金額が多い項目．
注 2) 農林水産省の 10a 当り生産費は種苗費〜利子（支払・自己資本）の合計から副産物価額を引いた金額．
注 3) 4 経営体の 10a 当たり生産費・60kg 当たり生産費については，副産物価額は差し引いていない．
注 4) 農林水産省平成 26 年度 15ha 以上 10a 当たり主産物収量は 538kg．
注 5) 償却費は，農林水産省分類の「建築費・自動車費・農機具費・生産管理費」の償却費に相当する．
注 6) 修繕費は，農林水産省分類の「建築費・自動車費・農機具費」の修繕費及び購入補充費に相当する．
注 7) 労働費は，農作業に関わる役員報酬と従業員給与の合計額を，経営全体に占める水稲の割合（面積・売上）で按分し算出．
注 8) 10a 当たり収量は，小数点以下を四捨五入．60kg 当たり生産費は別シートで収量を四捨五入せず計算しているため，端数が合わないことがある．

第3章 茨城県におけるスマート水田農業の実践 103

（2）経営の課題

　（株）エンドウファームは法人設立後の歴史が浅く，かつ代表のN氏は他業種からの農業参入のため，作物の栽培は両親の見よう見まねで行ってきた経緯がある．そのため，水稲については育苗の失敗による苗のロスが多く，労働力も2名と限られたため，技術の習得と労働力不足が課題であった．地域的な条件としては，区画整理された比較的良好な水田が多いため，現状では離農者が少なく，すぐに農地拡大は見込めない。しかし，耕作者の高齢化により，10年後には一転して担い手不足が見込まれる．その結果，地域の基幹的な担い手として，将来的には本農場に急速に農地集約が進むことが想定される．急激な規模拡大に備えるために省力化技術の導入と，健全な苗を生産するための基本技術の励行が必要とされた．

　それらの課題に加えて，2016年産米では，飼料用米品種を中心に，近年，茨城県の県西・県南地域で猛威を振るうイネ縞葉枯病による被害を受けた．その結果，平均反収の落ち込みにより60kg当たり米生産費は14,915円となり，コスト削減の基準である2015年当初より16%増加した．

（3）生産費削減に向けたアクションプランの提示と研究実証

　（株）エンドウファームは，現状，労働力が2名で機械は田植機1台，コンバイン1台の1セット体系となっている．そのため，現有する農業機械や労働力を最大限活用することを前提として，FAPSによるシミュレーション分析を行った（表3-3-4）．栽培技術面では，新技術の導入と併せて，育苗時の稲作基本技術を見直すことによって苗ロス率の低下に取り組むこととした．また，現状では育苗ハウス面積が制限となり規模拡大の障害となっていたため，10a当たりの使用苗箱数の削減を目的として高密度播種育苗技術を導入する計画とした．飼料用米については，2016年産で課題となったイネ縞葉枯病に抵抗性を持つ品種を導入することに加え，反収増加を目的として流し込み追肥を実施する計画で試算を行った．試算の結果，現状の育苗ハウス面積を維持したまま作付面積を約10ha拡大させることが可能であり，収量を向上させることで60kg当たりの米生産費を2015年比で約2割削減できることが明らかとなった．

　2015年〜2018年の本農場のコスト削減率，作付面積の実績および目標を図3-3-2に示す．アクションプランに基づき稲作基本技術の励行と高密度播種育苗の実証を行った．特に育苗に関する基本技術に関しては，栽培の要として，担当普

104　第1部　農匠経営技術パッケージを活用したスマート水田農業の実践

表 3-3-4　アクションプラン（(株)エンドウファーム）

	現状 （2015 年）	パターン1 （現状最適化）	パターン2 （低コスト技術導入）	パターン3 （低コスト技術導入＋ 収量増加）
導入技術	慣行育苗	慣行育苗	高密度育苗	高密度育苗・流し込み 施肥
作付品種・面積	食用米 12ha 飼料用米 8ha	食用米 12ha 飼料用米 7.2ha	食用米 9.6ha 飼料用米 18.3ha	食用米 9.6ha 飼料用米 18.3ha
合計作付面積（ha）	20	19.2	27.9	27.9
平均反収（kg/10a）	459	465	498	516
労働力	オペ2名	オペ2名	オペ2名	オペ2名
主な機械装備	田植機（6 条）1 台，代かき（4m）1 台，自脱型コンバイン（6 条）1 台，トラクタ（50PS）2 台，トラクタ（65PS）1 台，トラクタ（75PS）1 台，乾燥機（70 石）1 台，乾燥機（43 石）1 台			
ハウス利用率	100%	100%	65.8%	65.8%
コスト削減率	0%	6%	19%	20%

注1）シミュレーション分析には FAPS2000 Ver4.7 を使用した．
注2）作付品種・面積は変動とした．
注3）慣行栽培は，株間 22cm（坪 50 株）植えとした．
注4）パターン2（低コスト技術導入）はすべて高密度育苗（250g/箱）とした．
注5）機械装備は基本的に現状維持とし，新たな投資をしないものとした．
注6）ハウス面積は現状維持とし，新たなハウスの増設をしないものとした．
注7）労働力は現状維持とした．
注8）慣行栽培については，現状では育苗箱 18 箱/10a，パターン1（現状最適化）では稲作基本技術の励行によりロス率を低下させるものとし，15 箱/10a とした．
注9）現状では食用米の一部として特別栽培米 2.7ha が含まれているが，シミュレーションの結果，パターン1（現状最適化）では物財費が高いこと，収量が低いことなどから選択されなかった．
注10）パターン3（低コスト技術導入＋収量増加）では，流し込み施肥等の増収技術導入により収量が 5% 増加するものとした．

及指導員や専門技術指導員による助言を積極的に取り入れるとともに，高密度播種育苗の実証試験や現地検討会を通して，客観的に稲作を見ることでそれまで自身が行ってきた栽培技術の総点検を行った．これらの取り組みにより栽培技術が向上し，収量が増加した結果，2017 年度には 60kg 当たり米生産費が 15% 削減した．また，普及指導機関等とのコミュニケーションを通して，栽培管理に対する態度や意思決定の方法にも変化が見られるようになった．2018 年度は飼料用米品種の作付比率を高めた結果，平均反収が向上し，生産費 20% 削減を達成する見込みである．

（4）農匠 PDCA の取り組みとスマート水田農業モデルの構築

　農匠ナビ 1000 コンソーシアムの共同研究機関である農匠ナビ株式会社が開発

第 3 章　茨城県におけるスマート水田農業の実践　　105

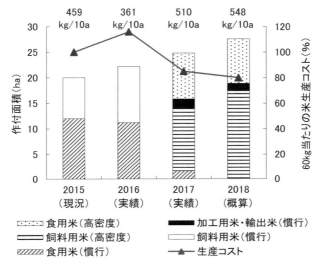

図 3-3-2　コスト削減率（(株) エンドウファーム）
　　　　注）頭上の数字は水稲の平均反収を示す．

する「農匠ノート」は，農業経営者が主体となり，農匠ナビ株式会社のコンサルタント，農業改良普及員・研究員と対話を重ねながら経営概要・ヒストリー・自社の優位性・経営目標・将来構想等を記入し，経営戦略を構築する経営分析ツールである．ここでは，N 氏，M 氏の両経営者立ち会いのもと，対話形式で「農匠ノート」を作成した（図 3-3-3）．「農匠ノート」の作成にあたり，県の研究員が支援を行った．法人設立後，間もないため，法人設立前の経緯から遡って対話を進めた．その結果，他産業に従事していた M 氏が農業に転じた背景や法人設立の目的などが明確化された．「経営整理シート」や「SWOT 分析」の作成では，法人のこれからの展開方向について，両経営者と一緒に考えシートに記入した．その結果，今後水田作付面積を増やしていく中で，現状の労働力では足りないこと，また，販売先の多様化を目指し米輸出の取り組みを始めること，さらには国の米政策の見直しをきっかけとして，麦・大豆から飼料用米の栽培へ転換をはかること等の経営戦略が明らかとなった．

　県普及指導機関等では，生産費削減に向けたアクションプランおよび農匠ノートの取り組みをふまえ，(株) エンドウファームに対し，高密度播種育苗の全面積導入と基本技術の励行により，生産費の削減と経営の安定化を目指すスマート水

106　第1部　農匠経営技術パッケージを活用したスマート水田農業の実践

		フェーズ課題				20 年後
フェーズ		平成 25 年〜 法人化期	平成 28 年〜 スマート水田 農業プロジェ クト期	平成 29 年〜 高密度育苗導 入期	平成 39 年〜 経営の複合化 期	将来の構想 あるべき姿 ありたい姿
主な出来事		同一集落内の 2 名で法人化.	県が公募した スマート水田 農業プロジェ クトの実証法 人に選出.	水稲の大半を 高密度育苗に 切り替える. 育苗器, プール育苗を 導入.	水稲,麦・大 豆の他,経営 に野菜栽培を 導入.	新たな共同経 営の運営.
経営課題	ヒト・組織	2 名	2 名	2 名	3 名	6 名
	土地・設備				ライスセンタ	ライスセンタ
	カネ	自己資金	自己資金	自己資金	自己資金・外 部資金	自己資金・外 部資金
	技術・ ノウハウ	県・農協	県・農協	県・農協・メ ーカー	国・県・農協・ メーカー	国・県・農協・ メーカー
	販売・販路	農協	農協	農協（一部輸 出米）	農協ほか（一 部輸出米）	農協ほか（一 部輸出米）
	情報	県・農協	県・農協	県・農協・メ ーカー	国・県・農協・ メーカー	国・県・農協・ メーカー
	地域	旧田水山村	旧田水山村	旧田水山村	旧田水山村	旧田水山村
	具体的課題 【技術】	・農業技術全 般の知識と経 験が不足.	・飼料用米が 縞葉枯病によ り低収とな る. ・プロジェク トの参加をき っかけに, 米 のコスト削減 の必要性を実 感.	・水稲の低コ スト技術とし て, 高密度育 苗を導入した が, 植付精度 が課題.	・水稲, 麦・ 大豆の他, 野 菜（さといも 等）や, そば を栽培し経営 の複合化を目 指す. ・移動販売を 開始.	・新たな共同 経営により, 大規模化をは かる. ・そばのほか, 飲食等 6 次産 業化を進め る.
対応策		・普及センタ ー等から情報 を入手.	・飼料用米の 品種として縞 葉枯病抵抗品 種（月の光, 夢あおば）を 導入.	・高密度育苗 において, 土 地条件に合う 栽植密度や必 要苗箱数を検 討.		
外部環境			・スマート水 田農業プロジ ェクト（農匠 ナビ 1000）	・スマート水 田農業プロジ ェクト（農匠 ナビ 1000）		

図 3-3-3　「農匠ノート」の記入例（（株）エンドウファーム）

田農業モデルを提示した（表 3-3-5）．基本的な戦略は，高密度播種育苗の全面積
導入により，育苗ハウス面積不足を解消し経費を削減するとともに，健苗育成を
はじめとする基本技術の励行により，収量の向上・安定化を図る．併せて，経営
を再点検し，利益率を考慮した最適な作付品種，面積を組み合わせるモデルであ
る．

表 3-3-5 スマート水田農業モデル（(株)エンドウファーム）

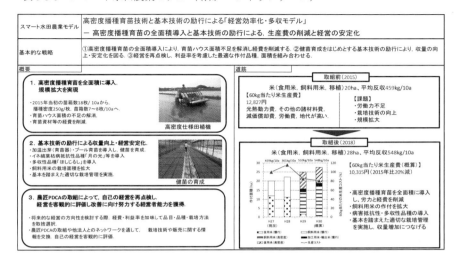

（森　拓也・稲毛田　優）

2）稲敷市（有）南太田営農組合の稲作経営戦略と省力低コスト栽培技術の実証

(1) 経営の概要

　（有）南太田営農組合は茨城県稲敷市において，稲作とイチゴの施設栽培に取り組む有限会社である（表 3-3-6）．2015 年の経営面積は水田 47ha で，そのうち 29ha を主食用米，18ha を転作の飼料用米とし，その他に施設イチゴ 20a を栽培している．飼料用米は全て 1994 年から導入した乾田直播により作付している．

　同組合は 1970 年に太田新田集落内の農家 6 戸で「稲作作業共同組合」を設立したのが始まりである．1980 年に麦・大豆を中心とした集団転作営農組合に経営転換し，共同組合を構成していた 6 戸のうち現在の経営者である 3 戸が専従し，兼業農家であった 3 戸が委託農家となった．その際，水稲の作付を止めて麦・大豆を基幹作物とし，1988 年から複合経営作物としてイチゴの施設栽培を取り入れたが，1994 年から水稲栽培を再開し，水稲乾田直播の試験栽培に取り組んだ．2004 年には法人化し，現在の「有限会社南太田営農組合」を設立，翌年に県内初の特定農業法人に認定された．農地集積が進み，2007 年には水稲直播栽培が最大（38ha）となり，関東農政局国営土地改良事業地区営農推進功労者として表彰された．転作作物に関しては，2009 年に大豆，2014 年に麦の作付をとり止めて飼料

108　第1部　農匠経営技術パッケージを活用したスマート水田農業の実践

表 3-3-6　略年譜（(有) 南太田営農組合）

西暦	事項
1970	**太田新田集落内の農家6戸で「水稲作業共同組合」を設立**（水田20ha弱，機械の共同利用）.
1972	「太田新田営農組合」へ名称を変更.
1978	県営基盤整備事業を実施（区画整理，用排水路・農道整備）. **集団転作営農組合に経営を変更**
1980	水稲の作付をやめ，麦・大豆が基幹作物となる．これまで組合に加盟していた6戸のうち3戸が専従し，兼業農家であった3戸が委託農家となった.
1988	**複合経営作物としてイチゴを導入**（麦・大豆・イチゴ経営）.
1994	水稲栽培を経営に取り入れ，**水稲乾田直播の試験栽培を開始**.
1998	H氏就農.
2002	大豆の狭畦栽培を開始.
2004	法人化し，現在の**「有限会社南太田営農組合」を設立**.
2005	茨城県内初の特定農業法人に認定. 農地集積が進む.
2007	水稲直播栽培の最大期（38ha）. 関東農政局国営土地改良事業地区営農推進功労者受賞.
2009	大豆栽培終了.
2014	麦栽培終了. 飼料米導入（水稲＋イチゴ経営）.
2015	農地中間管理機構による農地集積.
2016	農匠ナビ1000への参画.

用米を導入しており，現在は水稲が基幹作物となっている．現在は経営の効率化のため，積極的に農地の集約に取り組んでおり，作付面積のほとんどを事務所から半径1.5kmの範囲内に集め，今後も事務所近隣の圃場集積を進める予定である.

（2）経営の課題

　同組合における2015年度の60kg当たり米生産費は14,128円である（表3-3-7）. 生産費のうち肥料費・農業薬剤費が他の3法人に比べて高くなっているが，これは乾田直播圃場の管理のため専用肥料や除草剤が必要になるためであり，削減は難しい．乾田直播についてはこれに加えて，近年の天候不順のため適期播種ができないこと，耕種連携事業で稲藁を飼料として圃場外に持ち出すため，地力が下がり，「コシヒカリ」の収量が減少傾向にあること等が課題として挙げられた．役員3名は高齢化しており，若い人材を採用する予定もないため，大幅な規模拡大は希望していない.

　これらの課題をふまえ，同組合に対しては，経営全体の作付面積，労働時間を一

表 3-3-7　60kg 当たり米生産費（（有）南太田営農組合）

2015 年産米生産費		主な課題
調査項目	金額（円）	
種苗費	3,919	・乾田直播栽培圃場の管理のための除草剤の費
肥料費	6,961	用が高い.
農業薬剤費	7,763	・天候不順のため播種の適期を逃し，移植苗を
光熱動力費	4,972	購入.
その他の諸材料費	796	・直播コシヒカリの収量が減少傾向.
土地改良費・水利費	0	・役員 3 名のため合意形成に時間がかかる.
賃借料及び料金	16,889	・高齢化しており，規模拡大は困難.
物件税及び公課緒負担	1,559	・若い人材がおらず，経営継承が困難.
償却費	1,735	
修繕費	5,139	
労働費	29,489	
地代（借地・自作地）	21,566	
利子（支払・自己資本）	1,635	
10a 当たり生産費	102,423	
10a 当たり収量	435	
60kg 当たり生産費	14,128	

注 1）網掛け部分は農林水産省データより金額が多い項目.
注 2）農林水産省の 10a 当り生産費は種苗費〜利子（支払・自己資本）の合計から副産
　　　物価額を引いた金額.
注 3）4 経営体の 10a 当たり生産費・60kg 当たり生産費については，副産物価額は差し
　　　引いていない.
注 4）農林水産省平成 26 年度 15ha 以上 10a 当たり主産物収量は 538kg.
注 5）償却費は，農林水産省分類の「建築費・自動車費・農機具費・生産管理費」の償
　　　却費に相当する.
注 6）修繕費は，農林水産省分類の「建築費・自動車費・農機具費」の修繕費及び購入
　　　補充費に相当する.
注 7）労働費は，農作業に関わる役員報酬と従業員給与の合計額を，経営全体に占める
　　　水稲の割合（面積・売上）で按分し算出.
注 8）10a 当たり収量は，小数点以下を四捨五入. 60kg 当たり生産費は別シートで収量
　　　を四捨五入せず計算しているため，端数が合わないことがある.

定に保った上で，品種・栽培方法別の作付面積を最適化するよう方向性を定めた
（表 3-3-8）. 特に飼料用米の品種「あきだわら」，乾田直播による「コシヒカリ」
は収量が低く，これらを移植や別の品種に切り替えることにより収量を改善する
ことが可能であると考えられた.

（3）生産費削減に向けたアクションプランの提示と研究実証

　　上述した経営課題を解決するため，県普及指導機関等は同組合に対し，2018 年

110　第 1 部　農匠経営技術パッケージを活用したスマート水田農業の実践

産米での 60kg 当たり米生産費の 20%削減を目標とし，省力化と増収によるコスト削減を達成するアクションプランを提示した（表 3-3-8）．具体的には，以下 2015 年産の生産費調査を受けて，次の 2 パターンを提案した．1）飼料用米の品種を作業時期が遅く収量の低かった「あきだわら」から「夢あおば」に変更する．主食用米については，適期作業を逃したために収量の低かった乾田直播による「コシヒカリ」を移植栽培へ変更し，適期作業と労働ピークの平準化を実現する．2）主食用米では多収性品種「ふくまる」の面積を拡大し，飼料用米に収量向上を目指した流し込み施肥を導入する．さらに，今後の規模拡大を見据えた低コスト技術

表 3-3-8　アクションプラン（(有) 南太田営農組合）

		現状 （2015 年）	パターン 1 （作付計画見直し）	パターン 2 （パターン 1 最適化）
導入技術		慣行育苗 直播	慣行育苗・直播 作付品種変更（多収品種）	慣行育苗・直播 作付比率変更
作付面積	①用途別	食用米 28.82ha 飼料用米 17.94ha	食用米 24.68ha 飼料用米 21.81ha	食用米 21.45ha 飼料用米 25.32ha
	②技術別	移植 13.02ha 乾直 33.74ha	移植 24.68ha 乾直 21.81ha	移植 21.45ha 乾直 25.32ha
	複合部門（いちごハウス）		0.3ha	
	合計作付面積（ha）	46.76	46.49	46.77
平均反収（kg/10a）		435	524	562
労働力		オペ 3 名	オペ 3 名	オペ 3 名
主な機械装備		田植機（6 条）1 台，代かき（3m）1 台，直播機（8 条）1 台，自脱型コンバイン（6 条）1 台，トラクタ（120PS）1 台，トラクタ（58PS）1 台，トラクタ（53PS）1 台，乾燥機（50 石）4 台		
ハウス利用率		21%	46.3%	40.2%
コスト削減率			18.0%	20.0%

注 1）シミュレーション分析には FAPS2000 Ver4.7 を使用した．
注 2）作付品種・面積は変動とした．
注 3）慣行栽培は，株間 22cm（坪 50 株）植えとした．
注 4）パターン 1 の作付計画見直しとは，2015 年度産米の低収要因であった①飼料用米の品種転換（イネ縞葉枯抵抗性品種「夢あおば」の採用），②播種時期における天候リスクの回避（コシヒカリを移植栽培のみとする）である．
注 5）機械装備は基本的に現状維持とし，新たな投資をしないものとした．
注 6）ハウス面積は現状維持とし，新たなハウスの増設をしないものとした．
注 7）労働力は，基幹従業員については現状維持とした．
注 8）基幹従業員の高齢化のため，規模拡大およびコシヒカリ直播プロセスは採用せず，年間総労働時間目標は 8500 時間以下に設定した．
注 9）パターン 1 の面積は 2016 年度の，収量・物財費については 2015 年度の実績に基づく．

として高密度播種育苗の実証試験を提案した．

　これらの提案を受けて，同組合では 2016 年度に飼料用米品種のほとんどを「夢あおば」へ変更し，飼料用米の収量が 451kg/10a から 594kg/10a に増加した．また，乾田直播「コシヒカリ」の面積を 15.8ha から 6.1ha に減少させたことにより主食用米の収量が増収し，経営全体の収量は 521kg/10a となり，60kg 当たり米生産費は 11,993 円，2015 年産米と比較して約 15%の削減となった（図 3-3-4）．

　2017 年度は飼料用米品種の全てを「夢あおば」へ変更し，飼料用米における流し込み追肥の実証試験を行った．流し込み追肥の実証試験では，実証試験区が慣行区の収量を大きく上回り（実証 698kg/10a，慣行 575kg/10a），増収効果が確認された．天候の影響により，経営全体の収量は 501ka/10a，60kg 当たり生産費は 12,172 円と 2015 年度から 14%の削減率に留まったが，次年度の目標達成への手ごたえを掴んだ．

　2018 年度は，事務所から距離が離れて孤立している圃場や，面積の小さい圃場の整理を行い，ほとんどの圃場を事務所から半径 1.5km の範囲内に集めた（図3-3-5）．また主食用米は全面積を移植栽培とし，飼料用米での流し込み追肥実施

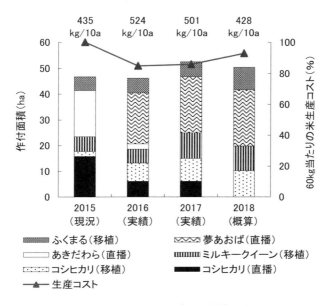

図 3-3-4　コスト削減率（(有) 南太田営農組合）
　　　　注）図上の数字は，水稲の平均反収を示す．

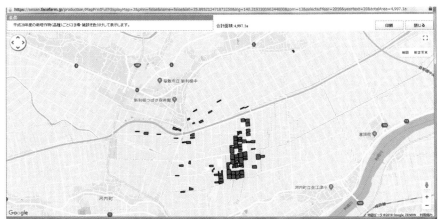

図 3-3-5　圃場集積状況（上：2016 年度，下：2018 年度）

面積の拡大（約 12ha），高密度播種育苗の実証試験を行った．その結果，順調に生産費の削減が進むと思われていたが，9/30〜10/1 にかけて日本列島に上陸した台風 24 号による風の影響で収穫直前の籾（品種は「夢あおば」）が脱粒し，台風通過後に収穫した同品種の収量が 370kg/10a と低収量であったため，水稲の平均収量は 428kg/10a となり，60kg 当たり米生産費は 7%減にとどまる見込みである．仮に台風被害を受けず順調に収穫できれば，同組合の平均収量は 505kg/10a（台風被害を受ける前に収穫した圃場の試算値）であり，生産費 21%削減が見込まれていた．同組合は，それまでの取り組み内容については手ごたえを感じているため，

第3章　茨城県におけるスマート水田農業の実践　　113

2019 年度以降も 2018 年度と同様に生産費の削減を目指す予定である.

（4）農匠 PDCA の取り組みとスマート水田農業モデルの構築

　（有）南太田営農組合は，取締役 3 人による共同経営であるが，農匠 PDCA には一番若い取締役の H 氏が中心となり，普及指導機関と話し合いながら取り組んだ.

　「農匠ノート」の経営整理シートの記入により（図 3-3-6），約 50 年にわたる組織の歴史の中で，経営者の世代交代が順調に図られてきたことや，その時々で農業政策を活用しながら，経営を展開してきた経験を再確認することができた．一方で，経営者の高齢化と今後の経営継承に向けた課題が明らかになった．これらの課題に対する明確な答えは直ぐには出なかったが，これまで漠然と考えていたことを農匠ノートに書き込むことで，取締役間，あるいは普及指導機関等との間

ヒストリー					
創業	集団転作組合	複合経営開始	法人化	現在	将来構想
昭和 45 年「水稲作業協同組合」設立　農家 6 戸　面積 20ha　機械の共同利用 昭和 47 年「太田新田営農組合」に名称を変更	昭和 53 年県営基盤整備事業を実施（区画整理，用排水路・農道整備） 昭和 53 年集団転作営農組合に経営を変更 6 農家から 3 農家で組織　麦・大豆が基幹作物（麦・大豆経営）	昭和 63 年複合経営開始「イチゴ」導入（麦・大豆・イチゴ経営） 平成 6 年水稲栽培開始　乾田直播栽培試験開始（水稲・麦・大豆・イチゴ経営） 平成 10 年H 氏就農 平成 14 年大豆　狭畦栽培導入	平成 16 年法人化「（有）南太田営農組合」設立 平成 17 年特定農業法人 平成 19 年品目横断的経営安定対策　農地集積進む　水稲直播栽培最大期(38ha) 国営土地改良事業地区営農推進功労者受賞 平成 21 年大豆栽培終了	平成 26 年麦栽培終了　飼料用米導入（水稲＋イチゴ経営） 平成 27 年農地中間管理機構を活用した農地集積 平成 28 年革新的技術開発・緊急展開事業導入（収量コンバイン，水田センサ等実証モデル経営体）	経営規模100ha 農地集約　事務所周辺半径 2km 以内 直接販売導入 雇用導入

図 3-3-6　「農匠ノート」の記入例（（有）南太田営農組合）

114　第Ⅰ部　農匠経営技術パッケージを活用したスマート水田農業の実践

表3-3-9　スマート水田農業モデル（(有)南太田営農組合）

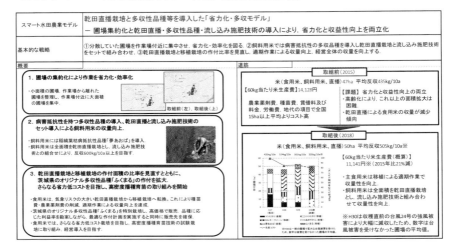

で課題を共有することができ，今後の経営方針を考える契機となった．

　県普及指導機関等では，生産費削減に向けたアクションプランおよび農匠ノートの取り組みをふまえ，同組合に対し，圃場集約化と乾田直播・多収性品種・流し込み施肥技術の導入により，省力化と収益性向上を両立化させるスマート水田農業モデルを提示した（表3-3-9）．基本的な戦略は，まず圃場の集約化によって効率的・省力的な作業環境を整える．その上で，飼料用米には病害抵抗性の多収性品種を採用し，乾田直播と流し込み施肥技術をセットで導入して省力的に収量向上を実現する．主食用米は移植栽培に戻して乾田直播による飼料用米との適切な作付比率を探るとともに，高密度播種育苗を導入することによって省力化とともに収益の向上を目指す．

（住谷敏夫・佐藤潤次）

3) 下妻市（株）ライス＆グリーン石島における稲作経営戦略と省力低コスト栽培技術の実証

(1) 経営の概要

　（株）ライス＆グリーン石島は茨城県下妻市において，米とソバの生産を中心に展開する株式会社である（表3-3-10）．2015年現在の水稲作付面積は35.5haであり，そのうち60％にあたる21.5haに主力商品である「コシヒカリ」と「ミルキ

表 3-3-10　略年譜（（株）ライス＆グリーン石島）

年	キーワード	事項
1975	経営継承	下妻市総上地区で普通作，露地野菜を経営する
	基盤確立	現社長，地元農業高校を卒業し就農
1997	人脈形成	農事組合法人百姓倶楽部設立，食物残渣を使用した堆肥作り開始
2003		茨城県農業経営士認定
2007		長男（現専務）就農
2008	法人化	農業法人ライス＆グリーン石島として法人化，経営規模 20ha
2013	経営多角化	無人ヘリコプターの作業受託を分社化（株式会社　県西ヘリ）
2014		加工部門を分社化（株式会社　ママの手）
2015		地域担い手離農による経営規模の拡大（50ha→90ha）
		合筆化等の圃場整備の開始
2016	規模拡大	アメリカへの米輸出開始，農匠ナビ 1000 参加
2017	輸出	株式会社百笑市場設立，輸出代行及び生産資材の共同購入の開始
		高密度播種育苗　乾田直播試験導入
2018		高密度播種育苗本格導入

ークイーン」を作付している．地域のスーパーマーケットと連携して食品リサイクルループに取り組んでおり，関連企業が生産した食物残渣の堆肥を積極的に導入している．販路は JA と地元商店が主であるが，堆肥とミネラル分を施用して生産された一部の米は，一般消費者等へ向けて直販を行っている．米の加工にも積極的に取組んでおり，加工部門を分社化して独立採算を目標に商品開発を進めている．

　その他，苗生産の受託，飼料用米「あきだわら」11ha，加工用米「アクネモチ」0.5ha，酒米「五百万石」2ha を栽培している．さらには，首都圏の消費者との人脈を活かして，消費者交流事業を利用した情報発信等にも積極的に取組んでいる．現社長は茨城県農業経営士であり，県西地域の水田大規模経営体の研究組織の役員の経歴を持つ等，当該地域におけるオピニオンリーダー的存在として位置づけられる．

（2）経営の課題

　2015 年産米の 60kg 当たり生産費を表 3-3-11 に示す．物財費を低く抑えながら457kg/10a の収量を実現しており，60kg 当たり生産費は農水統計より 914 円低く，4 法人の中で最も低い 10,644 円であった．農匠ナビ 1000 の達成目標は，この値から生産費を 2 割削減することである．

　（株）ライス＆グリーン石島では近隣の大規模経営体の離農により，2015～16

116   第 1 部   農匠経営技術パッケージを活用したスマート水田農業の実践

表 3-3-11   60kg 当たり米生産費（（株）ライス＆グリーン石島・2015 年）

2015 年度米生産費		主な課題
調査項目	金額（円）	
種苗費	874	・小区画ほ場が多く，作業が非効率
肥料費	6,293	・ほ場が同じ地域内で点在している
農業薬剤費	1,598	・農業薬剤費が低く，防除不足もみられる
光熱動力費	6,896	・育苗ハウスに制限
その他の諸材料費	2,748	・全体的に低収傾向
土地改良費・水利費	1,936	
賃借料及び料金	1,069	
物件税及び公課緒負担	400	
償却費	14,459	
修繕費	4,241	
労働費	21,733	
地代（借地・自作地）	17,875	
利子（支払・自己資本）	942	
10a 当たり生産費	81,063	
10a 当たり収量	457	
60kg 当たり生産費	10,644	

注 1）網掛け部分は農林水産省データより金額が多い項目．
注 2）農林水産省の 10a 当り生産費は種苗費～利子（支払・自己資本）の合計から副産
物価額を引いた金額．
注 3）4 経営体の 10a 当たり生産費・60kg 当たり生産費については，副産物価額は差し
引いていない．
注 4）農林水産省平成 26 年度 15ha 以上 10a 当たり主産物収量は 538kg．
注 5）償却費は，農林水産省分類の「建築費・自動車費・農機具費・生産管理費」の償
却費に相当する．
注 6）修繕費は，農林水産省分類の「建築費・自動車費・農機具費」の修繕費及び購入
補充費に相当する．
注 7）労働費は，農作業に関わる役員報酬と従業員給与の合計額を，経営全体に占める
水稲の割合（面積・売上）で按分し算出．
注 8）10a 当たり収量は，小数点以下を四捨五入．60kg 当たり生産費は別シートで収量
を四捨五入せず計算しているため，端数が合わないことがある．

年度に 30ha 程度の農地集積が予定され，60ha の経営規模となることが見込まれ
ていた．同農場では作業を効率的に進めるために，農地集積と併せて地域の話し
合いを持ち，中間管理機構を活用して条件の悪い農地を積極的に引き受けること
で，農地の集約を実現した．FAPS を用いたシミュレーションによると，現状の
経営資源で 49ha までの規模拡大が可能という結果を得られた（表 3-3-12）が，現
有の経営資源の最適な配分と，さらなる経営規模拡大に対応するため，設備投資
や雇用の計画策定が課題となった．また，収量の維持・向上のために，適正管理

表 3-3-12　アクションプラン（(株) ライス＆グリーン石島）

		現状 (2015 年)	パターン 1 (現状最適化)	パターン 2 (低コスト技術＋ ICT 導入)
導入技術		慣行育苗	疎植栽培・慣行育苗	高密度播種育苗・ 乾田直播
作付 面積	①用途別	食用米 21.5ha 加工用米 3ha 飼料用米 11ha	食用米 28.5ha 加工用米 3ha 飼料用米 17.9ha	食用米 40.5ha 加工用米 3ha 輸出用米・飼料用米 18ha
	②技術別	移植 35.5ha	疎植 49.4ha	高密度播種育苗 60ha 乾田直播 1.5ha
	合計作付面積 (ha)	35.5	49.4	61.5
平均反収 (kg/10a)		457	463	516
労働力		4.5 人（オペ 2.5 名）	5 人（オペ 2.5 名）	6 人（オペ 3 名）
主な機械装備		田植機（8 条＋6 条）2 台, 代かき（5.4m） 2 台, 自脱型コンバイン（6 条）2 台, ト ラクタ（100PS）3 台, レーザーレベラー1 台, 乾燥機（191 石）		（左記の装備）＋ド リルシーダー
ハウス利用率		72.1%	100%	100%
コスト削減率		0%	12.2%	20.0%

注 1）シミュレーション分析には FAPS2000 Ver4.7 を使用した.
注 2）栽植密度は, 疎植栽培：株間 30cm（坪 37 株）, 高密度播種育苗：株間 21cm（坪 50 株）とする
注 3）機械装備は基本的に現状維持とし, 新たな投資をしないものとした（高密度育苗 は既存設備で対応）
注 4）ハウス面積は現状維持で 2 回転使用する. 新たな増設はしない.

の実現が課題として挙げられた.

(3) 生産費削減に向けたアクションプランの提示と研究実証

　上述した経営課題を解決するため, 県普及指導機関等は (株) ライス＆グリーン石島に対し, 2018 年産米での 60kg 当たり米生産費の 20%削減を目標とし, アクションプランを提示した（表 3-3-12）. 具体的には, 2016 年に実施した 2015 年産の生産費調査を受けて, 育苗ハウス制限の解消と育苗資材の低減を目指した高密度播種育苗の導入, 作期分散による労働ピーク分散を目指した乾田直播を提案した. なお, 2016 年産米は, 水管理の不足による雑草害,「コシヒカリ」におけるイネ縞葉枯病の罹病, 作業遅延の発生等により, 経営全体の平均収量が439kg/10a に減少した. 経営規模の拡大により固定費が圧縮されたため, 全体としては 4.7%の生産費削減となったが, 適正な時期に作業ができず, 水稲の生育が遅

118 第1部 農匠経営技術パッケージを活用したスマート水田農業の実践

延する等，規模拡大の弊害も見られた．

2017年度は常勤職員を1名増員し，育苗ハウス制限の解消のために，既存の機械で対応することができる疎植栽培（11.1株/m²）を経営の中心とした．また，県普及指導機関等の提案に基づき，乾田直播栽培（30a），高密度播種育苗（50a）の実証を実施した．さらに，作業期間の延長に沿った品種を作付するために，輸出用多収品種の導入を図った．その結果，輸出用の多収品種の導入効果が見られた（498kg/10a）ものの，疎植栽培は，雑草害と水管理不足による渇水のため，全品種において生育が確保できなかった．経営全体の平均収量は439kg/10aと低収であり，60kg当たり生産費は概算で9,667円と，2015年から9.2%削減にとどまった．実証した技術については，高密度播種育苗（230g/箱播種）は，懸念されていた育苗段階での障害は発生せず，移植も既存の田植機で対応することができ，収量も慣行育苗と同等であった．乾田直播は作期分散に効果があり，既存のソバ播種機を有効活用できるメリットがあるという結果を得た．

この結果を受け，（株）ライス＆グリーン石島では2018年において，移植栽培の全て（58ha）で高密度播種育苗（230g/箱播種）を導入し，疎植栽培を止めて通常の栽植密度（15.2株〜18.2株/m²）に変更した．品種構成も「コシヒカリ」を削減し（2015年度60%→2018年度33%），輸出用等の多収品種の導入を拡大した．除草剤の処理体系も田植同時処理から体系処理に変更して雑草害の削減を目指した．さらに，管理の適正化と従業員教育を目的に，普及指導機関の職員も参加して毎週ミーティングを開催することで，時期ごとの管理の重要点の確認や作業遅延の削減を目指すこととした．2018年度は上記の取組みにより収量増加を目指すことで60kg当たり生産費2割削減が概ね達成される見込みである．なお，乾田直播栽培は面積を拡大（30→150a）し，2019年度からの本格導入に備えてデータ収集を実施している（図3-3-7）．

（4）農匠PDCAの取り組みとスマート水田農業モデルの構築

（株）ライス＆グリーン石島では，普及指導員が社長にヒアリングする形で「農匠ノート」に取り組んだ．農匠ノートのうち，概要・ヒストリー・フェーズ課題からなる経営整理シートを記入するため，社長が普及指導員との対話の中で，自社の歴史を整理し，今後の構想を紙面に記載した（図3-3-8）．SWOT分析・技術評価分析等については，農匠ナビ株式会社から説明を受けた上で記入した（図3-3-9）．結果については，従業員が全員集まった中で議論し，今後の方針につい

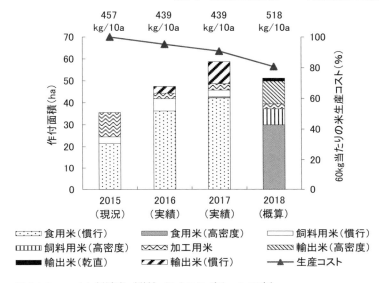

図 3-3-7　コスト削減率（(株) ライス＆グリーン石島）
注）図上の数字は，水稲の平均反収を示す．

て検討した．

　同農場では，今後 5 年以内に，専務（社長の長男）への経営移譲が予定されているが，経営のノウハウは社長が抱えており，十分に技術伝承がされていない状況であった．今回，農匠 PDCA の利用を通して，社長が考えている自社の強み・弱み，経営資源，目標等を目に見える形で紙に残し，従業員も含めて共有された．農匠 PDCA を作成したことで，内部で社長と従業員の間で経営改善に向けたコミュニケーションが生まれ，従業員が自主的に考え，行動するきっかけ作りにつながった．

　県普及指導機関等では，生産費削減に向けたアクションプランおよび農匠ノートの取り組みをふまえ，同農場に対し，新技術の導入と基本技術の励行を組み合わせた，規模拡大に対応するスマート水田農業モデルを提示した（表 3-3-13）．基本的な戦略は，高密度播種育苗と乾田直播の導入で経営規模拡大に対応するとともに，輸出用や飼料用の多収品種の導入を拡大して収量増加を目指す．併せて，従業員の教育を柱に据えて適切な管理を実現することで，生産性の向上を目指すモデルである．

（阿久津　理）

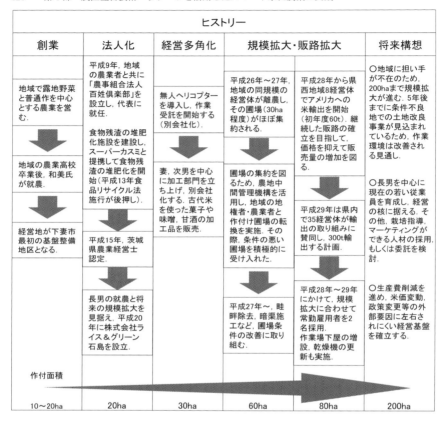

図 3-3-8 「農匠ノート」の記入例（(株) ライス&グリーン石島）

4）つくば市（株）筑波農場の稲作経営戦略と省力低コスト栽培技術の実証
(1) 経営の概要

(株)筑波農場は茨城県つくば市の良食味米産地において，ブランド米の生産・加工・販売を展開する株式会社である（表 3-3-14）．2015 年当初の経営面積は 47.6ha あり，そのうち 85%にあたる 40.4ha に同農場の主力商品である「コシヒカリ」を作付している．環境保全型農業によって生産された高付加価値の米は自社ブランド米として，居酒屋チェーンや地元中小企業，一般消費者等へ向け全て直販されている．慣行栽培の他に，レンゲ農法，アイガモ農法，棚田米等の特別栽培に取り組み差別化を図っている．その他，苗生産の受託，飼料用米「夢あおば」，「北

	目的達成の助けになる	目的達成の妨げになる
	強み	弱み
内部要因	<人的資源> ・若い従業員の存在 ・農業内外を問わない幅広い人脈 ・経営者のマインド ・普及組織等の行政との連携が取れている <物的資源> ・リサイクルループの取組の実施 ・機械設備が新しく能力も高い ・農地集積が進んでいる ・グループ企業含めて経営が多角化している <財務資源> ・加工部門（別会社）の存在 ・輸出の販路を確保している ・多収品種の販路を確保している	<人的資源> ・水管理，雑草防除等の技術の伝承 ・生育状況等の判断と対処ができる従業員がいない <物的資源> ・小区画の圃場が多い ・用水確保が難しい圃場が多い ・ほ場データが紙ベース（作業指示は対応できるが，それ以上の情報を組み込めない） ・低収量圃場が多い（砂壌土で地力が低い可能性） <財務資源> ・減価償却費の増高
	機会	脅威
外部要因	<生産面への影響> ・圃場合筆化等に対する助成措置 ・地域の農業者の高齢化 ・資材流通に関するメーカー側の意識の変化 ・ICT の開発が進んでいる <販売面への影響> ・コメの輸出に対する関心増加と助成の開 ・農村交流に対する都会のニーズの高まり ・環境保全に対する意識の高まり	<生産面> ・イネ縞葉枯病等の病害の発生 ・天候不順 <販売面> ・国内コメ消費の減少（この分析が必要）

図 3-3-9　SWOT 分析結果（(株) ライス＆グリーン石島）

陸 193 号」4.8ha，もち米「マンゲツモチ」1.8ha，酒米「五百万石」0.3ha を栽培している．2014 年には直営おにぎり店舗「筑波山　縁むすび」をオープンし，おにぎりの加工販売，酒造会社や製菓会社等との異業種連携による商品の販売等 6次産業化にも力を入れている．消費者交流事業や SNS を利用した情報発信等にも積極的である．現社長・先代社長共に，当該地域の農業組織・自治組織の役員としての経歴を持ち，当該地域におけるオピニオンリーダー的存在として位置づけられる．

表 3-3-13　スマート水田農業モデル（（株）ライス＆グリーン石島）

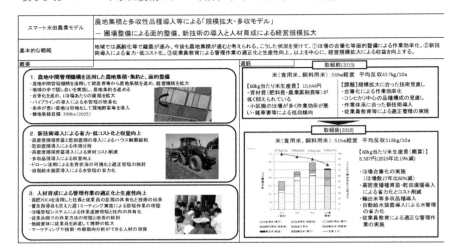

（2）経営の課題

　2016年度は，前年の生産費と経営課題等の現状把握と信頼構築の期間であった．（株）筑波農場における2015年産米の60kg当たり生産費を表3-3-15に示す．良食味米産地に位置するため地代は実証4法人中最も高いが，物財費を低く抑えながら周密な管理で465kg/10aと4法人の中では高い収量を実現しており，60kg当たり生産費は農水統計より234円低い11,324円であった．農匠ナビ1000の達成目標は，この値から生産費を2割削減することである．

　ただし，高品質・良食味の「コシヒカリ」を自社ブランド米として直売する同農場の場合，低コスト生産と米品質のバランスが重要である．同農場では先代から継承された稲作基本技術が徹底され，圃場ごとの農作業履歴も紙媒体の作業日誌やExcel等により周密に管理されており，これ以上の省力化は難しいと推察された．品種・栽培方法別の作付面積についても，FAPSを用いたシミュレーションの最適解と現状が一致していた（表3-3-16）．また，需要により「コシヒカリ」以外の品種の導入が難しいこと，良食味米産地のため担い手が複数存在し，大規模な土地集積が見込めないこと等により，主食用米については乾田直播の導入や多収性品種への転換，規模拡大等は生産費削減の手法として採用できなかった．その他，苗生産受託需要の増加のため，育苗ハウスに制限があること，圃場間の収量のバラツキがあるが，実際にどの程度の差があるかが不明であること等が課

第 3 章　茨城県におけるスマート水田農業の実践　　123

表 3-3-14　略年譜（（株）筑波農場）

年	キーワード	事項
		寛文 9 年（1669 年）から墓誌
		1669 年〜2015 年の 346 年間この土地で農業を営んでいる
1946		農地改革により経営面積約 1ha に
1969		経営主の父，大学卒業後に就農
	・機械化	造園（庭師）資格取得
1971	・規模拡大	経営主の両親結婚
	・経営確立	水稲，野菜類の苗販売等，米の出荷は農協が主，一部縁故米
1974		現社長誕生
1980		水田耕作面積約 1ha，畑 0.1ha
		庭師の手伝いで兼業
1991		水田 20ha，小麦・ビール麦 40ha
		早期の機械化により，作業委託の受注（経営面積）増加
1992	・経営継承	現社長，農業大学校を卒業し就農
1994	・直売	米の販売自由化をきっかけに，直売の取り組みを開始
2003		小麦で農林水産大臣賞受賞
2006		農業法人筑波農場として法人化
		この頃すでに米の直売 100％達成
		小田北条米生産者組合でブランド米作りに取り組む
2007		筑波農場社長ブログ開始（5 月）
		エコファーマー認定取得（10 月）
		観光客の土産用として「常陸小田米」販売開始（11 月）
	・法人化	レンゲ農法開始
	・エコ農業	田植体験会等，消費者交流事業開始
2008	・ブランド化	水稲 35ha 作付（レンゲソウ 5.8ha）
		休耕田に大豆・小麦・そば
2010		つくば市モデル事業として夢水田（棚田再生事業）開始
2012		六次産業化・地産地消法に基づく総合化事業計画認定
		つくば市モデル事業終了，筑波農場が引継
2013		いばらき美菜部（棚田オーナー）による棚田田植体験開始
		父が亡くなり，社内の人員配置を見直し
		長男と家族経営協定を締結（1 月）
2014		釜だきおにぎり店「筑波山縁むすび」開店（7 月）
		ロボットコンバインによる水稲収穫現地実証試験に協力（9 月）
		農林水産省　平成 26 年度 6 次産業化サポート事業
2015	・6 次産業化	6 次産業化ネットワーク活動全国推進事業「6 次産業化優良事
	・異業種連携	例 25 選」に選定
	・次世代継承	水稲 47ha，小麦 13ha・大豆 13ha
2016		農匠ナビ 1000 参加
2017		長男が就農
2018		つくば市の「つくばワイン・フルーツ酒特区」認定を受け，ワインぶどうの試験栽培開始

124　第1部　農匠経営技術パッケージを活用したスマート水田農業の実践

表 3-3-15　60kg 当たり米生産費（(株) 筑波農場・2015 年）

2015 年産米生産費		主な課題
調査項目	金額（円）	
種苗費	1,476	・高い地代
肥料費	4,652	・低コスト生産と米品質のバランス
農業薬剤費	6,547	・ブランド化のため多収品種に転換できない
光熱動力費	4,535	・育苗ハウスに制限
その他の諸材料費	2,608	・担い手が多く土地集積が困難
土地改良費・水利費	1,057	・圃場間の収量のバラツキ
賃借料及び料金	1,519	
物件税及び公課緒負担	1,744	
償却費	10,611	
修繕費	5,606	
労働費	22,318	
地代（借地・自作地）	24,000	
利子（支払・自己資本）	1,066	
10a 当たり生産費	87,739	
10a 当たり収量	465	
60kg 当たり生産費	11,324	

注 1) 網掛け部分は農林水産省データより金額が多い項目.
注 2) 農林水産省の 10a 当り生産費は種苗費〜利子（支払・自己資本）の合計から副産物価額を引いた金額.
注 3) 4 経営体の 10a 当たり生産費・60kg 当たり生産費については，副産物価額は差し引いていない.
注 4) 農林水産省平成 26 年度 15ha 以上 10a 当たり主産物収量は 538kg.
注 5) 償却費は，農林水産省分類の「建築費・自動車費・農機具費・生産管理費」の償却費に相当する.
注 6) 修繕費は，農林水産省分類の「建築費・自動車費・農機具費」の修繕費及び購入補充費に相当する.
注 7) 労働費は，農作業に関わる役員報酬と従業員給与の合計額を，経営全体に占める水稲の割合（面積・売上）で按分し算出.
注 8) 10a 当たり収量は，小数点以下を四捨五入. 60kg 当たり生産費は別シートで収量を四捨五入せず計算しているため，端数が合わないことがある.

題として挙げられた.

(3) 生産費削減に向けたアクションプランの提示と研究実証

　上述した経営課題を解決するため，県普及指導機関等は (株) 筑波農場に対し，2018 年産米での 60kg 当たり米生産費の 10%削減を目標とし，アクションプランを提示した（表 3-3-16）. 削減目標を 10%に抑えたのは，過度な経費削減による米品質の低下を避けるためである. 具体的には，2016 年に実施した 2015 年産の生

第 3 章　茨城県におけるスマート水田農業の実践　　125

表 3-3-16　アクションプラン（（株）筑波農場・2015 年）

		現状 （2015 年）	パターン 1 （現状最適化）	パターン 2 （低コスト技術導入）
導入技術		慣行育苗	慣行育苗	高密度育苗 流し込み施肥
作付 面積	①用途別	食用米 40.7ha 飼料用米 4.8ha 加工用米 2.08ha	食用米 40.2ha 飼料用米 5ha 加工用米 2.5ha	食用米 51.84ha 飼料用米 5ha 加工用米 2.5ha
	②技術別	移植 47.58ha	移植 47.7ha	高密度育苗 59.34ha
	合計作付面積 （ha）	47.58	47.7	59.34
平均反収（kg/10a）		465	465	486
労働力		7 名（オペ 2 名）	7 名（オペ 2 名）	7 名（オペ 3 名）
主な機械装備		田植機（10 条）1 台，代かき（5.5m）1 台， 自脱型コンバイン（6 条）1 台，トラクタ （165PS）1 台，トラクタ（100PS）1 台， トラクタ（80PS）1 台，トラクタ（75PS） 1 台，トラクタ（60PS）1 台，乾燥機（60 石）2 台，乾燥機（45 石）2 台，乾燥機（43 石）1 台		（左の装備）＋高密 度育苗用アタッチメ ント
ハウス利用率		100%	100%	100%
コスト削減率		－	0.0%	12.0%

注 1）　シミュレーション分析には FAPS2000 Ver4.7 を使用した．
注 2）　作付品種・面積は変動とした．
注 3）　慣行栽培は，株間 22cm（坪 50 株）植えとした．
注 4）　パターン 2（低コスト技術導入）はすべて高密度育苗（250g/箱）とした．
注 5）　ハウス面積は現状維持とし，新たなハウスの増設をしないものとした．
注 6）　労働力については，基幹従業員については現状維持とした．
注 7）　機械装備は基本的に現状維持とし，新たな投資をしないものとした(高密度育苗の
　　　　移植に必要な爪アタッチメントの改良費や播種機の増設費用は除く)．
注 8）　慣行栽培は現状では育苗箱コシヒカリ 18.7 箱/10a，飼料用米 22.3 箱/10a，もち米
　　　　25.7 箱/10a，酒米 18.6 箱/10a．密苗導入時（パターン 2）の箱剤・育苗箱・培土は
　　　　慣行栽培の約半分とした．

産費調査を受けて，育苗ハウス制限の解消と育苗資材の低減を目指した高密度播
種育苗の導入，飼料用米の収量向上を目指した流し込み施肥の導入を提案した．
なお，2016 年産米では飼料用米「夢あおば」が 498kg/10a の低収となり，経営全
体の平均収量も 456kg/10a に減少した．他品種の収量が高く，5ha の規模拡大もあ
り，全体としては 5%の生産費削減となったが，このままでは経営に影響が及ぶ
ことが懸念され，品種転換を推奨した．
　これらの提案を受けて，同農場では 2017 年度に「コシヒカリ」における高密度
播種育苗を導入し，飼料用米の品種転換を図った．従来は育苗箱 1 箱当たりの播
種量として 120g/箱の薄播きであった播種密度を 180g/箱，200g/箱，250g/箱の 3

126　第1部　農匠経営技術パッケージを活用したスマート水田農業の実践

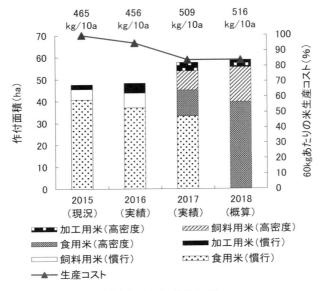

図 3-3-10　コスト削減率（（株）筑波農場）
　　　　　注）図上の数字は，水稲の平均反収を示す．

段階に分け試験的に栽培した．飼料用米に「月の光」を導入し，「夢あおば」の作付を最低限に抑えた．

　2017 年産米の収量は「コシヒカリ」498kg/10a，飼料用米では「北陸 193 号」662kg/10a，「月の光」571kg/10a，「夢あおば」567kg/10a で，経営全体の平均収量は 509kg/10a となった．栽培方法の改善に加え，近隣集落での耕地獲得により予想を上回るペースでの規模拡大が進み，2018 年度の作付面積は 57.57ha となった．この結果，2017 年産米の 60kg 当たり生産費は 9,564 円となり，2015 年から 16%削減された．「コシヒカリ」の増収は，新技術導入のため育苗管理が従来に増して丁寧になったこと，収量の低い圃場を対象とした土壌改良資材の施用等が要因ではないかと考えられる．

　この結果を受け，同農場では 2018 年において，「コシヒカリ」全面積で 250g/箱の高密度播種育苗を導入することを決めた．飼料用米に関しても，2017 年には「月の光」の導入が一部に留まったが，2018 年には必要な種子を全量確保し作付することが決まっている．これらの取り組みにより，2018 年度は当初目標とした 60kg 当たり生産費 10%削減を達成する見込みである（図 3-3-10）．

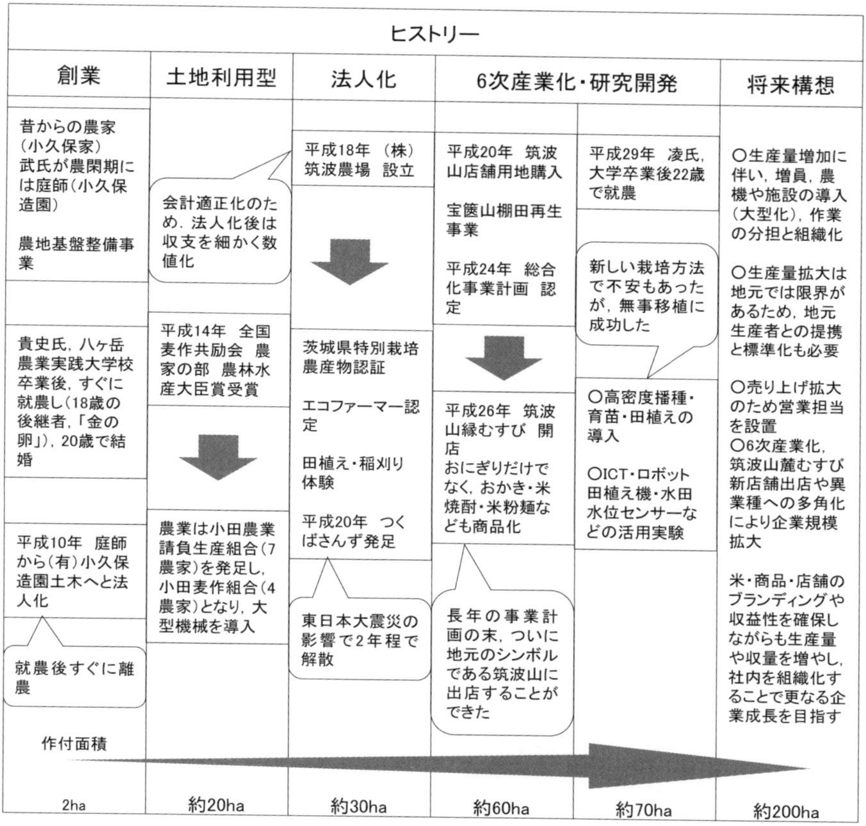

ヒストリー

創業	土地利用型	法人化	6次産業化・研究開発		将来構想
昔からの農家（小久保家）武氏が農閑期には庭師（小久保造園） 農地基盤整備事業	会計適正化のため．法人化後は収支を細かく数値化	平成18年 （株）筑波農場 設立	平成20年 筑波山店舗用地購入 宝篋山棚田再生事業 平成24年 総合化事業計画 認定	平成29年 凌氏，大学卒業後22歳で就農 新しい栽培方法で不安もあったが，無事移植に成功した	○生産量増加に伴い，増員，農機や施設の導入（大型化），作業の分担と組織化 ○生産量拡大は地元では限界があるため，地元生産者との提携と標準化も必要
貴史氏，八ヶ岳農業実践大学校卒業後，すぐに就農し（18歳の後継者，「金の卵」），20歳で結婚	平成14年 全国麦作共励会 農家の部 農林水産大臣賞受賞	茨城県特別栽培農産物認証 エコファーマー認定 田植え・稲刈り体験 平成20年 つくばさんず発足	平成26年 筑波山縁むすび 開店 おにぎりだけでなく，おかき・米焼酎・米粉麺なども商品化	○高密度播種・育苗・田植えの導入 ○ICT・ロボット田植え機・水田水位センサーなどの活用実験	○売り上げ拡大のため営業担当を設置 ○6次産業化，筑波山麓むすび新店舗出店や異業種への多角化により企業規模拡大
平成10年 庭師から（有）小久保造園土木へと法人化 就農後すぐに離農	農業は小田農業請負生産組合（7農家）を発足し，小田麦作組合（4農家）となり，大型機械を導入 東日本大震災の影響で2年程で解散		長年の事業計画の末，ついに地元のシンボルである筑波山に出店することができた		米・商品・店舗のブランディングや収益性を確保しながらも生産量や収量を増やし，社内を組織化することで更なる企業成長を目指す
作付面積					
2ha	約20ha	約30ha	約60ha	約70ha	約200ha

図 3-3-11　農匠ノートの記入例（（株）筑波農場）

（4）農匠 PDCA の取り組みとスマート水田農業モデルの構築

　（株）筑波農場では 2017 年に就農した長男が中心となり，父親である現社長と共に農匠ノートに取り組んだ．

　農匠ノートのうち，概要・ヒストリー・フェーズ課題からなる経営整理シートを記入するため，長男は社長から自社の歴史や経営方針を聞き取り，将来的に経営を継承する際の目標やそれに向けた構想を話し合った（図 3-3-11）．SWOT 分析・技術評価分析等については，普及指導員や研究員等と対話しながら記入していった（図 3-3-12）．同農場によれば，経営分析ツールの利用を通して，漠然と考えている自社の強み・弱み，経営資源，目標達成に向けて必要となる取り組み等

128　第1部　農匠経営技術パッケージを活用したスマート水田農業の実践

	目的達成の助けになる	目的達成の妨げになる
	強み	弱み
内部要因	＜生産部門＞ ・丁寧な生産管理技術 ・最新大型農機，乾燥貯蔵施設 ・自作地の面積増加（貸し剥がし対策） ・前代から続く地主・地域との信頼関係 ＜販売部門＞ ・「筑波小田米」「北条米」ブランド ・営業力／販売能力 ・自社 HP（社長ブログ）による情報発信力 ・6 次産業化部門の存在 ＜生産・販売両面＞ ・社員の技術力，社員間の信頼関係 ・経理担当者の存在 ・後継者の存在 ・エコ農業，食育事業，棚田再生事業などの取組 ・地域に働きかける力（市議会議員） ・営業，議員活動で培った人脈	＜生産部門＞ ・コシヒカリ以外の多収性品種に手を出せない ・新しい人材の確保，定着が難しい ・急速な土地集積が難しい ・生産を拡大するには人手が足りない ＜販売部門＞ ・「縁むすび」の減価償却費が負担 ＜生産・販売両面＞ ・生産情報やマーケティングの分析担当者がいない ・紙媒体での生産情報管理 ・従業員の高齢化 ・1 人 1 人の技術力は確かだが，情報共有に難
	機会	脅威
外部要因	＜生産部門＞ ・減反政策廃止（H30） ・小規模経営体の離農 ・北条地区から耕作地が出て来る可能性 ＜販売部門＞ ・外食産業での米の需要拡大 ・品質にこだわる消費者の増加 ・ネット販売で米を買う人増加 ・都市近郊（つくばエクスプレス） ・観光資源（筑波山・宝篋山・里山の景観・りんりんロードなど） ・酒造業・製菓業・観光業など地元企業の存在 ・ファミリー向け食農体験の人気増 ＜生産・販売両面＞ ・農学系教育研究機関（茨大・筑波大・農研機構）が近隣に存在 ・6 次産業化支援策，農地購入の資金援助など政策資金	＜生産部門＞ ・同業他社が地域内に多い（担い手が重複） ・縞葉枯，異常気象など環境変化 ・農業就業希望者の減少 ・他産地の米との競争 ・耕作放棄による地域内の優良耕地の荒れ地化 ・借地に耕作困難な畑地がついてくる ＜生産・販売両面＞ ・原発，放射能風評被害

図 3-3-12　SWOT 分析結果（（株）筑波農場）

表 3-3-17　スマート水田農業モデル（(株)筑波農場）

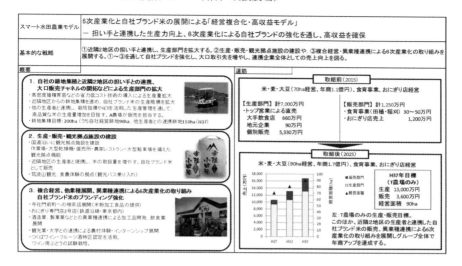

が具体化され，経営ビジョンを目に見える形で紙に残し共有することができた．今までも将来構想を親子・社員間で話題にすることは多かったが，農匠シートは第三者の視点を含め，改めて経営を客観的に分析できること，経営主と後継者とのコミュニケーションツールとなる点で有効であると感じたという．

県普及指導機関等では，生産費削減に向けたアクションプランおよび農匠ノートの取り組みをふまえ，筑波農場に対し，6次産業化による高収益型スマート水田農業モデルを提示した（表3-3-17）．基本的な戦略は，近隣地区での土地集積と他の生産者との連携を通して，ブランド米の生産量を拡大して大口取引先を増やし，作業場と直売所を兼ねた観光拠点施設を建設，複合部門としてのワインぶどうの導入等により，地元異業種との連携による6次産業化を達成するという方策である．担い手と連携した生産力向上，6次産業化による自社ブランドの強化を通し，高収益を目指すモデルとなった．

（清水ゆかり・稲毛田　優）

5）実証4法人の取り組みのまとめ

ここまで，2016～2018年度の実証4法人の取り組みを具体的に報告してきた（表3-3-18）．今回の実証試験では，個別技術に限定せず，稲作経営全体を改善対象としている．実証法人はPDCAサイクルの概念を取り入れ，新たな栽培技術や経営

130 第1部 農匠経営技術パッケージを活用したスマート水田農業の実践

表 3-3-18 実証 4 法人の取組のまとめ

実証法人		（株）エンドウ ファーム	（有）南太田営 農組合	（株）ライス＆ グリーン石島	（株）筑波農場
目指すべき方向性		増収・低コス ト・**規模拡大**	増収・低コス ト・**省力化**	増収・省力化・ **規模拡大**	増収・低コス ト・**高収益**
導入技術 （H30 目標）	省力低コ スト技術	高密度育苗	乾田直播 流し込み施肥	乾田直播 高密度育苗	高密度育苗 流し込み施肥
	ICT	圃場管理シス テム	圃場管理シス テム	圃場管理シス テム 自動給水機	収量コンバイ ン 圃場管理シス テム
	その他	基本技術の励 行 病害抵抗性品 種	多収性品種 農地集積	病害抵抗性・多 収性品種 農地集積，米輸 出	病害抵抗性品 種 6 次産業化
作付面積 （ha）	2015 年 （当初）	水稲：20ha 麦・大豆：各 15ha そば：2ha	水稲：47ha いちご：0.2ha	水稲：36ha 麦：0.5ha そば：10ha	水稲：47ha 麦・大豆：各 13ha
	2018 年 （実績）	水稲：28ha （＋8ha） 麦・大豆：各 7.6ha そば：1ha	水稲：50ha （＋3ha） いちご：0.2ha	水稲：51ha （＋15ha） 麦：0.5ha そば：10ha	水稲：58ha （＋11ha） 麦・大豆：各 14ha
水稲平均反 収 （kg/10a）	2015 年 （当初）	459	435	457	465
	2018 年 （実績）	548 （＋89kg）	428 注1 (-7kg) ［505 注2 (+70kg)］	518 （＋61kg）	516 （＋51kg）
生産費削減目標 （2015 年比）		20%	20%	20%	10%
2018 年産米生産費 （2015 年比） 見込み		80 (-20%)	93 (-7%) ［79 注2 (-21%)］	81 (-19%)	84 (-16%)

注 1）収穫直前の台風の強風被害（穂の落下）により，大幅に減収した.
注 2）台風による強風被害を受けなかった場合を想定した試算値.

の効率化に取り組んだ．これに対し県普及指導機関等は，経営判断に資する客観的指標を提示したり，新規技術を指導したり，対話の相手となることを通して，実証法人と協働して経営改善に取り組んだ．

2017 年における実証 4 法人の生産費削減率は 9〜16%であり，2018 年には概ね 7〜20%の削減が見込まれる．これまでにほぼ 1 割から 2 割の削減率を達成した要因は，1）現状把握によって，経営主体自身が自己の経営の課題や将来的な方向性を定めたこと，2）これまで感覚で下していた経営判断を，品種・栽培別の生産費を具体的に把握した上で客観的に判断することができるようになったこと，3）事業に参加する中で実証 4 法人や県普及指導機関等との間でネットワークができ，経営改善に協働して取り組んだこと，等であると考えられる．特に，3）で培われ

た茨城県内の人的ネットワークは，今後，茨城農業が直面する様々な課題を解決する上で，何物にも代えがたい財産である．

（森　拓也・清水ゆかり）

4. 茨城県における農業生産管理システム ICT の導入活用事例

　本研究の実施にあたり，茨城県では，水田センサ，IT コンバイン，農業生産管理システム等の最新技術を現地で実証した．以下に，各技術の茨城県における活用事例を述べる．

1）茨城県における水田センサの活用事例

　茨城県では，水田センサ計 40 本を県内の 4 実証法人の圃場へ設置し，水管理の省力化効果や水田センサの使用方法について検討した．使用した水田センサは，九州大学で試作した FVS 水田センサと，市販タイプの水田センサ 2 機種とし，ICT 導入に関心のある茨城県内の実証法人 4 社の圃場を対象に設置した．今回の実証試験では，水田センサは 1 法人当たり 10 台程度に限定したため，結果として経営全体では水管理の省力化としての効果が判然としなかった．水管理の省力化を目的として水田センサを活用する場合は，一定のエリア内のすべての圃場にセンサを設置し，水回り回数を削減する必要がある．

　一方で，水田センサで取得した水位データは，低収要因を解明するための基礎データとして有効であった．特に，乾田直播栽培を実施した現地圃場に設置した水田センサのデータから，一定の収量を確保するためには，生育期間中の水管理が特に重要であることが明らかになった（図 3-4-1）．

（森　拓也・阿久津　理）

2）茨城県における IT コンバインの活用事例

　2016 年〜2018 年の 3 年間，Y 社製 IT コンバイン 1 台を県でリースを行い，実証法人の収穫作業に使用した．使用にあたり，各実証法人において特に収量データを必要とする圃場の収穫時期に合わせた作業計画を作成した．図 3-4-2 に，2017 年度のコンバイン利用状況を示す．コンバインは各農場で一定期間収穫作業に使用したのち，次の法人へ輸送した．コンバイン使用後は，各法人において清掃を徹底するとともに，燃料を満タンに給油する取り決めとした．2017 年度は，8 月

132　第1部　農匠経営技術パッケージを活用したスマート水田農業の実践

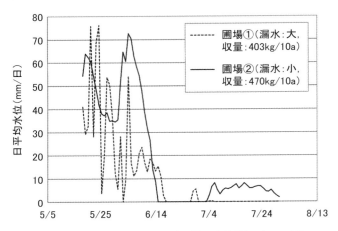

図 3-4-1　水田センサで取得した乾田直播栽培圃場の水位状況（2017 年）
　　注 1）圃場①②ともに水田センサを設置したが，圃場①は漏水のため水管理の適切なコントロールができず，結果的に低収量となった．圃場②は水持ちが比較的良好な圃場であったため，水田センサで随時水位を確認しながら，生育に応じた水管理を実施したため，高収量が確保された．
　　注 2）水位の計測値がマイナスのデータは 0mm/ 日とした．

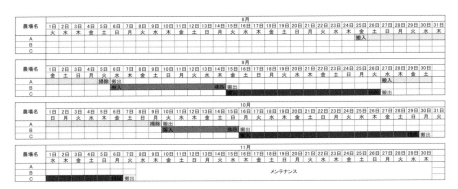

図 3-4-2　IT コンバインの利用状況（2017 年）

下旬から 11 月上旬まで貸し出しを行い，年間の稼働時間は約 185 時間であった．図 3-4-3 に，本県で実施したコンバインの活用事例を示す．実証法人の一つであるつくば市の (株) エンドウファームを対象に，高密度播種育苗技術の導入前 (2016 年) と，導入後 (2017 年) の圃場別収量の年次間比較を行った．高密度播種育苗技術の導入をきっかけとして育苗器の導入やプール育苗の導入等を行い，稲作基

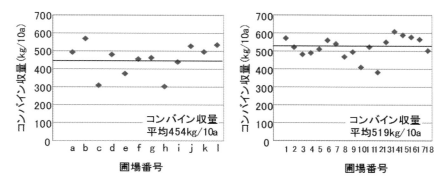

図 3-4-3　Y社 IT コンバインで得られた圃場別収量(左：2016 年，右：2017 年)
注 1) 品種は「コシヒカリ」．収量は玄米収量(乾燥調製後，水分 15%換算)．
注 2) 図中の太線は各年度に収穫したコンバインで得られた収量の平均を示す．

本技術を励行した 2017 年では，技術導入前の 2016 年と比較すると，圃場間収量のバラツキの改善により，平均反収が 50kg/10a 以上向上したことが明らかとなった．本結果を生産者へ提示したところ，収量の年次間差が「見える化」され，生産者の新技術導入に対する意欲の向上につながった．

（森　拓也・稲毛田　優）

3) 茨城県における農業生産管理システムの活用事例

　ここでは，Y社およびS社による2種類の農業生産管理システムを実証4法人へ導入した試験結果を報告する．農業生産管理システムに関する既存研究はシステム開発の観点からの研究や，先進経営におけるシステム導入後の活用事例の報告が主体であるが，ここでは，経営主体の意思決定要因に着目し，システム導入の過程を検討する．実証4法人の経験を共有することにより，将来的な規模拡大が見込まれシステム導入を検討する経営主体が直面する課題を明らかにするとともに，システム導入を支援する普及指導機関の役割を考察する．なお，詳しくは清水ら（2019，印刷中）を参照されたい．

　本項では分析の視角として，ロジャーズ（2007）による「イノベーション決定過程における五段階モデル」を参照する（図 3-4-4）．ここでのイノベーションとは，農業生産管理システムを指す．

　図 3-4-4 のうち，「1 知識」は，経営主体が農業生産管理システムの存在を知るとともに，その機能を理解する段階である．本研究では，実証4法人がシステム

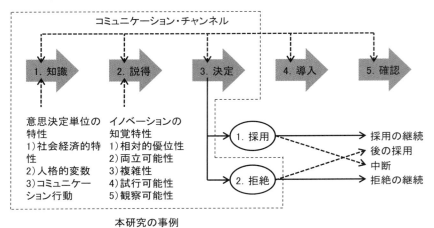

図 3-4-4　イノベーション決定過程における五段階モデルと事例の位置づけ
　　　　　ロジャーズ（2007）に加筆.

を操作する環境が整備され，システムの機能について概要を理解した段階を指す．「2 説得」は，経営主体がシステムに対して好意的・非好意的な態度を形成する段階である．本研究では，経営主体が自己の経営に応じた具体的な使用方法を検討する段階を指す．この段階で，県普及指導機関等は円滑な試験導入を支えるようシステムの詳細や使用方法を説明し，導入に向けて説得する．「3 決定」は，経営主体がシステムを採用するか否かの選択に至る段階である．本研究では，試験導入を終えた経営主体が，システムを実用に供するか否かを決定する段階を指す．

　導入試験の結果を表 3-4-1 に示す．法人 A・法人 B は操作環境整備後「1 知識」の段階で，法人 C は利用方法検討後「2 説得」，法人 D は試験利用後「3 決定」の段階で導入しない決定を下した．以下，各法人の意思決定要因を検討する．

　まず，法人 A・法人 B の事例では，経営主体の事前の状況が意思決定に影響していた．この 2 法人では，それまでの習慣として作業日誌の記帳がされておらず，新しくシステムを導入して記帳する作業に煩わしさを感じていた．また，法人 A・B は 2015 年時点での従業員数，経営面積が相対的に小さく，システムを導入する規模にまでに至っていなかった点も指摘できる．このうち，法人 B については従業員が 2017 年に 1 人増えたものの，筆数は 300 筆で実証 4 法人の中で最も多く，

表 3-4-1　各段階における実証 4 法人のシステム導入意向

法人番号	従来の管理方法	システムへの期待	各段階におけるシステム導入意向				意思決定要因	
			選考時点	操作環境整備後	利用方法検討後	試験利用後		
			事前の状況	1 知識	2 説得	3 決定	具体的理由	要因
A	・作業日誌なし ・口頭で作業予定を共有	・導入を通して今後の経営発展へつなげたい	○	×	—	—	・従業員が少ないため，紙面や直接面接により調整可能	システム利用とその他の労働（農作業，基盤整備等）との両立可能性の低さ
B	・圃場図（紙） ・ホワイトボード	・経営面積の拡大により煩雑となった圃場管理の簡素化	○	×	—	—	・農作業・合筆化作業が優先される	
C	・作業予定表（Excel）	・パート従業員（イチゴ施設栽培）の労務管理	○	○	×	—	・希望する利用方法ができない ・特に，イチゴの施設栽培に関する情報管理が容易でない	システムの複雑性の高さ　システム提供主体とのコミュニケーション不足
D	・作業日誌（紙） ・圃場図（紙） ・圃場台帳（Excel）	・記帳・照会・集計作業の簡略化 ・マップ機能による全圃場把握 ・情報の見える化・共有化	○	○	○	×	・物理的な負担が大きい ・入力操作に習熟するためのコストが高い ・インターフェースを初心者向けに改良して欲しい	

注 1)「事前の状況」「1 知識」「2 説得」「3 決定」は，図 3-4-1 に対応する.
注 2) ○は導入する意向，×は導入しない意向を示す.

経営面積は本研究の実施期間である 2016 年は 47ha，2017 年は 59ha に拡大した．労働力が少ない状況下で進行した急激な規模拡大下では労務管理や基盤整備（合筆化作業等）が優先されたこと等，生産管理が相対的に軽視されていたといえよう．つまり，既存の価値観と農業生産管理システムとの間の両立可能性の低さに加え，現状の経営条件との兼ね合いが導入を阻む意思決定要因となっていたと考えられる．

　ただし，法人 A は技術の未熟さゆえの投下資材のロス率の高さ，法人 B は急速な大規模化に対応しきれず雑草・病害虫対策など基本的な圃場管理を失敗し収量が大きく低減する等の課題を抱えていた．経営の無駄を省き最適化するという農業生産管理システムの導入効果から言えば，この 2 法人の方がシステム導入の必要性は高かったのではないかと考えられる．しかし，この 2 法人では，農作業自体の実施が優先され，そもそも生産管理の重要性が認識されていなかった．ここでは，生産管理に対する経営主体の革新性（の低さ）がシステム普及を阻む要因

であったとも言える.

　一方，法人C・法人Dの事例では，新技術の複雑性の高さが導入を阻む意思決定要因となったと考えられる．具体的には，法人Cは利用方法を検討する段階で従来と同様の管理手法が取れないこと，操作の煩雑さ等をシステムの特性として知覚し，不採用を決定した．法人Dは試験利用の段階で，Google Mapによる全圃場把握やスマート農機と連携した自動入力等の一部の優位性を認めたが，システムの入力操作の煩雑さを重要な問題として知覚し，それらが決定的な意思決定要因となっていた．

　法人C・法人Dは実証4法人の中では経営面積が相対的に大きく，管理すべき従業員数も多いことから，生産管理手法の改善には積極的な姿勢を示していた．法人Cは乾田直播に先進的に取り組み，その時々で抱える課題を研究機関等に相談しつつ解消してきた模範的な事例である．法人Dも営農歴が長く，環境に配慮した栽培技術に取り組みながら高付加価値米を安定的に生産している等，高度な生産技術を備える経営である．この2事例では，従来の生産管理においても，アナログではあるが適切な手法で，良質な米を安定的に生産すべく工夫が重ねられていた．もともと適切な手法で生産管理されている経営主体に農業生産管理システムを導入する場合には，それまでの方法を上回る利便性や経済効果等の相対的優位性が確認できなければ難しいが，今回の導入試験ではそれが確認できなかった．その要因として，勤務年数の長い従業員や家族員で構成されていたため，従業員数が多くてもシステムを介した情報共有の必要性が低かったことも考えられるが，システムの操作性の複雑さや使用者側のリテラシー不足のため，システムが有効に運用されるまでに至らなかったことが大きい．農業生産管理システム導入の利点として開発主体から挙げられている集計・分析作業の利便性や2年目以降の作付計画作成の効率化は，操作の煩雑さが障壁となり，経営主体の試験利用中には確認できなかった．また，県普及指導機関等も，この点を解決する利用方法を提示できなかった．つまり，経営主体と，開発主体や県普及指導機関等のシステム提供主体との間における相互理解を醸成するコミュニケーションが不足していたことも，システムの不採用に至る意思決定要因のひとつだったのではないかと考えられる．

　ロジャーズ（2007）によれば，導入効果が高く（相対的優位性が高く），経営主体の価値観や欲求と一致し（両立可能性が高く），単純な技術で（複雑性が低く），試験利用や導入成果の確認が容易な（試行可能性・観察可能性が高い）技術は普

及が早く，逆にそれらが困難な技術はその知覚特性自体が導入の阻害要因となりうる．高密度播種育苗や乾田直播栽培等の生産に関する技術は，具体的な栽培手順が示された上で，労働時間の削減や資材費の低減，収量向上等，導入後の明確な経営効果が確認されやすい．これに対し，農業生産管理システムは各経営の無理・無駄を発見して最適化したり，事務作業を軽減したりするマネジメント効果に焦点が当てられており，導入効果を計量的に評価することが難しく，従来の生産管理手法に対する相対的優位性が認識しにくかったと考えられる．また，稲作経営におけるシステム導入は大規模経営体の多数の圃場を効率的に管理するという目的が前提となっている．その意味で，実証4法人は経営規模や少人数で流動性が少ないという従業員の属性から，システムに対する切実な必要性が相対的に小さかったことも要因と考えられる．

システム導入に対する実証4法人の意思決定要因をふまえ，今後，農業生産管理システムを普及する上で，普及指導機関がどのような役割を果たすべきかを考察する．本研究ではシステム導入時の課題は抽出できたが，経営改善の支援までには至らなかったため，ここでは，農業者と地域の関係者との結び付きの構築に着目する．

第1に，経営主体の潜在的動機を高度化させ，動機顕在化の促進を図ることである．実証4法人への導入試験により，システム未導入の経営主体の中でも，生産管理の重要性を認識していてもシステムの採用には慎重な経営主体と，生産管理の重要性の認識が低い経営主体に区分できた．前者には，農業生産管理システムの導入には長期的な視点で取り組む必要性があることを伝えた上で，具体的な経営効果を提示し，経営主体による自主的なシステム採用につなげることが重要である．一方，後者の経営主体では，生産履歴の記帳や生産コストの把握等，基本的と思われる管理業務であっても，経営規模に応じた労働力が確保されていない状況では，おざなりにされることが多々ある．県普及指導機関等は，システム導入の前提として，安定的・効率的な農業経営を達成するためには生産管理が重要であることを経営主体が認識するよう働きかけ，経営主体の意識をエンパワーメントすることが重要である．

第2に，農業生産管理システムに関わる多様な機関・商品の情報を収集し，中立的な立場から生産者につなぐ役割が挙げられる．茨城県においては，個々の担い手の大規模化や農業生産物の輸出に向けたコスト削減が課題とされ，将来的に各生産者による生産費の算出や生産管理記録の徹底が求められることが想定され

る．普及指導員にも，経営により踏み込んだ支援スキルが求められており，農業生産管理システムはその際の生産者と普及指導員間の情報共有化のツールとしての活用が期待される．システムを有効に活用するためには，各開発企業が提供するシステムの商品情報や機能について普及指導機関が積極的に情報収集し，各システムの特質を把握すること，生産者の経営状況や従来の生産管理状況を理解して課題の解決につながるようなシステムとマッチングし，導入を提案することが必要となる．

　また，マッチングしてシステムを導入した後も，長期的な視点を持って経営状況に応じた利用ができるよう，支援する必要がある．ただし，今回の試験では，普及指導機関自体が導入すべき新技術であるシステムについて試行錯誤を重ね習得しながら取り組んでおり，結果として導入に失敗した．実証法人が把握したい項目を確認し入力項目を最小限に絞ったり，まずは大まかな傾向の把握に利用したりする等，各経営主体の状況に合わせてシステムを柔軟に使用するような支援をすべきであったことが反省される．

　第3に，利用者としての生産者と開発企業，あるいは既にシステムを有効に活用している生産者と今後の導入を検討している生産者とをつなぐ役割が挙げられる．農業生産管理システムの普及は，先駆的な生産者が企業と連携して開発に関わりながら導入する段階から，多数企業による商品が出揃い，より多くの生産者が導入を検討する段階に進んでいる．今後はシステム利用者の増加と多様な経営様態への対応が求められており，普及指導機関が生産者の意見を集約し，開発企業へと伝達することで，有用なシステム開発に多少なりとも貢献できると考えられる．例えば，今回の導入試験では，従業員のパソコンに対するリテラシーが相対的に低い場合，台帳登録や入力等の操作に煩雑さを感じて導入障壁となることが判明した．今後，規模拡大に対応する経営主体がシステムを円滑に導入し有効に活用するためには，台帳登録を代行するサービスの提供や直感的に操作できるインターフェースの開発が必要であると考えられる．県普及指導機関等がこの試験結果を開発企業に情報提供することで，より有用なシステム開発につながる可能性がある．先進経営の経験から，経営面積や従業員数が一定規模を超えた場合や，有機農業等の高付加価値で情報管理が重視される栽培形態においては，農業生産圃場管理システムでの情報管理が有効であることが具体的に判明している．第1の役割で述べた，生産管理の重要性を認識しつつもシステム導入に慎重な経営主体に働きかける上では，既にシステムを利活用している先駆的な生産者の情

報を収集し，導入時の経営状況や従来の生産管理方法，導入後の変化を具体的に紹介することによって導入障壁を低くすると同時に，費用対効果等を調査・研究により解明することが重要である．それらの情報はシステム導入を検討する生産者の判断材料となり，システム利活用の促進と経営革新につながると考えられる．

（清水ゆかり）

5. 農匠ナビ1000プロジェクトの横展開
—茨城県先端技術活用プロジェクトの取り組み—

　農業総合センターでは，農業改革大綱（2016-2020）における重点的取組と連動して中期運営計画の中で4つの研究重点事項を設定した．うち1つが「先端技術の利活用による省力化，低コスト技術の開発」であり，効率・効果的な研究開発を推進するとともに，先端技術が生産現場で有効活用できるよう，新たなプロジェクトの取組を行うこととした．このプロジェクトは，普及指導員・農業者および民間企業等の関係者が情報を共有し，民間等のノウハウを活かしながら，経営体レベルでの実証研究を通して技術の開発を一体的に行い，農業者のニーズに応える試験研究の推進，成果の迅速な普及を図ることを目的としている．

　先端技術活用プロジェクトは，（1）水稲部門における大規模化に対応した効率的経営の実現に向けた「大規模水田農業」，（2）施設野菜類のICT・環境制御装置を活用した高品質，多収栽培技術の開発に向けた「施設野菜類」及び（3）農業分野でのロボット技術活用促進を図る「ロボット技術活用」の3つの課題により構成されている．

　「大規模水田農業」の取組内容は，（1）ICTを活用したほ場管理システム，水田センサ導入による農地の管理状況の適正把握と管理労力の省力化の実現，（2）IT（収量）コンバインによる収量の把握と農地に応じた栽培技術の改善による収量・品質の向上，（3）高密度播種育苗，流し込み施肥，直播栽培等の省力栽培技術の確立による単位面積当たりの生産コスト，労働時間の削減とし，2016〜2018年度の活動期間において米生産費20%削減（2015年度対比）を目標とした（図3-5-1）．

　具体的には，専門技術指導員を中心に農業研究所と連携を取りながら革新的技術開発・緊急展開事業（農匠ナビ1000コンソーシアム）における実証4法人での現地実証を核とし，県事業関係の実証圃及び県内12カ所ある地域農業改良普及セ

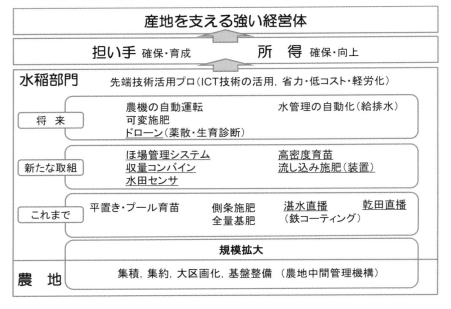

図 3-5-1　先端技術活用プロジェクト大規模水田農業の取り組み・背景

ンターでの前述（3）の要素技術の実証を通じて，慣行栽培との比較および経営評価を行い技術の普及を推進している（図 3-5-2）．また，実証 4 法人で取り組んでいる米生産費調査及び経営シミュレーションを，大規模志向農家へ導入する横展開を図っている．なお，米生産費調査や経営シミュレーションの手法については，専門技術指導員が研修会を開催し普及指導員へのサポートを行っている．

2016～2017 年の活動で，高密度播種育苗技術は 730ha，流し込み施肥についても 813ha に普及し，両技術については今後も普及拡大が見込まれる．また，少しずつではあるが乾田直播栽培面積も増加している（2017 年 156ha）．

今後の展開として，すでに開始されている，意欲のある中規模な水稲経営体を 3 年間で 100ha を超える大規模水稲経営体に育成する「茨城モデル水稲メガファーム事業」に本プロジェクトで得られた成果を活用するとともに，規模拡大志向農家等の担い手への支援に活かし，茨城の産地を支える強い経営体の育成に取り組む．

（眞部　徹）

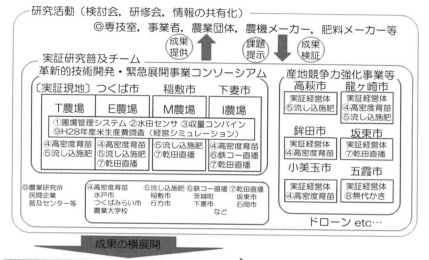

図 3-5-2　2017 年度の取り組み

6. おわりに

　農業経営において，生産費調査はその経営の課題・問題点を把握するために極めて重要である．第三者である行政や普及，研究に携わる公務員が生産費調査に入ることで農家の意識を変えることができる．さらに，規模拡大によっておろそかになっていた技術面も「基本」に立ち戻ることができた．経営者は常に自分の経営を客観的に評価することが大切で，本研究のように第三者の公的機関とともに生産費や技術を見直すことは経営改善に有効である．

　また，今後も継続的に農匠 PDCA 手法を活用し，さらなる経営改善に繋げていくことが大切である．

　ICT に関しては，水田センサ・IT コンバイン・農業生産管理システム等の実証試験を実施し，それぞれの技術に関して経営に実装する際の効果と課題を提出した．しかし，技術を導入しさえすれば現状の課題が全て解決する訳ではなく，現場に適用し望ましい効果を上げるためには，ICT を使いこなせる農業生産者を育成することが極めて重要である．

前節で紹介したように，本県では茨城県農業総合センターの専門技術指導員を中心に「先端技術活用プロジェクト」を立ち上げ，県内全域に「農匠ナビ1000」技術の横展開を図ろうとしている．また，2018年から農業の成長産業化を目指し，規模拡大に意欲ある中規模な稲作経営体に農地の集積・集約化への支援を行いながら，3年後には100haを超える大規模水稲経営体5経営体を新たに育成することを目標とした「茨城モデル水稲メガファーム育成事業」が開始された．

今後，本研究で構築した，各経営体の立地条件・戦略・目標に応じた「スマート水田農業」モデルの効果を検証しつつ，より良い改善を加えながら技術の普及に努めていきたい．

（渡邊　健）

付記

本章は，農林水産省予算により生研支援センターが実施する「革新的技術開発・緊急展開事業（うち地域戦略プロジェクト）」のうち「農匠稲作経営技術パッケージを活用したスマート水田農業モデルの全国実証と農匠プラットフォーム構築」（ID：16781474）の研究成果に基づいている．

引用文献・参考文献

澤本和徳，伊勢村浩司，佛田利弘，濱田栄治，八木亜沙美，宇野史生（2015）高密度播種・短期育苗による水稲移植栽培培法の開発，日本作物学会講演会要旨集 239（0）：11.

清水ゆかり，森　拓也，草野謙三，稲毛田優，本田亜利紗，住谷敏夫，須藤　立，阿久津理，横田修一，南石晃明，渡邊　健（2019）農業生産管理システム普及に関する経営主体の意思決定要因と普及指導機関の役割―茨城県内4法人を対象とした事例分析―，農業情報研究（印刷中）.

森　拓也，真壁周平，飯島智浩，平田雅敏，横田修一，重田一人（2017）圃場で液肥が調製できる水稲用流入施肥装置の開発，農作業研究 52（4）：155-166.

ロジャーズ・エベレット（2007）イノベーションの普及，翔泳社．

第3章　茨城県におけるスマート水田農業の実践　　143

第4章　福岡県におけるスマート水田農業の実践

1.　はじめに

　現在，農業所得や農業経営体の減少および農業従事者の高齢化の進行にともない，休耕田活用や作業委託などにより農地の集約化が進み，100ha 規模の水田面積を有する大規模な稲作経営が進行している．このような大規模稲作経営においては，生産効率を向上させるため，ICT 機器や感知センサの開発をメーカーと協力しながら，増収や品質向上およびさらなる生産コストの削減が図られている（南石ら 2016）．一方，福岡県における水田農業の経営規模の多くは 10ha 未満で，100ha ほどの大規模稲作経営は少なく，また，上記のような最新の機器導入事例も少ない．

　本県の水田農業の特色は，収益向上を図るため二毛作体系の作付けが主である．しかしながら，二毛作体系による水田の高度利用においても，増収や品質向上およびさらなる生産コストの削減が重要な課題となっている．

　そこで，本県の二毛作体系における，増収や品質向上およびさらなる生産コストの削減を進めるため，IT 農機の活用による省力低コスト栽培技術の確立の実証を行った．本章では「福岡県におけるスマート水田農業の実践」として，第 2 節では本県における地域農業戦略と稲作経営の課題を述べ，第 3 節以降は収量の低い地域で規模拡大を進める農業生産法人を対象とした，水稲の収量や品質の向上および栽培管理作業時間の削減について述べる．まず第 3 節では，近年開発された「IT コンバイン」を活用し，得られた収量データに基づいた圃場ごとの収量把握および収量の低い圃場に対する増収改善技術の効果について述べる．第 4 節では，中干し期に土壌の乾燥程度を緩めて土壌表面を湿らせた状態に保つことで，稲体へのストレスを減少させる「飽水管理技術」による収量や品質に対する効果について述べる．そして，第 5 節では，水田の水位などを計測し，データを管理者にスマホやパソコンを介し伝えることで，水管理の省力化が図られる「水田センサ」を用いた水管理作業時間の削減効果と「飽水管理技術」における活用方法について紹介する．

（柴戸靖志）

2. 福岡県における地域農業戦略と稲作経営の課題

1) 地域農業戦略と稲作経営の課題

　福岡県は九州北部，西南暖地に位置し，冬季も温暖なため，本県の水田農業は，表作の水稲，裏作の麦を主として，他に大豆，露地野菜を組み合わせた二毛作体系の土地利用型経営が主である．作付け規模は，スマート水田農業の事例で多く見られるような100ha規模ではなく，水稲10〜15haと麦15〜25haが主体である．そのため，100ha規模の経営面積で可能な低コスト化（資材購入費や労働費の低減）に比べて，10〜25ha規模における低コスト化は難しい．本県のような経営規模が小さな地域では，さらなる増収および品質の向上が効果的であり，二毛作体系を前提とした水稲の収量・品質向上および省力化につながるスマート水田農業技術の確立が重要である．

　経営規模の現状としては，全国的な傾向であるが，本県も同様に生産者の高齢化や減少で，田畑の集積・集約化が始まっている（表 4-2-1，4-2-2）．このため，経営規模の拡大を図るため法人化が進み，法人化した集落営農組織数は，2015年度に比べ2016年度は55増となる270法人となり，大規模農家（10ha以上の個別経営体）は87増となる502経営体となった（図4-2-1）．この経営規模の拡大は，

表 4-2-1　農業就業人口（販売農家）の推移

	2005 年	2010 年	2015 年
農業就業人口	95,023	68,091	56,950
（65 歳以上の割合）	（54.4）	（58.2）	（60.2）

注）単位：上段，人，下段（　）は%.
資料：福岡県農林水産業・農山漁村の動向（2016 年度）.

表 4-2-2　経営耕地面積規模別面積（農業経営体）

	規模別経営耕地面積						
	10ha 未満	10〜20ha	20〜30ha	30〜50ha	50〜100ha	100ha 以上	合計
2015 年	46,358	6,258	3,612	3,934	3,680	4,473	68,316
合計対比	68	9	5	6	5	7	100
2010 年	52,698	5,064	2,714	2,669	2,691	1,953	67,789
合計対比	78	7	4	4	4	3	100
2015 年/2010 年	88	124	133	147	137	229	101

注）面積の単位：ha.
資料：福岡県農林水産業・農山漁村の動向（2016 年度）.

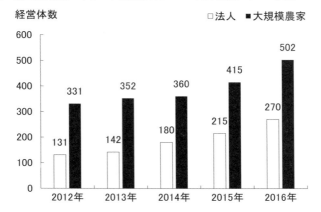

図 4-2-1　法人化した集落営農組織と大規模農家の経営体数
　　　　資料：福岡県農林水産業・農山漁村の動向（2016 年度）.

　法人化を目指す集落営農組織に農業経営アドバイザーを派遣したことに加え，農地中間管理事業を活用した農地集積の取り組みを積極的に推進したことによるものである．

　また，農地の集積において，大規模農家と集落営農組織への集積面積（受託面積を含む）は 2016 年度に 28,833ha となり，集積率は本県の水田面積（土地利用型作物<米，麦，大豆>が生産されている水田の面積で，県内約 50,000ha）の 58% と前年度に比べ 3 ポイント増加した．このうち，大規模農家への集積面積は 7,996ha，法人化した集落営農組織への集積面積は 10,192ha で，それぞれ担い手の集積面積全体の 28%，35% を占めている（図 4-2-2）．農地の集積・集約は圃場整備を契機に促進し，これまでに 44,081ha が区画整理され，圃場整備率が 85.3% となった．また，2015 年度に整備が完了した糸島市の芥屋地区では，圃場整備を契機に法人化した「農事組合法人芥屋ファーム　和（なごみ）」が農地中間管理事業を活用し，地区の 55%，28ha の農地を集積し，麦の作付面積も地区代表で 35ha まで拡大している．このように，田畑の集積・集約化による経営規模の拡大は進んでいるが，今後も，持続的かつ安定した営農の視点から担い手への農地集積・集約に取り組む必要がある．

　一方，本県の稲作の現状は，2016 年度の作付面積が 36,000ha で前年産に比べ 500ha 減となったが，作況指数は 5 ポイント改善し，収穫量は 180,400t で 5,200t 増加した（図 4-2-3）．栽培品種は，県産農産物の競争力強化のため，水稲のブラ

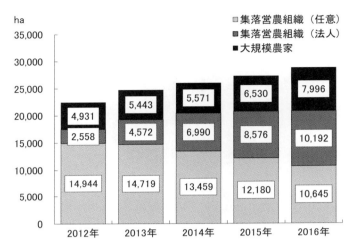

図 4-2-2　水田における集積面積
資料：福岡県農林水産業・農山漁村の動向（2016年度）．

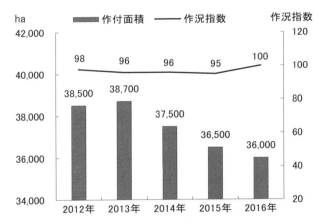

図 4-2-3　水稲の作付面積・作況指数
資料：福岡県農林水産業・農山漁村の動向（2016年度）．

ンド化（品種開発）を推進していることから，県育成品種の「夢つくし」と「元気つくし」でうるち米全体の5割以上を占めている（図 4-2-4）．また，近年の異常高温により主力品種である「ヒノヒカリ」では，1等米比率が20％以下になるなど品質低下が問題となっている（表 4-2-3）．これらのことから，今後，高温の影響を受けにくい品種の選定や育成を行うとともに，増収や品質の向上のための

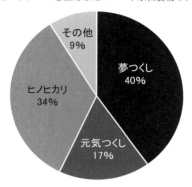

図 4-2-4　うるち米の品種別作付け割合
資料：福岡県農林水産業・農山漁村の動向（2016 年度）．

表 4-2-3　「ヒノヒカリ」における玄米収量と 1 等米比率の年次変動

	日平均気温(℃)	日照時間(h)	a 当たり玄米重(kg)	1 等米比率(%)
2013 年	24.5	197.2	56.6	41.9
2014 年	23.5	145.4	52.4	37.3
2015 年	22.6	131.7	55.5	39.7
2016 年	24.6	89.1	51.0	14.6
2017 年	23.4	126.7	58.9	15.2

注 1）気象データはアメダス太宰府観測点の 9 月実測値．
注 2）a 当たり玄米収量と 1 等米比率は，福岡県農林業総合試験場夏作試験成績概要書（作況試験）から抜粋．

栽培技術の開発が急務である．

　以上のことから，福岡県の水田農業は規模が拡大しているものの，経営規模の小さな水田が多く，経営面積の大きさによる低コスト化の効果は低いため，さらなる収量・品質の向上を目指さなくてはならない．その一方で，年間を通じて圃場が利用できることを活用して，二毛作目の品目である麦類や露地野菜においても同様に収量・品質向上が可能な技術開発を進める必要がある．

（柴戸靖志）

3. IT コンバインを活用した圃場別収量マップの作成と収量レベルに対応した増収技術

　経営全体の低コスト生産を実現するためには，増収を図ることが最も大切であ

る．そのためには，圃場ごとの収量を把握して，収量水準に対応した技術対策を講ずることで収量が低い圃場の底上げを行うことが効果的である．近年開発された IT コンバインは，効率的に圃場ごとの収量把握が可能で，専用システムを使用することでデータベース化することができる．

　ここでは，2016〜2017年に福岡県内の水稲＋麦の二毛作地帯の代表的地域である糸島市の現地圃場で取り組んだ，IT コンバインのデータを活用した圃場別収量マップの作成と収量の中庸圃および低収圃における収量レベルに対応した増収技術を紹介する．

1）IT コンバインを活用した圃場別収量マップの作成と低収要因

　IT コンバインを活用することにより，所有している全圃場ごとの籾収量を迅速に把握できる．得られた圃場ごとの籾収量データを基に，圃場を色分けすることにより，多収圃（圃場 No1，2，3，以下数字のみ），中庸圃（No.4，5，6，7），低収圃（No.8，9）が把握可能な図 4-3-1 に示す圃場マップ（KSAS マップを使用，No.10 は 2017 年から試験圃場に加えた）が作成できる．圃場ごとの籾収量は 540〜733kg/10a で，収量の最も高い圃場と低い圃場との収量差が 193kg もある．次に，

図 4-3-1　IT コンバインの収量データに基づいた圃場の収量性
　　注）圃場 No.10 は 2017 年から試験圃場に加えたため，2016 年はデータなし．
　　KSAS のマップを利用．

150   第1部　農匠経営技術パッケージを活用したスマート水田農業モデルの実践

表4-3-1　表圃場ごとの収量，土壌の化学性と達観調査

区分	圃場 No.	籾収量 (kg/10a)	腐植	ケイ酸含量 (mg/100g)	達観調査	
					生育ムラ	生育量
多収	1	733	2.3	6.5	少	中庸
	2	678	2.4	10.9	大	やや大
	3	670	2.0	9.6	大	中庸
中庸	4	658	1.9	5.0	少	やや小
	5	636	2.4	5.9	少	中庸
	6	634	2.6	4.1	大	やや小
	7	634	2.6	8.2	大	やや小
低収	8	590	2.5	6.5	大	小
	9	540	2.2	7.1	大	やや小
	平均	641	2.3	7.1		

注）圃場No.は図4-3-1を参照.

　圃場により籾収量に差が生じる要因を水稲生育期間中の達観調査，水稲収穫後に実施した土壌分析結果から解析すると，中庸圃および低収圃における水稲の生育量は，葉色が薄く茎数が不足しており，小あるいはやや小である．圃場内の生育ムラも，低収圃ではいずれも大である．土壌の化学性では，いずれの圃場においても腐植およびケイ酸含量が少なく，特にケイ酸含量は，県基準の15〜30mg/100gを大きく下回っている等の低収要因が明確になった（表4-3-1）．

2）ケイ酸施用，つなぎ肥，栽植密度等による収量向上

　収量の中庸圃，低収圃では，ケイ酸施用，密植，つなぎ肥施用等を実施することで，登熟歩合の向上，生育量確保の効果がある．その要因は，土壌中のケイ酸含量不足，地力が低いことに起因する登熟不良，生育量不足である．

　また，近年の高温により，水稲の高温登熟障害が深刻な問題となっていることから，その対策として出穂期からその後25日間，圃場を湛水せずに土壌を湿潤の状態に保つ飽水管理（松江 2018）の有効性についてもあわせて現地実証を行った（表4-3-2）．

　2017年の多収圃（No.1，2，3）の精玄米収量を2016年と比べると，籾収量が多く登熟歩合が10ポイント程度高くなったことから，125〜133%多収となる．増収対策を実施していない中庸圃（No.4，7）の精玄米収量は115%，131%であり，多収圃の増収率と比べると低い．一方，2017年に増収対策を実施している中庸圃（No.5，6），低収圃（No.8，9）の精玄米収量を2016年と比べると126〜138%増

収しており，増収対策を実施していない圃場と比べると増収率が向上する（表4-3-3）．これは，増収対策を実施している圃場では実施していない圃場と比べて登熟歩合が向上するためで，中庸圃ではケイ酸施用と密植の組み合わせにより登熟歩合が 2.5 ポイント向上し，低収圃においては，飽水管理により 8.2 ポイント，全ての対策の組み合わせにより 10.7 ポイント向上する．その結果，増収対策を実施していない圃場と比べて，増収対策を実施している圃場では精玄米比が 3〜12%高くなり，試験を実施した圃場においては，ケイ酸施用，つなぎ肥，密植，飽水管理等の対策技術により増収した（図 4-3-2）．

（石丸知道）

表 4-3-2　2016 年の収量に基づいた圃場ごとの増収対策技術

区分	圃場 No.	2016 年 (kg/10a)	水管理	栽植密度 (株/m²)	ケイ酸施用 (12kg/10a)	つなぎ肥施用 (2.1Ng/10a)
多収	1	550	慣行	15.9	—	—
	2	509	慣行	15.9	—	—
	3	503	慣行	15.9	—	—
中庸	4	493	慣行	15.9	—	—
	5	477	慣行	15.9	○	—
	6	476	慣行	18.5	○	—
	7	476	慣行	15.9	—	—
低収	8	442	飽水	18.5	—	—
	9	405	飽水	18.5	○	○
	10	—	飽水	15.9	—	—

注）圃場 No.は図 4-3-1 を参照．

表 4-3-3　IT コンバイン測定の収量と登熟歩合換算の収量

収量 区分	圃場 No.	コンバイン収量 (籾収量)		収量比 (籾比)	登熟歩合		登熟歩合換算 精玄米収量		収量比 (精玄米比)	中庸・低収圃における対策
		2016	2017	2017/2016	2016	2017	2016	2017	2017/2016	
		kg/10a		%	%		kg/10a		%	
多収	1	733	835	114	57.9	67.6	424	564	133	
	2	678	725	107	57.9	67.6	393	490	125	
	3	670	764	114	57.9	67.6	388	516	133	
中庸	4	658	646	98	57.9	67.6	381	437	115	対照
	5	636	665	105	57.9	70.1	368	466	127	ケイ酸
	6	634	721	114	57.9	70.1	367	505	138	ケイ酸，密植
	7	634	713	112	57.9	67.6	367	482	131	対照
低収	8	590	569	96	57.9	75.8	341	431	126	飽水
	9	540	539	100	57.9	78.3	313	421	135	飽水，密植，ケイ酸，増肥
—	10	—	661	—	65.6	75.8	—	501	—	飽水
	平均	641	686	107	—	—	371	479	129	

注 1）平均は圃場 No.1〜9 の平均値．
注 2）2017 年の登熟歩合は，圃場 No.7，9，10 が実測値，5，6 は 9-8+4 で算出，その他は同じ水管理の登熟歩合を適用．

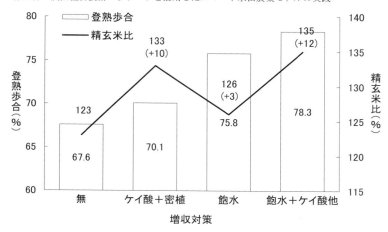

図 4-3-2　増収技術と精玄米比および登熟歩合向上効果
　　　　　注）精玄米比は表 4-3-3 の収量比で，（　）は各増収対策を実施した圃場と増収対策を実施していない圃場の差を表す．

4. 登熟期間中の飽水管理技術による収量・品質向上

　水稲の飽水管理技術は，出穂期からその後 25 日間湛水せずに土壌を常に湿潤状態に保つことで根に酸素を供給し，株元の温度および地温を下げることから，高温障害の対策として有効である（友正，山下 2009）．また，根の活性低下が軽減されるため，登熟歩合が向上し増収する（松江 2018）．ここでは，2017 年に糸島市の現地圃場で実証した飽水管理技術について紹介する．

　水稲の生育期間中の水管理は，飽水管理区，対照区とも移植後～最高分げつ期の期間は湛水，その後中干しを行い，中干し終了後～出穂期まで間断潅水とした．出穂期（8 月 27 日）以降は，飽水管理区は出穂期後 25 日まで湛水しないように適宜入水して土壌を湿潤状態に保ち，対照区は常時湛水とした（図 4-4-1）．その後は，両試験区とも成熟期まで間断潅水を行った．

　対照区と比べて，飽水管理区は，千粒重，整粒歩合，収量は同程度で，登熟歩合が 8.2 ポイント高く，粒厚が 0.02mm 厚い（表 4-4-1）．

　飽水管理区において，株当たり出液量が 0.66g 多い（表 4-4-1）．これは，飽水管理区が対照区と比べて，根の活性低下が軽減されている（森田，阿部 1999）ことを示唆しており，根の活力が維持されることにより登熟歩合が向上し，玄米の粒厚が厚くなる．収量は，籾数の決定時期が飽水管理以前であり，飽水管理区で

図 4-4-1　飽水管理（左）と対照（右，湛水）の状態

表 4-4-1　飽水管理による水稲の生育，収量

試験区	m²当たり籾数×100粒	千粒重 g	登熟歩合 %	精玄米重 kg/a	同左比 %	株当たり出液量 g/株	粒厚 mm	整粒歩合 %	検査等級
対照	306	23.3	67.6	45.8	100	1.21	2.02	86.6	1等
飽水管理	270	23.6	75.8	46.6	102	1.87	2.04	87.9	1等
t検定	n.s	n.s	†	n.s	—	*	*	n.s	—

注1）2017年6月24日移植，品種は「ヒノヒカリ」．
注2）出液量は9月25日（出穂期後29日）の調査．
注3）*，†は5，10%水準で有意．

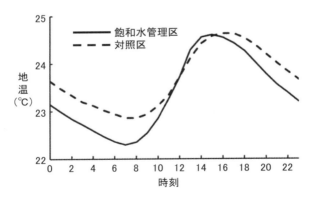

図 4-4-2　飽水管理期間中の平均地温（9/1～9/20）

圃場間の地力の差により m² 当たり籾数が少ない傾向がみられたにもかかわらず，登熟歩合の向上により同程度となる．粒厚が厚いことから，粒の充実が良く，品質が向上する．また，飽水管理により，夜間の地温が 0.5℃程度低下する（図 4-4-2）．

このことも，根の活性低下を軽減する．飽水管理により夜間の地温を下げる効果は，近年の温暖化状況下において水稲の収量，品質向上対策として有効である．

ところで，飽水管理技術では湛水しないため，カドミウムの吸収促進を危惧する意見もある．このため，水稲へのカドミウム被害が懸念される水田では，カドミウム吸収抑制技術として有効である出穂前後2週間の湛水管理（農業環境技術センター 2005，島根県農業技術センター 2011）後に飽水管理を実施することが望ましい．

〈石丸知道〉

5．水田センサを活用した飽水管理技術と水管理の省力化

水稲栽培において水管理作業は，全労働時間の約30％と大きな割合を占める（農林水産省 2018）．特に遠隔地や広域に分散した圃場では，見回りにより多くの移動時間を要し，規模拡大を阻害する一要因となっており，省力化が求められている．

これまで水管理作業は，定期的に生産者が圃場へ赴き目視により水深を確認し，管理の要否を判断していたが，近年開発された水田センサを圃場に設置することで，圃場へ赴かなくてもパソコンやスマートフォンで圃場の水位を把握できる（図4-5-1）．生産者は水管理を必要とする場合のみ圃場へ赴くこととなり，水管理作業が省力化できる．水管理時間の削減程度は，中干し直前〜水稲生育後半の期間で30％以上（谷口 未発表）である．

一方，飽水管理技術は従来の栽培と異なり，出穂期〜出穂期後25日まで湛水しないように適宜入水して土壌を湿潤状態に保つ．そのため，飽水管理技術では従来の栽培と比べてさらに頻繁に圃場へ赴かねばならず，水管理労力の増加が普及拡大の阻害要因である．そこで，ここでは，水田センサを活用した飽水管理技術の水管理の省力化を紹介する．

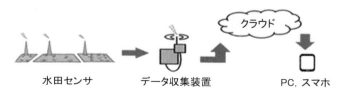

図4-5-1　水田センサのデータの流れ

水田センサの水位測定値は，田面（地表面）からの水深である．飽水管理技術では湛水しないため，水田センサの測定値は0cmとなる．友正，山下（2009）は，土壌表面の足跡に水が残る程度の水を保つ状態を飽水管理と定義しており，土壌には水分が含まれている．そこで，出穂期前に側面にランダムに穴を開けた長さ5cmの塩ビ管を埋め込み，中の土壌を取り除き，水田センサ（ニシム電子工業社製，NHD-92AG）を設置した（図4-5-2）．設置後，塩ビ管内の水位を1時間おきに測定し，飽水状態の地表下の水位を測定した．本試験では，水田センサによる水位確認に加え，圃場の状態を目視で確認しながら適宜入水した．9月1〜20日の20日間における両試験区の水位は，対照区が地上3cm程度であるのに対し，飽水管理区が田面-1cm程度である（図4-5-3，図4-5-4）．このことから，田面-1cm程度の水位を保つことで飽水の状態が維持できる．飽水管理技術においても，水

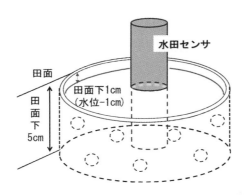

図4-5-2　飽水管理圃における水田センサ設置法

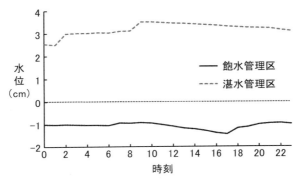

図4-5-3　飽水管理期間中（9/1〜9/20）の平均水位

156　第1部　農匠経営技術パッケージを活用したスマート水田農業モデルの実践

図 4-5-4　飽水管理（右）と対照（左）の状況

田センサを活用して従来の田面上の水管理とあわせて，田面下の水位を確認し水管理することで，圃場の状態を確認でき，水管理の省力化が図れる．

なお，現在研究開発が進んでいる自動給水機の活用によって，飽水管理をさらに省力的に実施可能になることが期待される．自動給水機の活用法としては，水田センサの設置と同様に塩ビ管を埋設し中の土を取り除き，自動給水機のセンサを設置する．センサを田面以上，田面下 1cm 以下にならないように設定することで飽水状態を自動で維持でき，水田センサ以上の省力化が期待できる．ただし，自動給水機の不具合対策として，自動給水機の稼動を監視する機能あるいは機械が必要である．

（石丸知道）

6. IT コンバインや水田センサの普及可能性

IT コンバインや水田センサの導入にはコストがかかるため，水稲の増収，労働時間の削減等が不可欠となる．ここでは，水稲を 15ha 作付し，圃場数 50 筆と仮定して試算する．10a 当たりに係る経費は，水田センサの導入により減価償却年

第 4 章　福岡県におけるスマート水田農業の実践　　157

表 4-6-1　水田センサの使用年数と 10a 当たり減価償却費（水稲作付面積 15ha, 単位：円）

減価償却年数	1	2	3	4	5	6	7
①水田センサ端末（50 台分）	2,646,000	1,323,000	882,000	661,500	529,200	441,000	378,000
②データ収集装置（1 台分）	205,200	102,600	68,400	51,300	41,040	34,200	29,314
③データ収集装置クラウド利用料（1 台分）	10,800	10,800	10,800	10,800	10,800	10,800	10,800
④データ収集装置通信費（1 台分）	6,480	6,480	6,480	6,480	6,480	6,480	6,480
①〜④の合計額	2,868,480	1,442,880	967,680	730,080	587,520	492,480	424,594
10a 当たりに係る諸経費（年額）	19,123	9,619	6,451	4,867	3,917	3,283	2,831

注 1) 水田センサは 52,920 円/1 台，データ収集装置は 205,200 円（100 台まで同額），クラウド利用料は 2,700 円/月，通信料は 1,620 円/月で試算．いずれも税込み．"
注 2) ①〜④の諸経費は税込み価格で算出．
注 3) ③，④は未使用期間は解約するものとして試算．
注 4) 30a の圃場 50 枚として試算．

表 4-6-2　収量・品質測定機能付コンバインと未装備コンバインの減価償却の差額

減価償却年数	4	5	6	7	8	9	10
コンバイン（6 条，120PS）	900	720	600	514	450	400	360

注 1) 購入金額は，測定機能なしが 1,515 万円（税抜），測定機能有りが 1,565 万円（税抜）とした．
注 2) 差額の 54 万円（税込み）をコスト増とし，水稲作付面積 15ha で試算．

表 4-6-3　水田センサ活用による水管理の削減時間と削減コスト

水管理時間削減時間（hr/10a）	0.25	0.50	0.75	1.00
削減コスト（円）	200	400	600	800

注) 時給を 800 円で試算．

表 4-6-4　水稲の増収率と増収入

水稲の増収率（%）	1	2	3	4	5	6	7	8
水稲の増収入（円）	1,013	2,025	3,038	4,050	5,063	6,075	7,088	8,100

注) 単収を 450kg/10a，225 円/kg（1 等米）として試算．

数 4 年で 4,867 円（表 4-6-1），IT コンバインの導入により同 7 年で 514 円（表 4-6-2），合計 5,381 円の増加となる．そのため，導入コストに見合う労働時間の削減や水稲の増収が必要となる．水田センサの設置により，水管理時間が 0.5 時間減り 400 円削減でき(表 4-6-3)，増収技術の導入により水稲の収量が 5%増え 5,063 円(表 4-6-4)，合計 5,463 円と導入コストと同程度の収入となる．

このように，IT 農機の導入に際しては，労働時間の削減や農産物の収入を考慮し，過度な投資とならないように留意することで，今後普及が進むと考える．

（石丸知道）

7. おわりに

わが国の水田において，水田の高度利用化を推進加速させていくことは，水田の利用率を高め，高い土地生産性を実現させるための将来にわたっても確実性のある農法である．そして食料自給率の向上，国土保全および農家経営の安定化を図っていくうえで極めて重要な課題である．水田輪作体系における水稲の収益性は，連作田に比べて田畑輪換効果による増収で高いことが報告されている（倉本2001）．

北部九州地域は全国的にみて水田の高度利用化が進んでおり，水稲＋麦，水稲＋野菜，ダイズ＋麦の二毛作体系が主である．こうした背景のなかで，福岡県では水田二毛作体系における収益向上を図るために，IT農機等の活用による省力低コスト栽培技術の確立と実証を行った．

実証した成果である，ITコンバイン活用による圃場別収量マップの作成は，各圃場の収量水準を多収圃，中庸圃，低収圃にランク分けし，中庸圃と低収圃については，その要因を解明するとともに収量，品質向上のための栽培改善技術を実証したものである．ITコンバイン活用により各圃場の収量水準が効率的に把握できるため，収量水準に対応した的確な各種の栽培改善技術の方策をとることが可能になる．飽水管理技術は，特に高温登熟条件下において根の活性化の維持に起因する登熟歩合の向上によって増収と品質向上が達成される技術である．水稲の高温登熟障害が深刻な問題になっている現況下において，高温条件下での増収技術として期待される．本章における水田センサの活用は，収量，品質に大きく影響を及ぼしている登熟期間中における水管理の作業時間を30%程度も大幅に削減できることを実証したもので，大規模稲作経営を推進していくうえでの一つの課題であった水管理作業の省力化に大きく寄与できる．今後は，自動給水機の活用による水管理自動化によって，水管理のさらなる省力化と改善が期待される．

以上，これらの開発実証された水田二毛作体系における水稲の増収，品質向上技術は，開発した地域だけに留まることなく，全国各地域での水田高度利用の推進，発展にむけて二毛作体系大規模稲作経営における「国際競争力のある稲作経営」を実現させるスマート水田農業生産技術として，先導的役割を果たしていくことになると確信している．

（松江勇次）

付記

　本章は，農林水産省予算により生研支援センターが実施する「革新的技術開発・緊急展開事業（うち地域戦略プロジェクト）」のうち「農匠稲作経営技術パッケージを活用したスマート水田農業モデルの全国実証と農匠プラットフォーム構築」（ID：16781474）の研究成果に基づいている．

引用文献・参考文献

福岡県（2017）福岡県農林水産業，農村漁村の動向―平成 28 年度　農林水産白書―，福岡県，pp.8-44.

倉本器征（2001）第 2 章　東北地域における水田地域輪作営農の展開，倉本器征，住田弘一，木村勝一，持田秀之，水田輪作技術と地域営農，農林統計協会，東京，pp.49-50.

松江勇次［編著］（2018）米の外観品質，食味，養賢堂，pp.383-387.

森田茂紀，阿部淳（1999）出液速度の測定，評価法，根の研究 8：117-119.

南石晃明，長命洋佑，松江勇次［編著］（2016）TPP 時代の稲作経営革新とスマート農業，農林統計出版，pp.1-285.

農業環境技術研究所（2005）水稲のカドミウム吸収抑制のための対策技術マニュアル，農林水産省，pp.1-7.

農林水産省（2018）農業経営統計調査　平成 28 年産米生産費，<http://www.maff.go.jp/j/tokei/kouhyou/noukei/seisanhi_nousan/#r1>.

島根県農業技術センター（2011）水稲のカドミウム吸収抑制対策技術マニュアル，島根県，pp.1-10.

友正達美，山下正（2009）水稲の高温障害対策における用水管理の課題と対応の方向，農工研技報 209：131-138.

160　第 1 部　農匠経営技術パッケージを活用したスマート水田農業モデルの実践

第 2 部　稲作スマート農業における情報通信・自動化技術の可能性と課題

第 5 章　ビッグデータ解析による水稲収量品質の決定要因解明と向上対策

1. はじめに

　近年，稲作においても，収量センサ（ITコンバイン）や水田センサ等の様々なセンサ実用化され，多様な情報が収集・蓄積されるようになっている．しかし，これらの膨大なデータから，収量品質向上に資するどのような有益な知見が得られるのかは，必ずしも明確になっていない．そこで，本章では，稲作ビッグデータの構築とその解析によって水稲収量品質の決定要因を解明すると共に，得られた知見に基づく収量・品質の向上対策について述べる．

　なお，本稿で用いるデータは，農匠ナビ 1000 プロジェクト（第 1 期）「農業生産法人が実証するスマート水田農業モデル」および SIP プロジェクトで収集・蓄積されたものである．

2. 先進大規模稲作経営におけるビッグデータ構築と可視化

　農匠ナビ 1000 プロジェクト（第 1 期）には日本を代表する稲作経営 4 社が参画し，全国約 1000 圃場の生体情報，環境情報，農作業情報を収集・蓄積し，稲作ビッグデータとして構築した（図 5-2-1）．生体情報としては収量・品質や生育状況がある．環境情報としては気象条件（日射量，温度等），圃場条件（地力，排水等），土壌の物理化学特性，水環境（水位，水温等）がある．農作業情報としては田植時期や施肥等がある．以下，農匠ナビ 1000 プロジェクトにおけるデータフローを説明する．

1）圃場別の農作業・気象・土壌・作物情報の収集
（1）農作業情報

　生育ステージ 7 段階（移植直後，分げつ期，最高分げつ期，幼穂形成期，穂揃期，穂揃後 10 日，およそ 10 日おき）ごとに生育調査を実施した．調査項目は稈長や草丈，茎数，穂数，SPAD（葉緑素計値），LPV（葉色板値）等からなる．調

第 5 章　ビッグデータ解析による水稲収量品質の決定要因解明と向上対策　163

図 5-2-1　農匠ナビ 1000 プロジェクトにおけるデータフローのイメージ

査方法は 2 人組で一人が計測，もう一人が野帳に記録をとるほか，スマートフォンを使用して IC タグと GPS，カメラで農作業情報をワンタッチで営農可視化システム（FVS）への記録も行った．調査結果はエクセルで集計を行った．このように集めた情報は，調査経験が浅く，年齢の高い調査員でも使用することが可能であったため，収集効率がかなり高くなった．

(2) 環境情報

FVS と作業計画・管理支援システム（PMS）を活用し，水管理（水位・水温）や気温・湿度，レーザレベラー，土壌センサ，土壌分析および圃場特性評価等のデータを収集し，全圃場の特性データを表す地図や図表を作成した．

(3) 作物情報

マルチコプター（UAV：Unmanned aerial vehicle）に搭載されたデジタルカメラで水稲群落と市販の「葉色板」と呼ばれる色見本（カラーチャート）を同一画面内に移し込み，両者を比較することにより葉色値を隷属的に取得し，稲体の生長や肥培・薬剤管理の適切実施に資することができた．試供 IT コンバイン（ヤンマ

一（株））を用いて籾収量・水分量・ロス・車速データおよび作業軌跡データを計測した（南石ら 2016）．また，成分分析機器などテンシプレッサー（タケモト電気）を用いて炊飯した米飯の硬さ・粘りなど物性外観品質を測定し，パネル官能試験による米食味評価を行い，米品質・食味の向上に資するデータを収集した．

2）圃場別ビッグデータの可視化・解析

営農可視化システム FVS クラウドシステムは，水田の水位・水温を計測可能な水田センサと融合し，水管理を含む様々な農作業情報を簡易に収集・蓄積・共有・可視化することが可能である．

（1）スマートフォンを活用した農作業情報の収集と可視化

スマホアプリは，Android OS（NFC 機能有）で作動し，FeliCa 対応の IC タグを読み取ることで，ワンタッチで農作業の内容や作物の状態情報と時刻を記録・収集できる点に特徴がある．また，FVS スマホアプリでは，内蔵カメラでの農作業や作物生育状態の写真撮影，内蔵 GPS で作業位置自動計測が可能であり，さらにコメント入力もできる．これらの情報は Facebook 連携機能により，農作業中でも容易に確認でき，農業経営内の情報共有に有効であることが確認されている．

（2）熟練技術・ノウハウ・技能の見える化による作業精度・能率向上

農作業の内容，場所，作業状況など多様なデータを連続収集する営農可視化システム FVS-PC Viewer を開発・試作した．

現地実証により，熟練者の機械操作映像を視聴・擬似体験し，初心者や中級者の作業ノウハウ習得が促進され，農業機械操作技能の向上により，現有労働力・機械装備で規模拡大が可能になり，生産コストも 2〜3 割程度低減できるようになった（南石ら 2016）．

3）気象・市場変動リスク対応型生産・作業管理稲作経営技術のパッケージ化

（1）営農最適化・経営の見える化

営農技術体系評価・計画システム（FAPS）による，営農リスクを考慮した経営シミュレーションを行った．移植・播種の作業時期・作物品種と栽培様式（移植・乾田直播・湛水直播）の組合せを最適化すると共に，農産物の価格，変動費，固定費用などの経営面のデータも考慮することで，農業機械・設備の使用効率向上や生産コストの低減，利益の最大化に寄与する．

（2）気象変動に対応した栽培管理による収量・品質の安定化を図る「気象対応型

第 5 章　ビッグデータ解析による水稲収量品質の決定要因解明と向上対策　　165

　追肥法」

　高温で多発する基部未熟粒や背白粒の発生を低減するために，穂肥施用時期に
登熟前半の気温を予測するとともに，葉色値から最適な穂肥量を判断する「最適
穂肥量決定モデル」である．「農匠ナビ 1000」における 2014 年の検証試験の結果，
最適穂肥量決定モデルによる穂肥を施用した圃場は，慣行法あるいは追肥なしの
圃場より玄米タンパクは食味低下の目安である 6.8％を超えず，収量が 5％以上増
加した．

（3）技術導入による生産コスト低減

　高密度栽培・流し込み施肥などの省力・低コスト技術，移植栽培と直播栽培の
組合せ，FVS 等 ICT による生産管理の能率・精度向上などにより生産コストが低
減する．石川県農林総合研究センターの試算結果によると，高密度育苗による移
植栽培技術は，現行の稚苗に比べて育苗期間が短く，育苗箱や育苗培土などの資
材量が 1/3 で済み，育苗コストは 1/2 程度となった．茨城県 Y 農場の試算結果，
流し込み施肥の導入により施肥作業時間は 1 区画面積 30a で約 50％削減され，1
区画面積が広くなれば削減率はさらに高くなることが期待される（南石ら 2016）．

（4）収量・品質の要因の解析

　稲作ビッグデータ解析により，圃場別収量・品質の実態を明らかにするととも
に，その決定要因を解明した．詳しくは次節以降で述べる．

3．水稲収量・品質の定義と圃場別の実測・推計

1）変数と計測方法

　図 5-3-1 で示すように，ここで用いた収量の計測対象は，下記の 6 種類に大別
できる．「生籾（Y_1）」は IT コンバインによる計測した籾殻を取り去る（脱穀）前
のイネの果実であり，粗籾ともいう．「15％水分量籾（Y_2）」は 15％水分含有率の
籾であり，その収量が生籾の収量・水分量に基づいて換算したものである．「粗玄
米（Y_3）」は籾殻（もみがら）を除去（籾摺り）した稲の果実で，「15％水分量籾
収量」×サンプルした籾摺り歩合でその収量を推計したものである．「精玄米
（Y_4）」は粒厚が 1.85mm 以上の粗玄米であり，その収量は「粗玄米収量」×「サ
ンプルした粒厚 1.85mm 以上玄米割合」で算出されたものである．「白米（Y_5）」
は「精米」，「精白米」ともいい，玄米から糠および胚芽を取り除いたもの（稲の実
の胚乳）で，日本人の食生活において最も親しみのあるお米である．「完全米（Y_6）」

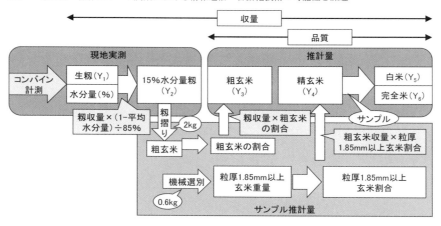

図 5-3-1　圃場別に水稲収量の実測・推計の流れ

は登熟が正常に行われ，子房が籾殻いっぱいに発達し，左右・上下の均整がとれ，光沢が良く濁りのない半透明といった完璧な粒型となった玄米である（後藤ら 2000）．こうした完全米はその品種の味を完全に発揮し，商品としての品質も優れたものである（松尾ら 1990）．「白米」と「完全米」の収量は精玄米の収量に基づき，それぞれサンプルした割合との積で推計される．

Y_3～Y_6 は精製・合成などによって得た物質であり，その量は米の品質を示す変数として使える．特に精玄米に占める完全米（Y_6）の割合を「整粒歩合」と呼び，玄米の検査規格を策定するときの重要な基準となり，米の価格とも関係している．日本において水稲うるち・もち玄米の検査規格によると，1～3 等標準品の最低限度「整粒歩合」はそれぞれ 70％，60％と 45％である（農林水産省 2018）．

2）水稲の収量と品質

農業生産法人 Y 社 2014 年産米を例にして分析すれば，品種間で Y_1 から Y_6 までにそれぞれ収量の格差がみられる．例えば，15％水分量籾（Y_2）の 10a 当たりの収量では，730kg に達した「あきだわら」があれば，616kg に留まった「ゆめひたち」もある．米の品質を考慮した白米（Y_5）と完全米（Y_6）の収量を分析しても，最高値「あきだわら」はそれぞれ最低値「ゆめひたち」より 2 割～3 割多収であることがわかる．米品質の主たる指標として，整粒重比は完全米を精玄米で除した（Y_6/Y_4）値であり，最高値「あきだわら」は最低値「一番星」より 6％高

表 5-3-1　農業生産法人 Y 社 2014 年産米の品種別収量と関係比率

品種	圃場数	収量[a] (kg/10a)						比率[a] (%)				
		Y_1	Y_2	Y_3	Y_4	Y_5	Y_6	Y_2/Y_1	Y_3/Y_2	Y_4/Y_3	Y_5/Y_4	Y_6/Y_4[b]
あきたこまち	92	815	725	548	517	459	359	88.96	75.60	94.35	88.63	69.45
あきだわら	66	772	730	593	543	494	393	94.57	81.26	91.42	90.99	72.40
コシヒカリ	126	725	674	527	480	428	321	92.92	78.12	91.09	89.16	66.92
ゆめひたち	27	672	616	489	451	412	301	91.68	79.39	92.19	91.24	66.68
一番星	19	775	713	534	509	449	338	92.05	74.83	95.36	88.27	66.43
平均値	66	752	692	538	500	448	342	92.04	77.84	92.88	89.66	68.38

a：Y_1-Y_6 の意義は図 5-3-1 を参照，太字はそれぞれの最高値
b：整粒重比 ＝ 完全米/精玄米(Y_6/Y_4)

いことが明らかになった．また，整粒重比以外の収量間の比率を計算すれば，品種ごとの品質およびその格差もさらに詳しく捉えることができる（表 5-3-1）．したがって，米の収量を比較するには，その収量の定義をまず明確する必要がある．なお，米収量の決定要因を解明するには，特定の品種に絞るか品種を取り入れる必要がある．そこで，次節の定量分析では品種の影響を考慮し，水稲収量・品質の決定要因を計測した．

4. 水稲収量・品質の決定要因

1) 定量分析の概要

分析の全体的な流れは図 5-4-1 で示すように，圃場特性や土壌分析，施肥・水管理，生育調査，気温・日射量などの入力変数に基づき，重回帰分析・相関分析・分散分析・パス解析といった手法を用い，出力変数である米収量の決定要因を解明した．そして，入出力のデータに基づき，DEA（データ包絡分析）を用いて圃

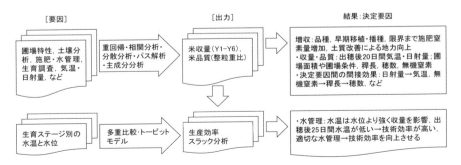

図 5-4-1　圃場別に水稲収量の実測・推計の流れ

168 第2部 稲作スマート農業における情報通信・自動化技術の可能性と課題

場別の生産効率や入出力変数の調整余地（スラック）を算出した．また，ステージ別の水温と水位データを導入し，生産効率への影響ひいては水管理の最適化対策を提示した．

　Li ら（2017）に基づき，各研究で取り上げた入出力変数や対象品種，圃場数，分析モデルを表 5-4-1 にまとめている．入力変数は主に以下のデータに基づいて設定した．1）圃場：各圃場の面積；田面高低差，入水・減水・漏水，前作物，地力ムラ，日当たりおよび除草剤の施用の違いを考慮して農場経営者によって評価

表 5-4-1　米収量および決定要因分析に関する研究概要

番号	入力 [a]	出力 [b]	品種	農場	圃場数	分析モデル
1	圃場面積，圃場特性，移植・栽培日，施肥窒素量，SPAD，穂数，稈長，LPV，水稲品種（あきだわら），栽培方法（直播），土壌タイプ	Y_2	7 品種 [c]	Y	351	重回帰分析
2	圃場面積，気温，日射量，施肥窒素量，移植・播種日，穂数，稈長，土壌特性（苦土飽和度，カリ飽和度），栽培方法（有機栽培）	Y_2	コシヒカリ	Y	126	重回帰分析
3	水稲品種，栽培方法，移植・栽培日，施肥窒素量，圃場面積	Y_2	7 品種 [c]	Y	351	分散分析
4	移植・栽培日，圃場面積，圃場特性，施肥窒素量，SPAD，穂数，稈長，LPV，土壌特性（石灰/苦土，腐植，苦土飽和度，カリ飽和度），水稲品種（あきだわら），栽培方法（乾田直播），土壌タイプ	Y_1-Y_4	7 品種 [c]	Y	351	相関分析，重回帰分析
5	圃場面積，施肥窒素量，穂数，稈長，土壌特性（カリ飽和度，苦土飽和度），栽培方法（有機栽培）	Y_2	コシヒカリ	Y	126	パス解析，相関分析
6	圃場特性，気温，日射量，施肥窒素量，土壌特性（塩基飽和度，無機態窒素），穂数，稈長	Y_2	コシヒカリ	Y	117	パス解析，相関分析
7	圃場面積，施肥窒素量，気温，日射量，穂数，稈長，地力，農場	Y_2	コシヒカリ	Y, B	301	パス解析，相関分析
8	気温，日射量，施肥窒素量，穂数，稈長，地力，圃場面積，圃場特性，栽培方法（2 年間同じ，有機栽培）	Y_4, Y_4/Y_2, Y_6/Y_2	コシヒカリ	Y	117	重回帰分析，相関分析
9	施肥窒素量，pH，CEC，有効態リン酸，有効態ケイ酸，交換性カリ，交換性石灰，交換性苦土，カリ飽和度，石灰飽和度，苦土飽和度，石灰/苦土，苦土/カリ	Y_2	コシヒカリ	Y	92	重回帰分析，SQI，SSP[d]，主成分分析
10	圃場面積，地力，圃場特性，施肥窒素量，日射量，穂数，	Y_1-Y_6	コシヒカリ	Y	110	DEA[e]，トービット回帰
11	生育ステージ別の水温・水位			B	122	
12	気温，日射量，施肥窒素量，穂数，稈長，圃場面積，圃場特性，塩基飽和度，無機態窒素，年次	Y_2, RPG	コシヒカリ	B	117	パス解析，相関分析
13	施肥窒素量，pH，CEC，有効態リン酸，有効態ケイ酸，交換性カリ，交換性石灰，交換性苦土，カリ飽和度，石灰飽和度，苦土飽和度，石灰/苦土，苦土/カリ	Y_2	コシヒカリ	B	93	主成分分析，重回帰分析
14	施肥窒素量，圃場面積，pH，CEC，アンモニア態窒素，有効態リン酸，有効態ケイ酸，交換性カリ，交換性石灰，交換性苦土，塩基類飽和度，米品種（中生新千本），栽培方法（有機栽培）	Y_2	8 品種 [f]	F	116	重回帰分析

a：太字は有意決定要因，SPAD（葉緑素計値），LPV（葉色板値），CEC（陽イオン交換容量）．
b：生籾（Y_1），15%水分量の籾（Y_2），粗玄米（Y_3），精玄米（Y_4），白米（Y_5），完全米（Y_6）の収量と整粒重比（Ratio of perfect grains, RPG）．
c：7 品種はコシヒカリ，あきだわら，あきたこまち，ゆめひたち，一番星，マンゲツモチとミルキークインを含む．
d：SQI（Soil quality index, 地力指数）と SSP（Standardized soil property, 標準化土質）．
e：DEA（Data envelopment analysis, データ包絡分析）．
f：8 品種はコシヒカリ，ミルキークイン，キヌヒカリ，日本晴，中生新千本，ゆめおうみ，にこまる，ヒメノモチを含む．
出所：Li ら（2017a）による加筆．

された圃場特性. 2) 土壌：各圃場の土質および地力を表す土壌タイプ；pH や腐植，CEC（陽イオン交換容量），有効態リン酸，有効態ケイ酸，塩基類（カリ・石灰・苦土）の濃度・飽和度といった 21 土壌特性変数. 3) 生産管理：品種や栽培方法，移植・播種日；堆肥，化成肥料，硫安と尿素肥料の施肥量・窒素含量により計算された施肥窒素量. 4) 生育指標：移植後や分蘖期，最分期，幼形期，穂揃期，成熟期に振り分け，稈長や穂数，SPAD（葉緑素計値），LPV（葉色板値）など. 5) 気象変数：出穂後 20 日間の気温と日射量の平均値. 6) 水管理：全生育期間を S_1（移植から最分までの 40 日間）や S_2（最分から出穂），S_3（出穂から 25 日間），S_4（出穂後 26 日目から成熟）の 4 ステージに分け，10 分おきに観測した水位・水温. 出力変数は生籾や 15%水分量の籾，粗玄米，精玄米，精米と完全米の収量，ならびに米の品質を表す整粒重比といったデータからなる（表 5-4-1）.

2) 品種と栽培方法の影響

ビッグデータ解析の結果より，収量や品質を考慮して適切な品種を選択することは米収量に強い影響を与えることが明らかとなった. 例えば，B 社 2014 年産米では「あけぼの」の収量が最も高いが，品質を表す整粒重比からみれば「にこまる」のほうが高い. Y 社 2014 年産米では「あきだわら」の収量と整粒重比が両方とも一番高い.

また，早期の移植・播種ひいては栄養蓄積期間を延長させることで米収量を高めることができる. Y 農場 2014 年産米の計測結果より，移植日の 1 日の繰り上げにつれて籾収量が平均的に 0.56%程度増加することが明らかになった（Li ら 2016a）. 表 5-4-2 の分散分析結果によると，モデルは全体的に有意性があり，栽培方法は反収に有意性がないが，異なる品種および品種と栽培方法の交互作用が

表 5-4-2　分散分析の計測結果

ソース	タイプ III 平方和	自由度	平均平方	F 値	有意確率
修正モデル	723417.198[a]	11	65765.200	13.060	0.000
切片	20191236.966	1	20191236.966	4009.696	0.000
品種	519655.886	6	86609.314	17.199	0.000
栽培方法	24691.567	4	6172.892	1.226	0.300
品種*栽培方法	33735.529	1	33735.529	6.699	0.010
誤差	1707069.285	339	5035.603		
総和	169755513.503	351			
修正総和	2430486.482	350			

a：$R^2 = 0.298$（調整済 $R^2 = 0.275$），目的変数：反収，ソフトウェア：SPSS 23.0.

反収の変動に有意性があることが明らかとなった（Li ら 2015）.

3）水稲収量に施肥窒素量と土壌化学性が及ぼす影響

施肥窒素量は多いほど米収量が上がるが，限界値を上回ると収量が減少する．Y 農場 2015 年産コシヒカリではその頂点が 105kg/ha であった（図 5-4-2）．土壌の化学性により構築した地力指数（SQI）は米収量に正かつ有意な影響を与え，標準化土質（SSP）は収量向上の土壌改善の方策を提示できる．Y 農場 2014-2015 年産コシヒカリでは，SQI が 0.1 増加すると 15%水分粒の収量が 173.86kg/ha 増加することが示唆された（図 5-4-3）．出穂後 20 日間の気温と日射量はともに米収量に正，品質に負の影響を及ぼす．圃場面積や圃場条件，稈長，穂数，無機窒素は米収量と品質に正かつ有意な影響を与えることが明らかになった．日射量から気温，無機窒素から稈長そして穂数に影響を及ぼすといったような決定要因間の有意な間接効果も検出した（Li ら 2017b）．Y 農場 2014-2015 年産コシヒカリ 117 筆圃場に基づくパス解析は，具体的な係数で上記の結論を裏付けていた（Li ら 2016b）．また，B 社と Y 社 2015 年産コシヒカリを分析した結果，水温は水位より強く稲作の技術効率に影響を与え，特に出穂から 25 日間（S₃）の水温が低いほど技術効率が高い（表 5-4-3）．よって，適切な水管理を行うことで技術効率を向上させることができる（Li ら 2017c,d）.

Y 農場における 2014-2015 年コシヒカリを栽培した 92 筆の圃場（土質は泥炭土）を対象に，パス解析を用いて収量の決定要因および変数間の相互関係を解明する．それらの結果は表 5-4-4 に示すとおりである．収量は 15%水分量で換算した籾の重量，決定要因は施肥窒素量のほか，pH や CEC，有効態リン酸，有効態ケイ酸，塩基類（カリ・石灰・苦土）の濃度・飽和度といった 12 土壌化学性的指標を含む（Li ら 2017b）.

表 5-4-3　技術効率性の上下 10 位圃場の水管理（2015 年産コシヒカリ）

農場	平均値	ピア回数	技術効率	水位（毎日 18:30 の平均値，mm）				水温（毎日 18:30 の平均値，℃）			
				S₁	S₂	S₃	S₄	S₁	S₂	S₃	S₄
B	効率高い 10 圃場	24.9	1.000	36.72	22.18	16.43	5.58	23.26	26.23	26.16	23.00
	効率低い 10 圃場	0.0	0.974	51.68	29.90	12.75	9.55	24.42	26.36	27.39	24.24
	差（高−低）	24.9	0.026	-14.96**	-7.71	3.68	-3.97	-1.16**	-0.13	-1.23**	-1.24***
Y	効率高い 10 圃場	18.4	1.000	45.62	19.90	35.82	11.21	24.63	27.54	26.67	22.93
	効率低い 10 圃場	0.0	0.946	43.45	18.65	39.50	8.19	24.31	26.46	27.94	22.82
	差（高−低）	18.4	0.054	2.17	1.25	-3.68	3.02	0.32	1.08***	-1.27**	0.11

注：ピア（Peer）はほかの圃場の効率性を評価する参照・模範的な圃場.
***，**：1%と 5%の水準で有意.
S₁：移植〜最分（40 日間），S₂：最分〜出穂，S₃：出穂後 25 日間，S₄：出穂 26 日目〜成熟.

第5章　ビッグデータ解析による水稲収量品質の決定要因解明と向上対策　　171

表 5-4-4　2014-2015 年米収量・施肥窒素量および土壌化学性

変数	圃場数	平均値	変異係数 (%)	相関係数 (R) [a]	重み R/Σ|R|
15%水分籾収量 （kg ha⁻¹）	184	6434.38	10.86	1.000	—
施肥窒素量 （kg ha⁻¹）	184	59.61	42.27	0.150	—
pH	184	6.16	2.93	-0.072	-0.035
CEC （meq 100 g⁻¹）	184	18.61	30.25	0.015	0.007
有効態リン酸 （mg 100 g⁻¹）	184	9.61	54.99	-0.289	-0.140
有効態ケイ酸 （mg 100 g⁻¹）	184	20.75	55.93	0.414	0.200
交換性カリ （mg 100 g⁻¹）	184	19.14	29.04	0.055	0.027
交換性石灰 （mg 100 g⁻¹）	184	303.71	28.71	0.033	0.016
交換性苦土 （mg 100 g⁻¹）	184	58.43	31.80	0.291	0.141
カリ飽和度 （%）	184	2.31	31.58	0.013	0.006
石灰飽和度 （%）	184	58.82	12.23	0.015	0.007
苦土飽和度 （%）	184	16.04	26.14	0.317	0.153
石灰/苦土	184	3.85	22.30	-0.347	-0.168
苦土/カリ	184	7.52	37.78	0.209	0.101

[a] : 籾収量の 2 年間平均値との相関係数 （R）
出所：筆者調査.

2 年間にわたる計測結果によると，2015 年のデータでは統計的有意性のある 2次曲線が推計され，窒素量は概ね 105kg/ha を頂点として，それを超過すると収量が減少する（図 5-4-2-(1)）．また，2014 年の施肥窒素量は 31-105kg/ha であり，2015 年の米収量に及ぼす有意かつ正の影響が確認された．2014 年のデータからは，施肥窒素量を 1kg/ha 増加することで，2015 年の米収量は 12.8kg/ha 増収できることが示唆されたが，その程度は小さいものである（図 5-4-2-(2)）．

標準化地力指数（Standardized soil quality index，SSQI），地力指数（Soil quality index，SQI）と標準化土質（Standardized soil property，SSP）は下記の数式で示される．

$$SSQI_i = \frac{SQI_i - \min(SQI)}{\max(SQI) - \min(SQI)} \ , \ SQI_i = \sum_{j=1}^{12} SSP_{ij} = \times w_j ,$$

$$SSP_{ij} = \frac{SP_{ij} - \min(SP_j)}{\max(SP_j) - \min(SP_j)} \ , \ w_j = R_j / \sum_{j=1}^{12} |R_j| \quad i = 1, 2, ..., n \tag{1}$$

w_j は土壌特性 SP_j の重み，$|R_j|$ は SP_j と米収量との相関係数の絶対値，n は圃場数である．図 5-4-3 に示すように，標準化地力指数は米収量に正かつ有意な影響を及ぼすことが明らかになった（Li ら 2017b）．

172　第 2 部　稲作スマート農業における情報通信・自動化技術の可能性と課題

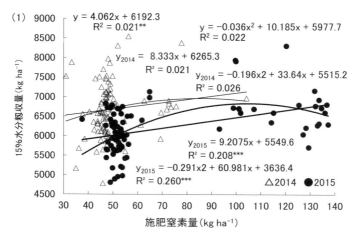

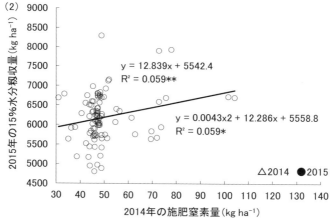

図 5-4-2　2014-2015 年の施肥窒素量と籾収量
***，**と*はそれぞれ 1%，5%と 10%の水準で有意．

　図 5-4-4-(1)のように，圃場別の地力指数を示せば，2 年間地力の相関性（相関係数は 0.75）や変動すう勢を捉えやすい．また，図 5-4-2-(2)は pH を例として，年次・圃場別に各化学特性標準化数値の分布をプロットした図である．標準化土質（SSP）は各化学性質を主眼とし，それぞれ全圃場における相対的位置そして土壌改善の方策を提示している（Li ら 2017b）．

　図 5-4-5 はその一部の例として，地力指数（SQI）別の標準化土質（SSP）を示している．1，0 と 0.5 はそれぞれサンプルを行った圃場の最大値，最小値と平均

第 5 章　ビッグデータ解析による水稲収量品質の決定要因解明と向上対策　173

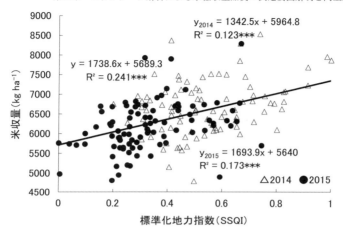

図 5-4-3　2014-2015 における地力指数（SQI）と米収量
***は 1% の水準で有意.

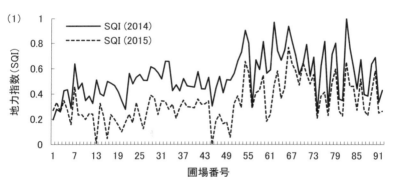

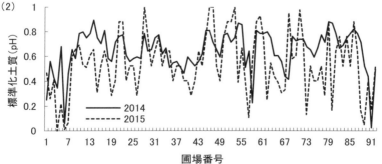

図 5-4-4　2014-2015 に地力指数（SQI）と標準化土質（pH の例）

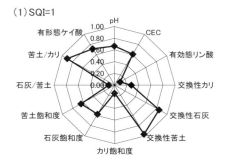
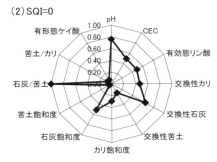
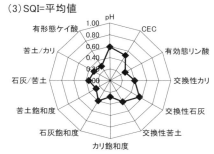

図 5-4-5　地力指数（SQI）別の標準化土質（SSP）

値である．SQI が 1 の圃場には，交換性苦土および苦土/カリの値が最も高い（図 5-4-5-(1)）．これに対して，SQI が 0 の圃場では苦土/カリの値が最も高い，交換性苦土の値が最も低い（図 5-4-5-(2)）ことより，苦土を増加させることがこの圃場の地力向上方策の一つであるといえる（Li ら 2017b）．

また，表 5-4-1 にまとめたように，筆者は B 農場（Li ら 2018a）と F 農場（Li ら 2018b）を対象にして上記と類似するモデルを用い，施肥窒素量や土壌化学性質が米収量におよぼす影響を計測している．詳細は Li ら（2018a,b）を参照いただきたい．

4）パス解析による水稲収量・品質の決定要因と相互関係

Y 農場における 2014-2015 年コシヒカリを栽培した 117 筆圃場を対象にし，パス解析を用いて収量と品質の決定要因および変数同士の相互関係を解明した．収量は 15%水分量で換算した籾の重量，品質は整粒重比で表される．決定要因は施肥窒素量，出穂後 20 日間の平均気温・日射量，株あたりの穂数と稈長，塩基飽和度，無機態窒素，圃場面積と圃場条件評価（圃場の田面高低差，減水・漏水・入水，

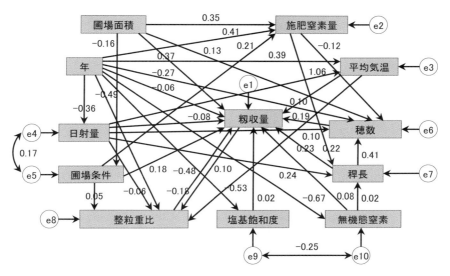

図 5-4-6　籾収量・品質および決定要因のパス解析
RMSEA=0.095，CFI=0.938，N=117，df=32.
「年」はダミー変数（1=2015；0=2014），ei は誤差項
ソフトウェア：Amos 23.0.

地力ムラ，日当たりなどの指標で経営者評価の平均値）を含む．

　図 5-4-6 において変数をつなぐ矢線はパスであり，その上に要因間の直接効果を示す標準化パス係数の値を載せている．標準化パス係数はある変数の標準偏差の 1 単位の増加分に対する他方の変数の標準偏差の増加分である．一方で，e_i（i=1〜10）は誤差であり，双方向パスに乗せる値は誤差間の相関係数となる（豊田 2003）．相関係数の範囲は-1〜1 であるが，標準化パス係数は必ずしも値が-1〜1 の間におさまるわけではない（豊田 2003）．モデル適合度を評価指標として，RMSEA（Root mean square error of approximation）が 0．1 以下，CFI（Comparative fit index）が 0.90 以上であるため，図 5-4-6 のモデルの適合性は高い（小塩 2014）．

　表 5-4-5 は各パスの直接効果の和から推計した総合効果を示している．図 5-4-6 と表 5-4-5 の分析結果より，「年」は代理変数として，その他の要因とともに，収量や品質に負の総合効果として寄与していた．この結果は，他のすべての変数の中で，1ha あたりの施肥窒素量のみが 2 年間で 52kg から 76kg に増加したという事実と一致していた．一方，圃場面積と圃場条件（圃場特性評価）は，収量と品質の両方に正かつ有意に影響を及ぼすと測定された．稈長は穂数に有意に影響し

第2部　稲作スマート農業における情報通信・自動化技術の可能性と課題

表 5-4-5　収量と品質およびその決定変数間の総合効果

変数	変数単位	年	圃場面積	圃場条件	窒素施肥量	無機態窒素	塩基飽和度	日射量	気温	稈長	穂数	整粒重比	籾収量
圃場条件	—	—	-0.16	—	—	—	—	—	—	—	—	—	—
窒素施肥量	kg/ha	0.41	0.31	0.21	—	—	—	—	—	—	—	—	—
無機態窒素	mg/100 mg	-0.67	—	—	—	—	—	—	—	—	—	—	—
塩基飽和度	%	-0.43	—	—	—	—	—	—	—	—	—	—	—
日射量	MJ/m²	-0.66	—	—	—	—	—	—	—	—	—	—	—
気温	℃	-0.30	—	—	—	—	—	1.06	—	—	—	—	—
稈長	cm	-0.08	0.07	0.05	0.22	0.02	—	0.24	—	—	—	—	—
穂数	—	-0.42	0.12	-0.01	-0.03	0.01	—	0.20	—	0.41	—	—	—
整粒重比	%	-0.30	0.03	0.07	—	0.01	—	-0.60	-0.51	0.03	0.02	—	0.10
籾収量	kg/ha	-0.15	0.38	0.18	0.05	—	0.02	0.22	0.19	0.30	0.19	-0.18	—

注：数字（単位無し）は決定変数の標準偏差の 1 単位の増加に対する標準偏差の増加分を示す標準化パス係数（太数字の絶対値≧0.2）.
ソフトウェア：Amos 23.0.

ながら，両者とも米収量と品質の重要な決定要因であることが明らかになった．日射量と気温の影響は米収量に正，品質に負の影響を示していた．施肥窒素量は主に稈長を介して米収量に影響を与える．無機窒素はアンモニアと硝酸態窒素の合計であり，稈長と穂数を介して品質と収量に正の影響を及ぼす．塩基（カリ，石灰および苦土の合計）飽和度は収量に正の効果を及ぼすことが明らかとなった．また，収量の増加は整粒重比（米品質）の向上につながるが，整粒重比（品質）の向上は収量の低下をもたらす傾向がみられる点は，一見，矛盾した結果と思われるため，さらに検討を要する（Li ら 2017e）.

5）二段階 DEA 分析による水稲の生産効率と水管理

　DEA（Data envelopment analysis，データ包絡分析法）は実用性の高い効率性分析手法である（刀根 1993；末吉 2001）．以下では 2 段階 DEA モデルを用い，米の生産効率を測定する上で，水温・水位が生産効率に及ぼす影響を解明する．データは B 農場と Y 農場の 2015 年コシヒカリを栽培した 232 圃場である（Li ら 2017c,d；Li ら 2018c）.

　第 1 段階の出力は，生籾や 15％水分量の籾，粗玄米，精玄米，精米と整粒米の収量からなる．入力は圃場面積，気温と日射量，施肥窒素量，地力と圃場状況を含める．分析の結果は主に効率性，規模経済性と出入力のスラックを含める．効率は総体効率，技術効率と規模効率に大別できる．規模経済性は全入力の同じ比率的な増加（規模拡大）に対する出力の弾力性を表す. B 農場と Y 農場において，それぞれ 103 筆と 78 筆の圃場では収穫逓増による規模の経済性がみられる．よって，全 232 圃場のうち，181（78％）圃場では圃場面積や施肥窒素量など全入力の

第 5 章　ビッグデータ解析による水稲収量品質の決定要因解明と向上対策　177

表 5-4-6　DEA による計測した効率性と規模経済性

タイプ [a]	圃場数	効率性の平均値			規模経済性別の圃場数 [b]		
		総体効率	技術効率	規模効率	crs	irs	drs
B 農場							
I	19	1.000	1.000	1.000	19	0	0
II	27	0.921	1.000	0.921	0	27	0
III	76	0.884	0.987	0.895	0	76	0
合計	122	0.910	0.992	0.917	19	103	0
Y 農場							
I	29	1.000	1.000	1.000	29	0	0
II	19	0.944	1.000	0.944	0	18	1
III	62	0.887	0.973	0.911	0	60	2
合計	110	0.927	0.985	0.940	29	78	3

注 a）タイプ I はすべての効率値が 1，タイプ II は技術効率以外の効率値が 1 以下，タイプ III はすべての効率値が 1 を下回る
注 b）crs = constant returns to scale（規模収穫一定）; irs = increasing returns to scale（規模収穫逓増）; drs = decreasing returns to scale（規模収穫逓減）
ソフトウェア：DEAP 2.1.

表 5-4-7　DEA 分析の出入力とスラック分析

出入力変数	B 農場				Y 農場			
	現状値	目標値	スラック	% [a]	現状値	目標値	スラック	% [a]
生籾収量(kg/10a)	805.90	830.43	24.53	3.04	668.97	678.96	9.99	1.49
15%水分籾収量(kg/10a)	735.87	756.07	20.20	2.75	614.38	623.90	9.52	1.55
粗玄米収量(kg/10a)	593.42	609.08	15.66	2.64	487.70	494.32	6.62	1.36
精玄米収量(kg/10a)	543.82	553.37	9.55	1.76	429.29	436.59	7.30	1.70
精米収量(kg/10a)	479.71	490.21	10.50	2.19	376.06	385.14	9.08	2.41
整粒米収量(kg/10a)	411.19	420.24	9.05	2.20	266.96	296.94	29.98	11.23
圃場面積(m²)	1354.70	1274.25	80.45	5.94	2513.99	2353.97	160.02	6.37
出穂後 20 日間平均気温(℃)	26.19	25.98	0.21	0.80	26.75	26.34	0.41	1.53
出穂後 20 日間平均日射量(MJ/m²)	20.37	19.58	0.79	3.88	19.16	18.52	0.64	3.34
窒素施肥量(kg/10a)	11.25	11.08	0.17	1.51	7.45	6.20	1.25	16.78
地力(5 主成分)	0.48	0.41	0.07	14.58	32.65	31.82	0.83	2.54
圃場状況の評価総点数	33.97	33.41	0.56	1.65	0.56	0.50	0.06	10.71

注 a）現状値を 100%とするスラックの割合.

規模拡大によって，生産効率を引き上げる可能性が示唆された（表 5-4-6）.
　　DEA において，スラック（Slack）は現状の生産活動における出入力の改善余地，すなわち産出不足と投入過剰を表す．表 5-4-7 の分析結果をみると，B 農場にて各収量のスラックの割合は 1.76%～3.04%である．Y 農場では，米の品質に強くつながる整粒米収量のスラックが 11.23%であり，他の収量の 1.36%～2.41%と

比べてはるかに大きい．表 5-4-6 の規模経済性を含め，圃場の規模拡大などで生産効率が向上することが示唆された．一方，B 農場の地力，Y 農場の施肥窒素量のスラックは最大であり（表 5-4-7），それぞれの割合で減少しても現状の収量が維持できることを示す結果であった（Li ら 2017c,d；Li ら 2018c）．

第 2 段階では，効率性の上下十位の圃場を比較する．表 5-4-3 の通りに，2 農場では，上位の 10 圃場は技術効率性が満点の 1 と同時に，他圃場の模範（ピア）になる回数が最も多い．下位 10 圃場は技術効率性が最も小さい．それぞれの上下十位の圃場における効率平均値の差を見てみると，B 農場の方(0.026)が Y 農場(0.054) より小さく，圃場間の技術効率は最も強いバランスを持っていることが示唆される．生育ステージは S_1（移植から最分までの 40 日間），S_2（最分から出穂），S_3（出穂から 25 日間）と S_4（出穂後 26 日目から成熟）に区分している．水田センサは 10 分間隔で計測を行ったが，ここでは水温が水管理の違いに最も影響する 18:30 のデータのみを取り上げて分析している（Li ら 2017c,d；Li ら 2018c）．B 農場では，S_1 の水位と S_2 以外の水温は有意差がある．一方，Y 農場では，S_2 と S_3 の水温だけ有意差がある（表 5-4-3）．よって，2 農場とも米の収量は水位より水温に強く影響され，特に S_3 の水温は低いほど生産効率が高いことが示唆された．

5. おわりに
—収量・品質の向上対策—

先進的大規模稲作農業生産法人 4 社（南石ら 2016）の 1000 圃場を対象にしたビッグデータ解析から得られた Y 社（茨城県，100ha 超）の収量・品質の向上対策を以下に例示する．①適切な品種選択により収量や品質の向上が期待できる．2014 年産米では，多収品種「あきだわら」の導入により，Y_2 収量整粒重比がそれぞれ他 4 品種の平均値よりも 7%，5% 向上できる．②早期の移植・播種により栄養蓄積期間が延長し収量を向上できる．2014 年産米の計測結果より，移植日を 1 日繰り上げると Y_2 収量が平均的に 0.56% 増加する（Li ら 2016a）．③施肥窒素量増加により収量向上が期待できるが，限界値を上回ると収量が減少する．2015 年産コシヒカリには，その限界値が 105kg/ha であり，施肥窒素量の 1kg/ha 増により Y_2 収量は 12.8kg/ha 向上する（Li ら 2017b）．④土壌化学性から作成した地力指数（SQI）は収量に正かつ有意な影響を与える．2014-2015 年産コシヒカリでは，SQI が 0.1 増加すると Y_2 収量が 173.86kg/ha 増加したことが示唆され，土壌化学特性

の改善による増収が期待できる（Li ら 2017b）．⑤生育ステージ S_2 と S_3 の水温は生産効率に有意な影響を与える．2015 年産コシヒカリでは，DEA 効率最高 10 圃場の水温は，最低 10 圃場の水温よりも S_2 で 1.08℃高く，S_3 で 1.27℃低かった．このことは，生育ステージ別に水管理（水位）を改善することで水温を制御し，収量向上の可能性があることを示唆している（Li ら 2018c）．

　また，B 社（石川県，30ha 超）ではビッグデータ解析から得られた収量・品質の向上対策は下記のようにまとめられる（詳細は Li ら（2018a）を参照のこと）．①土壌化学性質の改善が米収量の向上に強く寄与している．2014-2015 年にコシヒカリを栽培した 93 圃場の分析の結果によると，pH や CEC（陽イオン交換容量），有効態リン酸・ケイ酸，塩基類元素の飽和度といった 12 土壌化学性質に基づき，PC_1（苦土），PC_2（カリと CEC），PC_3（酸性）という 3 主成分を説明変数に取り入れた重回帰分析は収量変動の 66.6％を解釈した（Li ら 2018a）．特に，苦土（マグネシウム）とカリ（カリウム）はそれぞれ葉緑素の構成成分・光合成，光合成・炭水化物の蓄積・開花結実に関与し，量が多いほど PC_1 そして収量が高いが，2 元素が互いに効果を抑制する拮抗作用に留意して過剰を避ける必要がある（Li ら 2018a）．②DEA 分析の結果を見てみると，入力要素として，土壌化学性質で計測された地力のスラック（バラつき）が大きい．よって，圃場ごとに土壌分析を行う上で，圃場間における土壌化学性質そして地力のバランスを考慮することも大切である．③水管理の適切化が米の生産効率を向上できる．具体的には，生育ステージ S_1 の水位と水温ならびに S_3 と S_4 の水温を低下することは生産効率に有意な正の影響を与える．2015 年にコシヒカリを栽培した 122 圃場の定量分析の結果，気温のほか水位は水温に強く決定するが，有意な二次曲線の関係が認められ，36mm の水位で水温がピークに達することが計測された．

（李　東坡・南石晃明・佐々木崇・長命洋佑）

付記

　本研究は，内閣府戦略的イノベーション創造プログラム（SIP）「次世代農林水産業創造技術」（管理法人：農研機構生物系特定産業技術研究支援センター）による成果に基づいている．

引用文献・参考文献

小塩真司（2014）「初めての共分散分析—Amos によるパス解析（第 2 版）」，東京図書，東京，116pp.

後藤祐佐，新田洋司，中村　聡（2000）「作物 I〔稲作〕」，社団法人全国農業改良普及支援協会，東京，195pp.

Li, D., T. Nanseki, Y. Matsue, Y. Chomei and S. Yokota (2015) Impact assessment of the varieties and cultivation methods on paddy yield: evidence from a large-scale farm in the Kanto Region of Japan, Journal of Faculty of Agriculture, Kyushu University, Japan, 60 (2): 529-534.

Li, D., T. Nanseki, Y. Matsue, Y. Chomei and S. Yokota (2016a) Determinants of paddy yield of individual fields measured by IT combine: empirical analysis from the perspective of large-scale farm management in Japan, Agricultural Information Research, 25 (1): 39-46.

Li, D., T. Nanseki, Y. Matsue, Y. Chomei and S. Yokota (2016b) Paddy yield determinants and the interacting effects: two-year comparative study on a large-scale farm in the Kanto Region of Japan. Annual Symposium of the Japanese Agricultural Systems Society (JASS), May 28, Kyushu University, Fukuoka City, Japan.

Li, D., T. Nanseki, Y. Chomei and S. Yokota (2017b). Fertilizer nitrogen, soil chemical properties and their determinacy on rice yield: evidence from 92 paddy fields of a large-scale farm in the Kanto Region of Japan. IOP Conference Series: Earth and Environmental Science, June. 25: http://iopscience.iop.org/issue/1755-1315/77/1.

Li, D., T. Nanseki, Y. Chomei and S. Yokota (2017c) DEA analysis of efficiency measurement of rice production by IT combines data of 110 paddy fields. Annual Symposium of the Japanese Society of Agricultural Informatics (JSAI), May 19, University of Tokyo, Tokyo City, Japan.

Li, D., T. Nanseki, Y. Chomei, T. Sasaki and T. Butta (2017d) Technical Efficiency and the Effects of Water Management on Rice Production in Japan: Two-Stage DEA on 122 Paddy Fields of a Large-Scale Farm. Annual Symposium of the Farm Management Society of Japan, Sep. 16, Kyushu University, Fukuoka City, Japan.

Li, D., T. Nanseki, Y. Matsue, Y. Chomei and S. Yokota (2017e) Interacting determinants of the paddy yield and grain quality: two-year study of Koshihikari in a large-scale farm of Japan. Japanese Society for Rice Quality and Palatability, Nov. 11, Fukui International Activities Plaza, Fukui City, Fukui, Japan.

Li, D., T. Nanseki T., Y. Chomei, T. Sasaki, T. Butta and A. Numata (2018a) Determinacy of fertilizer nitrogen and soil chemical properties on rice yield: evidence from a large-scale farm in Hokuriku Region. Annual Symposium of the Japanese Society of Agricultural Informatics (JSAI), May 17, University of Tokyo, Tokyo City, Japan.

Li, D., T. Nanseki, Y. Chomei and Y. Fukuhara (2018b) Impact of soil chemical properties on rice yield in 116 paddy fields sampled from a large-scale farm in Kinki Region, Japan. The 4th International Conference on Agricultural and Biological Sciences (ABS 2018), Jun. 27, Hangzhou, Zhejiang, China.

Li, D., T. Nanseki, Y. Chomei and S. Yokota (2018c) Production efficiency and effect of water management on rice yield in Japan: two-stage DEA analysis on 110 paddy fields of a large-scale farm. Paddy and Water Environment, 16 (4): 643-654.

松尾孝嶺（1990）「稲学大成第 1 巻—形態編」，農山漁村文化協会，東京，312pp.

Nanseki, T., Y. Chomei and D. Li (2017a) Application of smart farming technologies on rice production in Japan: evidences from the large-scale on-farm research. The 8th International Symposium on East-Asian Agricultural Economics, Oct. 19, 2017, Kitakyushu International Conference Center, Kitakyushu City, Fukuoka, Japan.

南石晃明，長命洋佑，松江勇次〔編著〕（2016）「TPP 時代の稲作経営革新とスマート農業—

第 5 章　ビッグデータ解析による水稲収量品質の決定要因解明と向上対策　　181

営農技術パッケージと ICT 活用―」，養賢堂，東京，285pp.
農林水産省（2018）玄米の検査規格，<http://www.maff.go.jp/j/seisan/syoryu/kensa/kome/k_
　　kikaku/>，2018 年 11 月 8 日参照.
末吉俊幸（2001）「DEA―経営効率分析法」，朝倉書店，東京，pp.1-17.
刀根　薫（1993）「経営効率性の測定と改善―包絡分析法 DEA による」，日科技連，東京，
　　33pp.
豊田秀樹（2003）「共分散構造分析(疑問編)―構造方程式モデリング」，朝倉書店，東京，142pp.

第 6 章　情報通信・自動化技術による稲作経営・生産管理技術の改善・革新

1. はじめに

　近年の IoT, AI やロボットに代表される情報通信技術 ICT やそれを応用した自動化技術の発達は目覚しく, 稲作経営・生産管理技術の改善・革新への波及効果・貢献が期待されている. 農匠ナビ 1000 や SIP 等のプロジェクトにおいて, 先進稲作経営者と共に, 筆者らは「農家目線」に立ち営農現場で必要とされる情報通信・自動化技術を活用した稲作経営・生産管理技術の研究開発を行い, 現地実証を進めている. 本章では, これらの最新の研究成果について紹介する.

　今までの研究により, 第 1 に IT コンバインの活用により水稲の圃場別収量の計測が可能になり, 筆者らの当初想定よりも, 圃場間収量格差が大きいことが明らかになった. 低収量圃場の収量向上は, 中高収量圃場の収量向上よりも, 優先的な取組みが求められ, その効果が高いと考えられる. 第 2 に, 先進大規模稲作経営においては, 米生産コストのさらなる低減には, 収量・品質のさらなる向上が効果的であることが明らかになっている. このため, 米生産コストの低減からみても, 低収量圃場の収量向上が大きな課題になる. 第 3 に, 圃場別収量決定要因の解析結果から, 土壌, 施肥, 圃場区画に加えて, 水田の水温・水位が圃場別収量・品質に大きな影響を及ぼしており, 水管理の改善による収量・品質の向上が期待できることが明らかになっている. 先進大規模稲作経営においては, 育苗, 施肥, 防除等の栽培管理は, 既に十分良好な管理水準に達しており, これらの改善余地は限定的である場合が多い. これに対して, 実際の営農現場での水管理作業履歴は, 今までほとんどデータ蓄積が見られず, また水管理が水稲の収量・品質に及ぼす影響は, 気温・日照・降雨等の天候の影響を大きく受けるため, 水管理技術のノウハウや技能の伝承が困難な面があった. このことは, ICT や自動化技術の応用により, 水管理の改善・革新の余地が大きいことを意味している. なお, 先進大規模稲作経営においては, 農地集積により隣接する圃場の畦畔除去が可能になり圃場の大区画化が進んでいる. このため, 畦畔除去後の水稲作付面積は畦畔分だけ増加することになり, 結果的に農場全体の収量増加に貢献すると考

えられる．ただし，圃場別収量の正確な把握には，畦畔分も含めた作付面積を把握し，圃場別の単位面積あたりの収量を算出する必要がある．

このような研究成果と問題意識に基づいて，まず2節では，農匠プラットフォームによる低収量圃場特定と水管理改善について述べる．農匠プラットフォームの活用により，IT コンバインと水田センサのデータを統合して，低収量圃場の特定から，水管理履歴の把握，さらには水管理改善案の作成まで，営農現場で行うことが可能になる．また，圃場の遠隔監視や水管理の遠隔制御を行うことも可能である．3節では，わが国の水田の7割を占める開水路（オープン水路）用に新たに開発した自動給水機を例にして，営農現場で実際に受容可能な価格帯を示す．また，改良機の全国実証結果を紹介し，自動給水機による水管理改善の効果を述べる．

次に，圃場間に加えて，圃場内に着目する．低収量圃場の収量向上に取り組む際には，圃場内の収量分布（バラツキ）にも注意を払い，圃場内の低収量エリアの収量向上に取り組む必要がある．そこで，4節では，圃場内の水稲収量分布と水位・水温変動の関連性を，IT コンバインと水田センサを活用して可視化した事例を紹介する．圃場間と同様に，圃場内の収量分布も，土壌や水位・水温の影響が大きいと考えられる．そこで，5節では，営農現場で圃場内土壌マップを作成できる土壌センシングの活用方法を紹介する．さらに，6節では，UAV（ドローン）を利用して，水稲葉色等の圃場内マップを作成できる水稲生育情報収集方法を紹介する．また，作付面積を正確に把握するために，UAV を利用した面積計測方法についても紹介する．

ところで，圃場間および圃場内の収量・品質の向上は，水稲の生産管理技術に関わるテーマであるが，稲作経営においても作付計画の最適化等の経営管理技術の重要性も高まっている．そこで，7節では，農業技術体系データベース FAPS-DB による経営シミュレーション，8節では FAPS による気象変動を考慮した最適作付計画について紹介する．FAPS-DB はインターネットで公開されている WEB アプリケーションであり，稲作を含む膨大な作目・品種・作型の技術体系データベースを内蔵しており，地域農業関連団体や新規就農者等も容易に利用できる特徴がある．一方，FAPS は収量変動，価格変動，気象変動等の多様な営農リスクを考慮した最適営農計画が作成可能なシステムであり，先進大規模稲作経営における経営判断支援に有効であるなど，活用が期待されている．

（南石晃明）

184 第2部 稲作スマート農業における情報通信・自動化技術の可能性と課題

2. 農匠プラットフォームによる低収量圃場特定と水管理改善

1）はじめに

　農匠ナビ1000プロジェクトにおける約1000圃場の収量，水位・水温，土壌成分，圃場特性，生育等からなる稲作ビッグデータの解析から，水稲の圃場間収量格差が筆者らの当初想定よりも大きいことが明らかになっている（南石ら 2016）．このことは，低収量圃場の栽培管理改善が農場全体の収量向上に有効であることを意味している．また，圃場別収量の決定要因の1つが水田の水位・水温であることも明らかにされており，水管理の改善が圃場別収量の向上に寄与する可能性が高いことも明らかになっている（Li et al. 2016）．さらに，飽水管理により水稲収量が5%程度向上することも明らかになっている（松江 2016）．こうした科学的知見に基づいて，稲作経営者の視点から実際の収量向上に必要となる生産管理改善には，多様なデータを統合し，可視化・解析，作業機制御までを対象とするシステムが求められる．しかし，こうしたシステムの報告はみられない．そこで，南石ら（2017）では，こうした生産管理支援を可能にする農匠プラットフォーム（以下，NP）を構想し，試作実証を行っている．

　本節では，南石ら（2018）に基づき圃場カメラと水田センサのデータ統合・可視化，これらの可視化情報に基づくオープン水路用自動給水機制御に焦点をあて，NP の活用手順とシステムの最新機能を提示する．また，実際の稲作経営の実証データに基づいて試作システムの有効性および課題を明らかにする．

2）低収量圃場特定と水管理改善に活用するデータ

　本節において低収量データの特定と水管理の改善に活用するデータは，「農匠ナビ1000」プロジェクトにおいて計測したIT コンバイン（ヤンマー）および FVS 水田センサ（プロジェクト特注品）で収集したものである（南石ら 2016）．IT コンバインで計測された籾収量，籾水分含量，作業軌跡（GPS），作業時刻等のデータは，SMARTASSIST（以下，SA）データサーバに送信され，蓄積・可視化されている．さらに，これらのデータの一部は，生産履歴システム・フェースファーム（ソリマチ）に送信され，圃場別収穫作業履歴情報として活用されている．また，FVS 水田センサで計測した水田圃場水位・水温データは，FVS クラウドシステムに送信され，蓄積・可視化されている．

3) 農匠プラットフォームの機能と構造

農匠プラットフォームのシステム設計では，上記の各システムの login ID を有する利用者が，自身のデータを各システム間で相互に転送可能な情報基盤として農匠プラットフォームを活用する場面を想定している．また各システムへの認証機能を実装することで，データ流失のリスクを最小化している．システム実装には，主に PHP（Hypertext Preprocessor）を用い，データ交換時の暗号化方式は共通鍵暗号（アルゴリズム：AES（Advanced Encryption Standard），暗号モード：CBC（Cipher Block Chaining），鍵長：128 ビット）を採用している．

農匠プラットフォームの基本機能は以下の 3 点に大別できる．

①台帳・マスタデータ共有機能

圃場台帳，作業者台帳，機械台帳，作業項目台帳等の各種台帳・マスタデータについて，経営者は，農匠プラットフォームに一度データ入力するだけで，許可した他のシステムへ必要な台帳データを送信できる．

②計測データ連携機能

IT 農機（作業履歴，収量等），農作業履歴システム，水田センサ等の多様なデータを，経営者の視点から圃場をキーとした仮想統合を可能にする．

③統合したビッグデータの可視化・解析支援機能

統合データの基本的な可視化機能と共に，データ解析を行う統計・ビッグデータ解析システムとのデータ共有（エクスポート＆インポート）を可能にする．データのエクスポートの際には，対象データ項目の取捨選択，データの秘匿性担保（データ項目名の削除・変換）を可能にする．

システム構造からみれば，農匠プラットフォーム（NP）の機能は，以下の 2 つに大別できる（図 6-2-1）．(a) 各クラウドシステム間でデータを交換する機能（データ交換ハブ機能，NP-HUB）．(b) 統合化したデータの可視化・解析を支援する機能（可視化・解析支援機能，NP-FVS）．NP-HUB には台帳・マスタデータ共有機能の実現に最小限必要なデータのみ格納する仕組みになっており，原則として利用者の計測データは管理しない仕組みとしている．一方，NP-FVS および各連携システムは，必要に応じて，利用者の計測データを保存することができる．

NP-HUB に関しては，SMARTASSIST や FVS クラウドシステムとオンラインでの連携試験を実施済みであり，設計通りの作動が確認されている．その他のシス

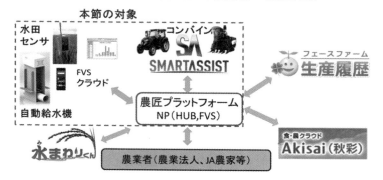

図 6-2-1　農匠プラットフォームのイメージ

テムについては，現時点では，オンラインでの連携試験を実施中かあるいはオフラインによる連携試験を実施済みである．なお，同じ圃場であっても各システムによって入力された圃場名が異なっている場合があった．そこで，各システムでの圃場名を圃場中心位置の類似度によって対応付けるなどの圃場対応付けの工夫がなされている．

なお，最新の農匠プラットフォーム NP-FVS では，農匠ナビ 1000 プロジェクトで新たに圃場遠隔監視機能やオープン水路用自動給水機「農匠自動水門」遠隔制御機能を実装済みである．

4）プラットフォームの活用手順とデータフロー

仮想カタログ法を用いた IT 活用に対する利用者意向調査結果（田中ら 2017，2018）から，農業者は「低収量圃場の特定」と「水管理改善による収量・品質向上」を可能にするサービス（システム）に特に強い関心と試用意向を示していることが明らかになっている．また，圃場栽培試験の結果は，飽水管理による収量・品質向上効果が確認されている（南石ら 2016）．特に近年は，気候変動に起因すると考えられている水稲高温障害が問題になっており，高温登熟条件下で効果を発揮する飽水管理に対する営農現場の期待も大きい．こうしたことから，水管理改善による収量・品質向上は，農匠プラットフォームの重要な活用場面と考えられる．

以下では，まず，データ可視化・解析支援機能の概要を示す．実際の稲作経営の収量向上を行うためには，①低収量圃場の特定，②低収量圃場における水管理

状況等の確認，③水管理改善による収量向上が期待できる圃場の選定と自動給水機設置，④対象圃場の日々の水管理状況の計測と水管理制御といった手順が必要になる．NP-HUB により，ITコンバインで計測した収量データと，水田センサで計測した水位・水温データを，圃場をキーとして対応付け，データ統合することが容易になる．これにより，例えば，圃場別収量の度数分布図を表示し，高収量・低収量の圃場を選択し，それらの圃場の水位・水温のデータをグラフや帳票形式で表示することができる．こうしたデータ可視化は，収量圃場間格差の要因解明の起点となるものである．

NP の機能面からやや詳しくみれば，第 1 に，低収量圃場の特定には，IT コンバインデータを管理する SA システムの圃場別収量データを用いる．NP の「データ連携機能」を用いて，SA から圃場別収量データ（kg/10a）を取得し，「データ可視化・解析支援機能」を用いて同一品種等で絞込みを行った後，収量度数分布図を作成することで，低収量圃場を特定する（図 6-2-2）．第 2 に，低収量における水管理状況の確認には，NP の「データ連携機能」を用いて，FVS クラウドから圃場カメラ画像データ（60 分間隔で撮影）や水田センサデータ（10 分間隔で水

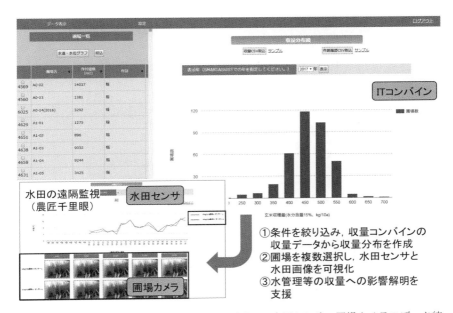

図 6-2-2　農匠プラットフォームの IT コンバイン・水田センサ・圃場カメラのデータ統合可視化画面

188　第2部　稲作スマート農業における情報通信・自動化技術の可能性と課題

位・水温計測）を取得し用いる．圃場カメラ画像は，水稲生育や水田土壌・水管理の状態を視覚的に把握するのに有用なデータとなり得る．さらに，「データ可視化・解析支援機能」を用いて，上述の収量度数分布図から，低収量や高収量の圃場を複数選定し，圃場カメラ画像や水田センサデータを対応付けて可視化（写真付きグラフ表示）を行う．こうしたデータ統合・可視化情報を活用することで，低収量圃場と高収量圃場の水管理の違いや，低収量圃場に共通する水管理の状況確認を容易に行うことができる．第3に，これらの結果を参考に，水管理改善による収量向上が期待できる圃場案の選定を行い，他の条件も考慮して自動給水機の設置圃場を決定する．第4に，「データ可視化・解析支援機能」を活用して，水稲生育・土壌・水管理状況のデータ（カメラ画像や水田センサデータ）を迅速に統合可視化する．これらの情報を参考に，「自動給水機制御機能」により自動給水機による給水・止水等の水管理を行う．必要に応じて，手動水管理，自動水管理，遠隔制御水管理を組合せる．

　次に，自動給水機の遠隔制御機能について述べる．図6-2-3はNPの自動給水機制御のデータフローを，図6-2-4はパソコンおよびスマートフォンの画面例を示している．①圃場に設置した制御用端末で画像を毎時自動送信し水管理状況を遠隔監視する．②利用者のスマートフォン等へその画像をメール送信する．③NP

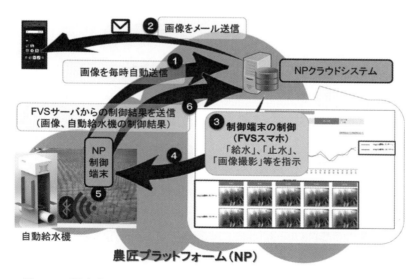

図6-2-3　農匠プラットフォームの自動給水機制御のデータフロー

第6章　情報通信・自動化技術による稲作経営・生産管理技術の改善・革新　　189

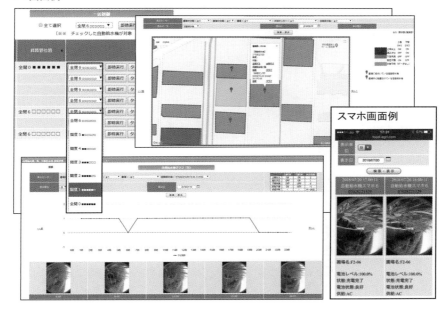

図 6-2-4　農匠プラットフォームの自動給水機制御・遠隔監視画面

のクラウドシステム WEB 画面で制御端末の制御を行う．具体的には④自動給水機の「給水」や「止水」，水管理状態の「画像撮影」等を指示する．⑤この指示により，制御端末は画像撮影および自動給水機制御を行い，⑥その結果を NP へ送信する．制御端末と自動給水機とのデータ通信は，Bluetooth 接続を用いる．なお，遠隔監視は「農匠千里眼」，遠隔制御は「農匠千里手」の愛称がある．

5）おわりに

　農業 ICT の研究開発が進み，IT コンバイン，水田センサ，圃場カメラ，自動給水機等で計測した様々な農場内データを稲作経営者が利用可能な段階になっている．これらの計測データは，それぞれの製品・サービスを提供する企業・機関が運営するクラウドシステム等に保存されることが多く，これらのデータの統合・可視化・解析や農作業自動化等が主要な研究課題になっている．農匠プラットフォームは，先進稲作経営者の視点から，これらの多様なデータの統合・可視化・解析支援から自動給水機制御まで水稲生産管理支援全般を行うシステムである．

190　第 2 部　稲作スマート農業における情報通信・自動化技術の可能性と課題

　本節では，圃場カメラと水田センサのデータ統合・可視化，これらの可視化情報に基づくオープン水路用自動給水機制御に焦点をあて，農匠プラットフォームによる水稲収量向上等の生産管理支援について述べた．具体的には，農匠プラットフォームによる水稲収量向上手順を提示すると共に，圃場カメラと水田センサのデータ統合・可視化，さらには，自動給水機制御の概要について述べた．なお，本節で述べた自動給水機制御機能の現地実証を 2018 年 5 月から実施しているが，想定通りの作動が確認されている．

（南石晃明・横田修一・福原昭一・長命洋佑）

3．自動給水機の受容価格帯と水管理改善効果
　　—全国実証結果—

1）はじめに
　高品質・高収量の水稲生産を行うためには，穂揃い期以降の水管理が重要であり，これまで農業者の経験と勘に頼っていた水管理を高度化することは，喫緊の経営課題のひとつである．松江（2016）は飽水管理により収量が 5%程度増加する可能性を示しているが，こうした水管理改善を省力的に行うには水管理自動化が課題といえる．また，特に大規模稲作経営は，数百圃場の水管理を行うため省力化が重要な課題のひとつである．これらの課題解決に向け，パイプライン用自動給水機の開発・実用化は進んでいるが，農地面積ベースでわが国の 7 割を占める開水路（農林水産省 2017）用の既存の自動給水機では，設置の手間や草・土等の詰まりによる作動障害が技術的課題であった．
　そこで，髙﨑ら（2017）は，これらの技術的課題を解決する自動給水機の開発を行っている．本節は，髙﨑ら（2018）に基づき新たな自動給水機の課題改善と実用性評価について述べると共に受容価格帯を明らかにする．

2）現地実証と価格分析の方法
　2017 年現地実証試験を，髙﨑ら（2017）によって試作された自動給水機（試作 1 号機）の改良機（試作 2 号機，図 6-3-1）を用い，2017 年度 5 月〜7 月にかけ，石川県，茨城県，愛知県，滋賀県，福岡県，熊本県等の多様な水路・圃場条件下で実施した．試験後に，稲作経営者へのヒアリングから課題点および実用性に関する意見を集約した．

図 6-3-1　自動給水機（試作 2 号機）

　そして，アンケート調査を，稲作経営者・普及組織等を対象として，2017 年 8 月に開催された農匠ナビ 1000 プロジェクト現地検討会にて実施した．調査対象機種は，現地実証試験結果をもとに試作 2 号機に一部改良を加えた試作 3 号機を用いた．調査方法は，調査票を参加者に配布したうえで，実物（試作 3 号機）を提示し，その場で調査票を回収する方法を用いた．設問項目は，「この装置の価格感について教えてください（本体 1 台の価格）」としたうえで「いくらぐらいから『Q1 高い』・『Q2 安い』・『Q3 高すぎて買えない』・『Q4 安すぎて品質が疑わしい』と思いますか」を問うものとした．回答は，現地検討会の参加者より全体で 28 名から得られ，一部の項目に回答の無かった 3 名を除外し 25 名を有効回答とした．分析方法は，自動給水機に対する受容価格帯を明らかにするため PSM 分析（価格感度分析）手法を用いた．

3）試作 2 号機の課題と改良

　試作 2 号機を対象とした現地実証試験より，稲作経営者へのヒアリングから課題点に関する意見を集約した．得られた課題点は 25 項目に整理された（表 6-3-1）．具体的な課題点は，水位センサ（8 項目），運用（7 項目），制御ボックス（5 項目），バッテリー（2 項目），ホース（2 項目），ホース吊上部（1 項目）の 6 分類に区分された．特に，水位センサの精度や形状の改善，ICT 機能（遠隔監視機能・遠隔制御機能）の追加，運用時のマニュアル整備，制御ボックスの設計改善等の必要性が示された．また，実用性に関しては，「遠方の圃場を見に行く回数が減った」，「取水量調整の難しいオープン水路で目標水位に合わせることができた」，「構造が単純なので設置状況に合わせて工夫して使える」等の意見を得た．

192　第2部　稲作スマート農業における情報通信・自動化技術の可能性と課題

表 6-3-1　試作 2 号機の課題と対応状況

番号	区分	課題点	3号機 対応状況	4号機 対応状況	改善方向性
1	水位センサ	検知状況により動作が暴れる場合がある	△	◎	アルゴリズム改良
2	水位センサ	センサマグネットが正常作動しない場合がある	×	◎	センサ・部材改良
3	水位センサ	水位の誤差が大きい	△	◎	センサ形状改良
4	水位センサ	センサの設置位置が難しい	×	◎	センサ形状改良
5	水位センサ	センサが動かない場合がある	×	◎	センサ改良
6	水位センサ	センサの作動がおかしい場合がある	×	◎	センサ改良
7	水位センサ	水位センサ部分のネジが取れやすい	×	◎	部材改良
8	水位センサ	水位センサのカバーの設置が難しい	△	◎	部材改良
9	運用	用水路の日中の水位変動が大きい場合，完全止水には設置場所等の工夫が必要である	△	○	マニュアル整備
10	運用	本当に給水・止水できているか不安である	×	○	遠隔監視機能追加
11	運用	水量が多い場合止水ができないことがある	△	○	マニュアル整備
12	運用	給水の水量を微調整できない	×	◎	5段階調整機能追加
13	運用	タイマーの時刻設定を間違える恐れがある	△	○	遠隔制御機能追加
14	運用	設置場所の固定が不安である	△	○	マニュアル整備
15	運用	ホースが抜けやすい	×	○	マニュアル整備
16	制御ボックス	電源がついているか分かりにくい	×	◎	設計改良
17	制御ボックス	手動スイッチが動かない場合がある	△	◎	設計改良
18	制御ボックス	タイマーの電池切れが起きている場合がある	×	◎	設計改良
19	制御ボックス	手動スイッチが弱い	×	◎	部材改良
20	制御ボックス	制御ボックス開封時にドライバが必要である			関連リスク含め要精査
21	バッテリー	バッテリーが切れてしまう場合がある	×	◎	乾電池式へ変更
22	バッテリー	バッテリーが危険である	×	◎	乾電池式へ変更
23	ホース	ホースのサイズが合わない場合がある	×	○	マニュアル整備
24	ホース	ホースの材質が弱い	△	○	部材改良
25	ホース吊上部	ホースを吊上げ部が弱くて心配である	×	◎	部材改良

注）◎：対応完了，○：対応予定，△：一部対応，×：未対応．

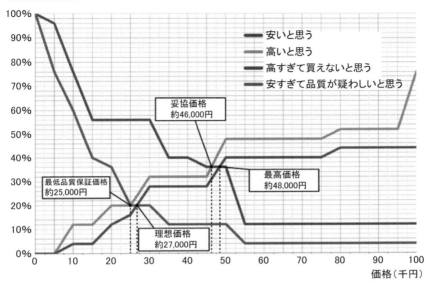

図 6-3-2 PSM 分析による試作 3 号機の受容価格帯（n=25）

これらの現地実証試験で明らかとなった課題をもとに，改良機（試作 3〜4 号機）を試作した．

4）試作 3 号機の価格分析

試作 3 号機を対象とし，PSM 分析手法により受容価格帯を分析した（図 6-3-2）．これにより，当該自動給水機 1 台当たりの受容価格帯が 25,000〜48,000 円/台であることが明らかとなった．特に理想価格である 27,000 円から妥協価格である 46,000 円の間の範囲における価格が中庸価格（割高でも割安でもない価格）であることが明らかとなった．このことから，実用化には妥協価格が，全国的な普及には理想価格での提供が必要であると考えられた．

5）試作 4 号機の全国実証と実用化

上述した課題については，その後改良を行い，受容価格帯での実用化に向けて改良された試作 4 号機をプロジェクト研究費で 100 台試作し，さらに，協力機関である全農予算により別途 100 台を試作し，合計 200 台での全国実証を 2018 年に

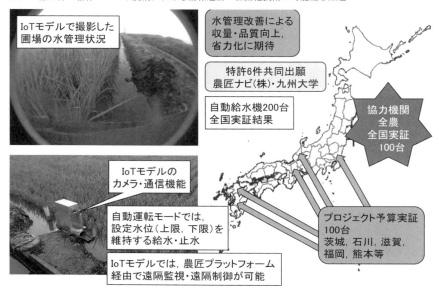

図 6-3-3　自動給水機（試作 4 号機）の現地実証状況

実施した（図 6-3-3）．なお，4 号機 IoT モデル（10 台）は，農匠プラットフォーム（南石ら 2017）と連携した遠隔監視機能や遠隔制御機能が実現されている．

試作 4 号機の現地実証（8 農場の中間評価）では，営農現場での実用性が確認されると共に，さらなる改良のための知見が得られた．①水管理の省力化効果では，75％の農場が省力化効果を実感する結果となった．詳細にみると，50％の農場が「省力化になった」，25％が「少しなった」，10％強が「変わらない」，10％強が「降雨が続き入水が不要で評価できない」と回答した．②水管理の改善効果では，65％の農場が水管理改善効果を実感する結果となった．詳細にみると，25％の農場が「理想（目標）の水管理ができた」，40％弱が「少しできた」，25％が「変わらない，評価できない」，10％強が「あまりできなかった」と回答した．③設置の容易性では，60％の農場が設置は容易としたが，35％は「難しい」と回答し評価が分かれる結果となった．詳細にみると 50％の農場が「簡単」，10％強が「やや簡単」，10％強が「普通」，25％強が「やや難しい」，10％強が「難しい」，10％強が未回答であった．こうした回答から，用水路や圃場の条件が地域や農場で大きく異なっており，それらの条件にあった自動給水機の設置方法に工夫が必要に

なることが明らかになった．また，様々な条件にあった設置方法を利用者にどのように伝えていくかが，実用化上の課題であることも明らかになった．

さらに，現地実証により，自動給水機の筐体，制御BOX，水位センサのさらなる改良方向が明らかになった．「農家目線」からみて必要最小限の機能に絞り込み，多様な用水路や圃場の条件にさらに対応した自動給水機の実用化を目指している．本自動給水機の特徴は以下の2点に要約できる．

①ゴミや砂・石などの詰まりが生じにくいホース上下方式

本機は，開水路から導水するホースを上下させる（ホース上下方式）ことで止水・給水する．この機構によりゴミや砂・石などの詰まりが生じにくい工夫をしており，開水路でも完全な止水ができ，自動給水機の維持も容易になる．これに対して，今まで主流のシャッター式ではゴミや砂・石などを噛み込み水漏れが発生し完全な止水ができない場合がある等の問題があった．

②水位の上限・下限の設定が簡単な自動給水機能

水位センサ部にある水位設定レバーを上下するだけで，管理したい水位の上限と下限を設定でき，自動的に給水と止水を行う．「農家目線」の直観的な手動操作で，水位設定が容易にできる．水位センサ部の設置方法を工夫することで，湛水管理，間断灌水，中干，飽水管理など栽培期間中のあらゆる水管理の自動化に活用できる．

③工事を要さない設置

今まで主流のシャッター式では本体を設置する土台をコンクリートで固める等の工事が必要であった．そうした工事を要さない設置方法を可能にする．

6）おわりに

本節では，開水路用自動給水機の現地実証試験およびアンケート調査を実施し，課題点と実用性を整理するとともに，受容価格帯を明らかにした．受容価格帯の上限 48,000 円/台を上回る価格では普及が見込めず，25,000 円を目指したコストダウンが全国的な普及の条件であることが明らかとなった．現地実証試験の結果は，水管理省力化効果や水管理改善効果については概ね期待した効果が得られたが，設置容易性ではさらなる改良を要する点も明らかになった．これらの結果に基づいて，早期の実用化を目指したさらなる改良を実施している．

（髙崎克也・南石晃明・横田修一・長命洋佑）

4. 圃場内水稲収量分布と水位・水温変動の関連性
　—ITコンバインと水田センサによる可視化—

1) はじめに

　農匠ナビ1000プロジェクト（第1期，2014-2016年）で収集した約1000圃場の収量，水位・水温，土壌成分，圃場特性，生育等からなる稲作ビッグデータの解析から，圃場別収量の決定要因の1つが水田の水位・水温であり，水管理の改善が圃場別収量の向上に寄与する可能性が高いことも明らかになっている（Li et al. 2016）．さらに，水管理に関する栽培試験の結果では，飽水管理により水温が低下し，水稲収量が5%程度向上することも明らかになっている（松江 2016）．

　近年，技術の発達により，圃場内水稲収量分布を測定することが可能になった事から，圃場内の収量分布と水位・水温の関連性を見ることが出来るようになった．そこで，本節ではこれらの計測データを用いることにより，圃場内水稲収量分布と水位水温変動の関連性について検討を行う．

2) 圃場内の収量および水位・水温の計測方法

　圃場内収量の計測には研究用に改造したITコンバイン（ヤンマーAG6100R）を用いて，圃場内収量のマップ化にはヤンマー製のMS-EXCELマクロを使用している．水田水位・水温の計測にはFVS水田センサ（南石ら 2016）を用いた（図6-4-1）．平均気温はY農場に設置している気象観測装置で測定した．測定対象圃場は，Y農場の実栽培圃場（90a，2016〜2017年）である．水田センサを，圃場内の9か所（図6-4-2のA〜I）に設置し，10分間隔で水位（mm）および水温（℃）を計

図6-4-1　FVS水田センサ設置状況（左：設置状況，右：センサ部）

測した．水田センサにて計測したデータの旬別平均値を求め，さらに設置位置毎に水田センサ3台毎の平均値を求めた．

3）圃場内の収量と水位・水温

図 6-4-2 に，対象圃場の圃場内収量分布図（2016 年および 2017 年）を示す．圃場図の上左（北西）に水口があり，下側（南）へ向かって田面が低くなっている．圃場の上側（北側）の収量が，下側（南側）と比べ相対的に低いことが両年とも確認できる．その一因として，この圃場は，2015 年の作付前に隣接する 2 つの圃場間の畦畔を除去して 1 つの圃場としたことが考えられる．元の両圃場とも灰色低地土であるが，上側の圃場は水はけが悪い傾向がみられるため，減収の一因として考えられる．ただし，暗渠を設けている圃場図の最上部では，水はけがよく，収量もやや高い傾向がみられる．また，元の畦畔の部分はやや収量が高い傾向がみられるが，これは畦畔の草が緑肥と同様の効果を及ぼしたとも考えられる．なお，2016 年に比較し 2017 年の圃場内収量のバラつきがやや低下している傾向もみられる．また，畦畔除去後，3 作目となり，次第に圃場内土壌条件が均一化しているとも考えられる．

図 6-4-3 に対象圃場の圃場内の水位・水温の空間的時系列的変動を示す．旬別水位は，全水田センサで，6 月下旬から 7 月中旬にかけて次第に浅くなり，その

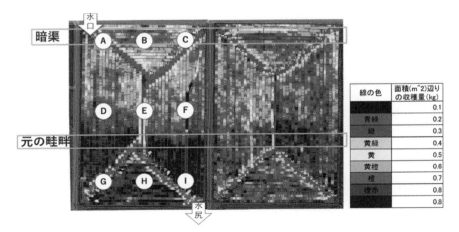

図 6-4-2　圃場内収量分布図（左：2016 年，右：2017 年）
　　　　注：図中の A〜I は，水田センサの設置位置を示す．

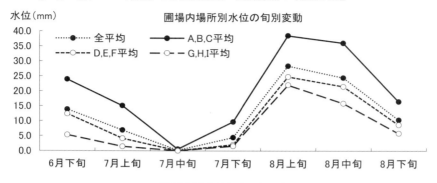

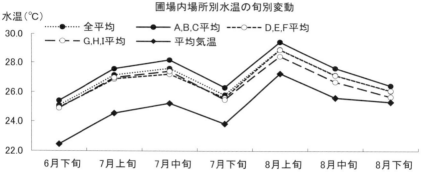

図 6-4-3　圃場の水位（上）と水温（下）の空間的時系列的変動

後 8 月上旬まで深くなり，その後，再び浅くなっている．しかし，水田センサの設置位置により，水位に一定の傾向がみられる．具体的には水田センサ ABC 平均水位が最も深く，GHI 平均が最も浅い傾向がみられる（図 6-4-3 上図）．水口があり，田面が相対的に高い圃場の北側で水位が深く，田面が低い南側で水位が浅い傾向が見られる点は興味深い．現場担当者からの聞き取りによると，以下 3 点が南側の水位に影響しているようである．1 点目は給水口が北側（ABC 側）1 箇所しか無いため，北側である程度（3-8cm 程度）の高さがないと，南側（GHI 側）までに水が移動しない事から給水から排水までの水の移動に時間がかかること．2 点目はこれにより，南側（GHI 側）までに水が到達するまでに時間がかかる事で水が蒸発すること．3 点目は北側（ABC 側）から給水しても稲の生育によって，水の浸透が阻害される傾向にあること．以上の 3 点が互いに影響を及ぼしているため，田面が低い南側で水位が浅い傾向が見られるようである．なお，これらの

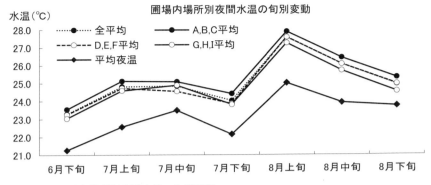

図 6-4-4　圃場内場所別夜間水温の旬別変動

点についてはさらに検討を要するが，他には水口の位置や場所による浸透量の違いが考えられる．

　旬別水温は，全水田センサで，6月下旬から7月中旬にかけて上昇し，その後7月下旬まで低下し，その後8月上旬まで上昇し，再び低下している．また，水田センサの設置位置により，水温に一定の傾向がみられる．具体的には水田センサABC平均水温が最も高く，GHI平均が最も低い傾向がみられる（図 6-4-3 下図）．

　また，図 6-4-4 に示すように，夜間温度（19:00-5:50）に限定して検討した場合も，水温の傾向は図 6-4-3 と同様であった．

　これらの結果から，水位が浅い位置では水温が低い傾向がみられる．さらに，水温が低い位置では収量が高い傾向が見られる．この結果は，生育ステージのある段階では，一定の条件の下で，水温が低いほど収量が向上するという Li et al.（2016）や松江（2016）と整合的である．

4）おわりに

　以上の結果は，圃場内の収量分布を規定する要因として，土壌条件と共に，水位や水温が重要であることを示唆している．このことは，水管理の改善によって収量が向上する可能性を示唆している．なお，水稲の収量には，水位・水温，土壌の肥沃度，水はけの他，施肥も影響する．圃場内の生育ムラを改善する施肥によって，次第に圃場収量は均一化するのか，あるいは田面の高低差に伴う水位・水温の違いによって，収量のバラつきが継続するのか，今後の検討課題としたい．

（佐々木崇・南石晃明・李　東坡）

5. 現場運用可能な土壌センシングの活用方法

1) はじめに

　持続的営農活動を取り巻く世界的課題として，担い手減少と1戸当たりの経営耕地面積増加，気候変動，人口増加による食料と化学肥料や淡水資源の枯渇が深刻化している．世界的課題に対応するためには，現行よりも収益性と生産性（収量，品質，農作業など）を向上しながら環境負荷も同時に低減しなければならない．この考え方に基づいた営農マネジメント方式に精密農業（PA：Precision Agriculture）がある．PAの実践は，PDCA（計画，実行，評価，改善）サイクルを円滑に進め，営農リスクの把握と改善が情報に基づいて達成可能となる．PAの実践で必要となる3要素技術は，ほ場間やほ場内の空間的，時間的なばらつきを可視化するほ場マッピング技術，ばらつきに対応した作業を実行する可変作業技術，複雑な課題や要求を解決するための意志決定支援システムである．そして，3要素技術の信頼性を高めるのは，高精細で正確なリアルタイムデータの取得と解析技術である．特に，高精細な，ほ場マッピング技術の確立は，PAの根幹であり，可変作業と意思決定を大きく左右する．近年，ICT農業やスマート農業が注目されているのは，従来，収集できなかった，空間的・時間的にも高精細なデータをリアルタイムに収集し，可視化を行う要素技術のディジタル化により，ほ場状況を生産者が確認できるようになったことにあり，今後は，営農マネジメントへの活用，つまりPAとしての体系化が課題である．

2) 土壌マッピングの課題

　ほ場マッピング技術では，リモートセンシングによる生育・病害虫分布の可視化，収量コンバインによる収量・品質のほ場間のばらつき把握が可能となり，防除や基肥および追肥の可変作業に応用され始めている（西村 2007）．従来の水稲ほ場管理は，0.3ha区画を基準とした中型機械化体系の技術開発であったが，農業従事者減少に伴う地域農業担い手への農地集約が進み，経営規模拡大と農作業高効率化を目的とした，1haを超える区画の機械化体系の技術開発が展開されている．そんな中，土壌マッピングの課題は，合筆によるばらつきの拡大と土壌管理手法の構築であり，合筆前の区画ごとに土壌分析を実施することが推奨されている．また，分析結果を得るまでの期間とばらつき把握に必要な土壌試料数に応じた分析費用も課題である．

図 6-5-1　自走型軽量土壌分析システムと簡易 GIS 表示機能

3) 自走型軽量土壌分析システム SAS

　土壌分析よりも迅速，簡便，費用対効果も高い光センシング技術を応用した装置に，ほ場で利用可能な土壌分析システム（SAS：Soil Analyzing System）がある．特徴は，位置情報を取得しながら，土壌試料採取なしに，多項目の土壌成分マッピングが可能なことである．本 SAS は，オペレーティング機能をトラクタ運転席に集約し，簡易 GIS 表示機能を搭載したことで，ワンオペレーションを達成し，GIS ソフト導入・管理費用を削減した現場運用が可能な装置である（図 6-5-1）．土壌マップ化対象成分は，土壌診断の化学性と物理性であり，保有するデータベースにより回帰モデル推定精度が異なる．簡易 GIS 表示機能では，営農現場で，圃場間や圃場内および任意拡大表示が可能であり，統計値の表示や最大 5 分類の任意しきい値設定と項目ごとの土壌診断基準値の登録が可能であり，目的に応じたばらつき表示を容易にした．

4) 多項目回帰モデル推定

　供試ほ場は，茨城県龍ヶ崎市の水稲ほ場 35 筆であり，供試装置 SAS3000 を用いて 2015 年 10 月と 12 月に 146 データを解析用に収集した．回帰モデル推定は，2 次微分前処理と部分的最小二乗法で解析した（小平・澁澤 2016）．回帰モデル推定結果（表 6-5-1）によると，置換酸度，交換性ナトリウム，電気伝導率は，評価 B（表 6-5-2）に達しなかったので，データ追加による再解析が必要である．

5) 土壌センシングと土壌マップ活用

　土壌マップの活用目的が明確でない場合は，生産者保有作業機の作業幅（複数

表 6-5-1　回帰モデル推定結果（例示）

	項目	単位	要因数	試料数	予測可能範囲		Full-cross Validation			評価
					Range	S.D.	$RMSE_{val}$	R^2_{val}	RPD_{val}	
1	pH	—	8	94	5.66-6.58	0.24	0.077	0.90	3.15	A
2	リン酸吸収係数	—	6	106	450-1371	209	63.93	0.91	3.27	A
3	置換酸度	—	5	73	0.50-1.00	0.14	0.094	0.53	1.46	D
4	含水比	—	6	79	30.7-52.8	4.78	1.503	0.90	3.18	A
5	炭素率	—	6	129	9.52-16.7	1.60	0.500	0.90	3.20	A
6	砂	%	7	92	31.1-72.2	8.68	2.715	0.90	3.20	A
7	シルト	%	6	78	9.43-27.0	3.53	1.097	0.90	3.22	A
8	粘土	%	10	106	18.3-44.4	5.65	1.773	0.90	3.19	A
9	有機物含有量	%	7	111	5.39-16.6	2.59	0.811	0.90	3.20	A
10	遊離酸化鉄	%	7	109	0.53-2.86	0.50	0.159	0.91	3.11	A
11	全炭素	%	5	101	0.71-3.76	0.77	0.242	0.90	3.20	A
12	全窒素	%	4	86	0.07-0.26	0.04	0.013	0.90	3.15	A
13	熱水抽出窒素	mg/100g	3	73	3.01-6.10	0.70	0.273	0.85	2.55	B
14	硝酸態窒素	mg/100g	8	90	0.06-0.93	0.23	0.073	0.90	3.18	A
15	アンモニア態窒素	mg/100g	6	91	0.89-7.87	1.85	0.581	0.90	3.18	A
16	有効態ケイ酸	mg/100g	8	115	15.7-82.7	14.9	4.696	0.90	3.17	A
17	有効態リン酸	mg/100g	3	73	2.36-8.12	1.68	0.599	0.87	2.80	B
18	交換性加里	mg/100g	8	73	11.6-31.0	4.06	1.290	0.90	3.15	A
19	交換性石灰	mg/100g	4	76	191-446	58.1	18.45	0.91	3.15	A
20	交換性苦土	mg/100g	6	73	45.8-117	15.5	5.655	0.87	2.74	B
21	交換性ナトリウム	mg/100g	5	73	6.47-11.5	1.19	0.494	0.83	2.42	C
22	可溶性亜鉛	ppm	8	85	2.72-5.91	0.72	0.235	0.91	3.06	A
23	易還元性マンガン	ppm	7	73	64.0-215	32.6	10.85	0.89	3.00	B
24	熱水可溶性ホウ素	ppm	5	81	0.41-1.03	0.15	0.046	0.90	3.17	A
25	可溶性銅	ppm	7	81	3.24-11.2	1.94	0.597	0.91	3.25	A
26	塩基飽和度	%	5	87	50.7-114	12.5	3.903	0.90	3.21	A
27	石灰飽和度	%	6	81	3.84-76.6	7.66	2.414	0.90	3.17	A
28	苦土・加里比	当量比	7	82	4.42-15.8	2.52	0.838	0.91	3.00	A
29	石灰・苦土比	当量比	6	77	1.92-3.73	0.41	0.128	0.91	3.23	A
30	乾燥密度	g/cm3	7	96	0.74-0.99	0.05	0.017	0.90	3.17	A
31	塩基置換容量	me/100g	8	113	11.3-38.7	6.73	2.095	0.90	3.21	A
32	電気伝導率	mS/cm	5	73	0.05-0.07	0.01	0.003	0.78	1.99	C

所有の場合は作業幅の最大公約数）中央を測定することで，可変作業用土壌マップ作成が容易となる．基肥可変散布の実施例では，ブロードキャスタ散布経路と作業幅 16m から，圃場を往復する観測ラインを決定し，16m を 1 グリッドとしたマップを作成した．1 グリッドの予測値は，約 16 データの平均値を代表値とし，サンプリング誤差は土壌分析よりも小さくした（図 6-5-2）．可変散布用の施肥マップを，散布経路とオペレータが手動で設定変更可能なグリッドサイズで作成した（図 6-5-3）．施肥マップの 1 グリッド内の数値は，均一散布量を 100 とし，±25%で可変するものとした．よって，1 筆内の可変散布総投入量は均一施肥総投入量に一致する．

表 6-5-2　回帰モデルの評価分類

評価分類 （定量的予測値として）	l.c. RANK	評価 R^2_{Val}		RPD$_{Val}$
信頼できる	A	>0.90	&	>3.0
使用可能	B	0.82-0.90	&	2.5-3.0
おおよその予測可能	C	0.66-0.81	&	2.0-2.4
高いか低いかの区別可	D	0.50-0.65	&	1.5-1.9
不可	E	<0.50	&	<1.5

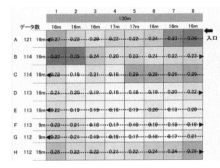

図 6-5-2　測定ラインと土壌マップ

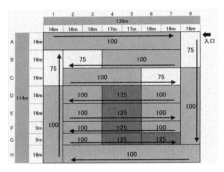

図 6-5-3　散布ラインと施肥マップ

6）自走型軽量土壌分析システム SAS の普及課題

1筆ごとに土壌分析を実施し，圃場群の土壌マップに基づいた栽培管理を実施している生産者は極めて少ない．よって，圃場内の高精細な土壌マップに基づいた栽培管理を実施できる生産者や普及指導員を育成することが課題である．また，高精細な土壌マップを活用した農作業体系化には，可変作業機の同時普及と意思決定支援システムの構築が必要不可欠である．

（小平正和・澁澤　栄）

6. 現場運用可能な UAV 利用水稲生育情報の収集方法

水稲生育管理期間における稲体の生長や肥培・薬剤の管理を適切に実施するために，生産現場では水管理や生育調査にかなりの作業労働時間を要している．そこで，これらの生育管理情報収集作業の省力・効率化を目的とし，生育調査の一つである葉色計測の省力化手法として，基準となる葉色板と水稲群落の色合いを

比較することで葉色検出を試みた（吉田・世一 2016）．先行研究（大角 1997，長野・重富 2005，王 2011 など）と同様に自然光下においてロバストな絶対値的計測は困難であったことから相対的な検出を試みている．同時にマルチバンドカメラを利用した NDVI マップ利用などの検討も各所で実施され，機材の低価格化や分析サービスの国内リリースに伴い，農業生産者自身によるこれら生育情報マップマップサービスの営農意思決定場面への利用も可能となりつつある．そこで，本節ではこれまでの UAV 利用検討（吉田・世一 2016，吉田 2017）と合わせ，農業生産者が選択実施可能な水稲生育情報管理に係る手法等について整理した．

1）検討対象とした生育管理情報

　UAV 利用による水稲生育情報収集の対象は，水稲葉色と作付面積の 2 つである．前者は水稲生育中の栽培管理基本情報として肥培管理や水管理作業と関係が深い．これについては，既報（吉田・世一 2016）の葉色板比較情報の他に，市販マルチバンドカメラとマップ化処理が可能な市販ソフトの組み合わせで RGB 濃淡マップや NDVI マップ情報を追加調査した．後者は水稲収量の重要な指標である単収（単位作付面積当たりの収量）を把握する上で，特に農地流動化・集約・一筆圃場の大形化が進む現在，生産者自身が作付面積を簡単かつ正しく把握することが重要とされていることに基づく．これについては専門業者による航空写真測量サービス利用や，前出市販ソフトの面積計測利用による面積情報を追加調査した．

2）供試機材と処理手順

　UAV 機材は DJI 社製 Inspire-1 シリーズ機体，RGB カメラは同機体標準搭載カメラ ZENMUSE X3，マルチバンドカメラは MicaSense 社 RedEdge3 を使用した．撮影画像の葉色板比較解析には試作ソフト RLC2017 を，マップ化解析には Pix4D Capture〜Pix4DmapperAG，写真測量には NIH オープンソース ImageJ, OSGeo（The Open Source Geospatial Foundation）オープンソース QGIS などを使用した．これらによる処理手順概要は図 6-6-1 のとおりである．

3）葉色板との相対比較による葉色値判定について

　2 章において紹介したように，UAV 機体カメラ前方に参照用葉色板を設置して水稲群落と同時撮影する場合，特に晴天時の機体陰が機体葉色板上にかかる場合の影響が大きく，撮影時の留意点として指摘された．さらに撮影動画解析による

第 6 章　情報通信・自動化技術による稲作経営・生産管理技術の改善・革新　　205

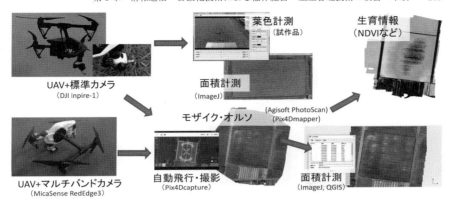

図 6-6-1　検討した水稲生育情報収集手法とその手順

時系列平均化において，機体回転翼がカメラ前方の葉色板上を短時間通過する際の陰の影響も確認された．これに対し撮影飛行の前後に地上設置した葉色板を比較画像とする場合は同時撮影ではないため，時間経過に伴う光環境条件の変動影響が想定される．これまでに確認された判定結果の傾向として，晴天時は機上葉色板指標値が低下して葉色判定値が高めに，曇天時は機上葉色板指標値が上昇し葉色判定値が低めに算定された（表 6-6-1）．今後，より多くの判定事例を追加してSPAD値等との関係性を統計的に確認することとしている．

4）葉色濃淡・NDVIマップによる判定について

　RGB濃淡マップについてはUAV標準搭載カメラの広域ワンショット撮影で容易に取得でき，生産者自身の経験・知識と組み合わせることで，生産者自身は多数の営農的判断情報を取得できた（調査協力いただいた2つの生産法人担当者に対するヒアリング結果）．計画飛行により葉色の濃淡マップを取得することで，圃場間または圃場内の相対的判断に活用できた一方，葉色の濃淡またはNDVIマップの絶対値評価に関しては，値そのものの生育管理上の意味が確定しておらず，他の生育管理情報（たとえば草丈・茎数）との関連づけ・意味づけの必要性が指摘された．今後，AI解析等を適用する場面において，組み合わせるデータ項目の取捨選択など，生産者の協力を仰ぎつつ多くの事例に対して生産者が観ているものの抽出と関連づけが必要となっている．

表 6-6-1　RGB 画像の葉色比較解析結果例（試作ソフト RLC2017 による）

		移植後活着	幼形期	穂揃い期		【参考】主要生育ステージ（生育調査結果）						
						田植	最分期	幼形期	出穂期	穂揃期	成熟期	収穫
A0-1	コシヒカリ	6/3	7/6	8/3		5/8	7/1	7/5	7/25	7/27	8/30	9/8
		NA	ND(>5)	2.91	SPAD	—	30.7	31.9	—	33.1	—	—
					葉色	—	3	3.5	—	4	—	—
A1-3	コシヒカリ	6/3	7/6	8/3		5/10	7/2	7/6	7/27	8/8	9/1	9/9
		NA	4.36	2.71	SPAD	—	31.2	31.7	—	33.4	—	—
					葉色	—	3	3	—	3.5	—	—
C6-02	あきだわら	6/8	7/8	8/3		(乾直)	7/6	—	8/13	8/15	9/12	10/12
			(生育ステージ異なる)		SPAD	—	31.5	27.3	—	34.7	—	—
		NA	3.92	3.88	葉色	—	3.5	3.5	—	4.5	—	—
E5-01	コシヒカリ	6/14	7/6	8/3		5/11	7/11	7/6	7/29	7/29	9/2	9/11
					SPAD	—	32.2	26.4	—	32.2	—	—
		NA	4.14	3.07	葉色	—	3.5	3	—	3.5	—	—
E6-02	コシヒカリ	6/14	7/8	8/3		5/17	7/17	7/10	8/1	8/2	9/8	9/15
			(静止画)		SPAD	—	30.8	27.1	—	30.3	—	—
		NA	ND(>5)	2-	葉色	—	3.5	3	—	3.5	—	—
備考		生育量少 水面優勢 欠株確認	ハレーション 葉色板 H↓ 葉色値↑	出穂後 葉色板 H↑ 葉色値↓	SPAD 葉色	NA：解析(受容)不可, ND：解析(検出)不能						

注）参考の生育調査結果における葉色値は人手による計測の結果である.

5）圃場面積計測も含む UAV 利用水稲生育管理情報収集手法の整理

　生産者自身が現場運用可能な UAV 利用水稲生育管理情報収集手法のもう一つの検討対象とした圃場作付面積の写真測量については，国土地理院のガイドライン等に基づき民間業者による測量サービスも広く利用可能となっているが，要求する計測精度に応じて所要経費もかかることから，この点を中心に検証・整理した（図 6-6-2，表 6-6-2）．RGB カメラを搭載した市販 UAV 機の標準機能によるワンショット画像（一枚の画像で圃場全体を上空から撮影）を，オープンソースソフトウェアの画像解析ソフト（ImageJ）や GIS ソフト（QGIS）を使用することで誤差 5％未満での計測が可能であった（地上標識使用）．さらに UAV 機に搭載されている GNSS（Global Navigation Satellite System）情報を使用する場合は地上標識設置を省略できるが計測精度は若干悪化し，5％を越える場合も有った（単独測位の場合）．地上解像度数 cm での撮影が可能であることから，この精度を維持した写真測量を行おうとすれば地上標識の位置測量も精度良く実施する必要がある．そのためには高精度 GNSS 測量が必要となり，民間測量業者が実施するのと同様の手順となる．このため，表 6-6-2 に整理した手法構成の中から要求精度に応じた手法を選択することで，妥当な所要コストでの圃場面積測量が可能と考える．この表に示した手法構成は葉色計測手法も含んでいるので，合わせて参考にして

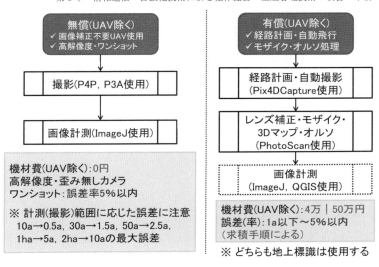

図 6-6-2 圃場面積計測手順と所要経費・計測精度

表 6-6-2 UAV 利用水稲生育管理情報収集手法の比較

目的	使用機材・手段	コスト(千円)	解析機材	コスト(千円)	計測値	精度等	備考
生育情報	標準カメラ＋葉色板	10	目視	0	葉色値	<0.5	人手葉色板同様に習熟・反復が必要
			判定ソフト	0	葉色値	<0.8	撮影時の光条件で大きく変動する場合がある
			解析サービス	月額0〜10	NDVI値, 他		サービス提供者・解析内容に応じて月額は異なる
	マルチバンドカメラ	500〜1,000	PS Std	40	NDVI値, 他		
			PS Pro, P4D AG	500	NDVI値, 他		
面積情報	標準カメラ(ワンショット)	0	ImageJ など	0	面積値, 他	<5%	対象面積に応じて誤差絶対値は拡大する
	標準カメラ(モザイク)	0	PS Std＋ImageJ, QGIS	40	面積値, 他	<5%	同上
	標準カメラ(モザイク・オルソ)	0	PS Pro, P4D AG, QGIS	500	面積値, 他	<5% 1a程度	測定範囲のトレース精度に依存
	測量業者(モザイク・オルソ・図化)			500〜1,000	面積値, 他	0.1a	1フライト〜解析,追加フライト・解析は1フライトに付き100〜200千円程度

注) 解析サービス：マルチバンドカメラメーカなどと連携したクラウド解析サービス.
PS Std：Agisoft PhotoScan Standard, PS Pro：Agisoft PhotoScan Professional, P4D AG：Pix4Dmapper AG.
UAV＋標準カメラのコストは除く (UAV 利用が前提のため).
測量業者 (モザイク・オルソ・図化) は 2 業者に対する見積もり・測量結果に基づく.

いただければ幸いである.

(吉田智一)

7. 農業技術体系データベース FAPS-DB による経営シミュレーション

1) はじめに

　本節では，農業技術体系データベース FAPS-DB による稲作経営支援について述べる．FAPS-DB は農作業ノウハウ DB と統合化されており，農業経営シミュレーションに加えて，篤農家の技術や技能の伝承にも活用できる．以下では，最初に FAPS-DB について述べ，その後，農作業ノウハウ DB の概要を述べる．最後に，稲作経営支援での活用例を紹介する．

2) 農業技術体系データベース・システム FAPS-DB

（1）システムの概要

　農業技術体系データベースは，農薬や肥料などの農業資材の価格・投入量・費用，農業機械や施設などの価格・耐用年数・減価償却費，労働時間，作物の在圃期間，収量や販売価格など，生産から財務まで広範囲なデータを農作業の工程と関連づけて整理した技術体系データを管理するシステムである（南石ら 2007）．

　FAPS-DB は，データベース（以下，DB）に登録された品目別の技術体系データを用いて営農計画の作成を支援するシステムである（図 6-7-1）．例えば，従来の稲作移植栽培に対し，直播栽培等の新技術を採用したり，畑作や野菜作などの新たな品目を導入した場合に必要となる労働時間，機械，資材等の情報や経営収支の結果を Web 上で簡単に試算することができる．

（2）データベース（DB）の構築状況

　本システムに登録を行う技術体系データは，MS-Excel 形式の農業技術体系データ作成ブックにより作物毎に作成し，DB の管理インターフェイスを利用して，DB システムへ登録する（前山ら 2006）．本システムは，DB 管理者毎に，データの登録・管理権限や公開範囲等を設定できる機能等も有している（佐藤・南石 2011）．

　この仕組みを用いて，稲作をはじめ，畑作，野菜作等の品目別の技術体系データが，地域や経営体の実情を踏まえて構築されている．例えば，岩手県が構築した 2006 年版 DB には，稲作だけでも規模や栽培様式等が異なる 7 体系，畑作，野菜作，果樹作等を含む合計 125 体系が登録されているほか，岩手県内の土地改良区（胆沢平野土地改良区 2017）が構築した DB には，地域内の農業者等向けに合

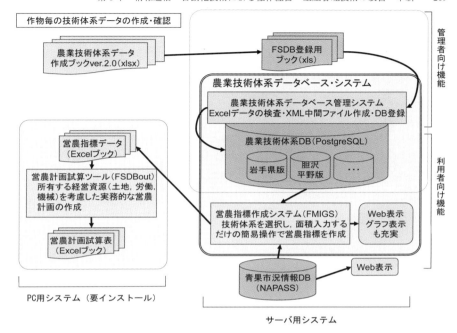

図 6-7-1　FAPS-DB のシステム構成と DB 構築手順

計 86 体系が登録され，利用可能になっている．今後，各都道府県の協力も得ながら，DB への登録データのさらなる充実に向け，取組みを進める予定である．

(3) 農業データ連携基盤への移植

本システムは，現在，農林水産省農林水産研究情報総合センターのバーチャルラボで運用・公開（https://fsdb.dc.affrc.go.jp/，2018 年 7 月 30 日参照）されている．今後，さらなる活用事例の増加や他のシステムとの連携利用等も視野に，様々なデータの連携・共有・提供機能を有する農業データ連携基盤（https://wagri.net/，2018 年 7 月 30 日参照）への移植作業が進められている．

3）FAPS-DB と農作業ノウハウ DB の統合化

農作業の暗黙知を形式知化すること，またそうすることが可能な範囲を明らかにすることと同時に，形式知化された知識を蓄積し，管理することは，農業経営上の重要な課題である．農作業における「準暗黙知」（門間 2011）ともいわれる

知識を対象に，農作業ノウハウの継承支援を目的として開発したものに，農作業ノウハウデータベースがある．本データベースでは，農作業ノウハウを CMS （Contents Management System）で管理することによって，知識蓄積の様式化と知識記述の柔軟性の両立が可能になる．農作業ノウハウデータは，作業目的，作業ポイント，基本ノウハウ，臨機応変ノウハウおよびその他に区分し，管理されている（Sato 2017）．

　技能継承において，個々の農作業レベルでのノウハウやコツを技術体系全体の知識と関連づけて整理・蓄積することが有効であると考えられる．こうしたことから，農作業項目をキーとして，技術体系データベースとノウハウデータベースをシステム統合し，連携稼働させるシステム開発研究が行われた．これにより，農作業ノウハウデータベースの情報を，FAPS-DB の経営シミュレーション結果から辿って閲覧することが可能となった（図 6-7-2）．

　こうしたシステムは，次のような場面での活用が期待されている．農業経営では，生産工程管理システムなどで収集した農作業実績データを用いて FAPS-DB に経営固有の技術体系データを蓄積し，営農計画の策定を行うとともに，技術体系データと関連づけて各種農作業ノウハウを管理することで，経営内でのノウハ

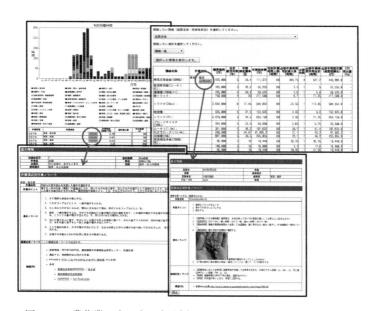

図 6-7-2　農作業ノウハウの表示例

第 6 章　情報通信・自動化技術による稲作経営・生産管理技術の改善・革新　211

ウの共有化や技能伝承に活用すること，また，農業支援機関では，技術体系データと栽培指針等の営農技術情報を農業者に一体的に情報提供することである．

4）稲作経営支援での活用例

　稲作経営支援での活用例として，岩手県内の胆沢平野土地改良区での取組みについて紹介する．同土地改良区管内では，圃場整備事業を契機にした集落営農組織の設立や担い手経営の規模拡大が図られつつあるが，経営・農作業の実績把握や計数管理が不十分で，経営計画の策定率も低位に止まっていることが課題になっていた．このため，岩手県の標準技術体系データを基本に，地域の実情に応じて農産物の収量・価格や使用する資材等の修正・登録を行うことで，地域の主要な品目を網羅した農業技術体系 86 体系を登録した胆沢平野版の農業技術体系 DB を構築し，Web 上で公開している（胆沢平野土地改良区　2017）．

　次に，管内の A 地区を対象にした営農計画の作成支援例を示す．A 地区では，受益面積 115ha の圃場整備事業を推進しており，整備完了後は A 営農組合を設立し一元的な営農を行う計画となっていた．しかしながら，現状は小規模な個別経営による営農が主体となっているため，A 営農組合の設立後，「作物の組み合わせや経営規模をどうするのか，その結果，経営収支や必要となる機械の種類や台数がどうなるのか」などといった具体的な営農計画の検討が行われていない状況にあった．

　こうした中，土地改良区の担当職員が，当該地区の意向等を踏まえながら，FAPS-DB を用いて営農計画の作成支援を行った．具体的には，水稲・主食用米 67.6ha，WCS23.3ha，大豆 23.3ha に加え，露地ピーマン 35a を組み合わせることで，粗収益 11,814 万円，経営費 7,810 万円で所得 4,004 万円が得られ，労働時間は年間 8,782 時間，必要となる機械はトラクター5 台，ロータリー3 台，田植機 3 台，コンバイン 3 台等となっている（図 6-7-3）．例え，営農計画に必要となるデータ収集や経営指標算出の詳細にまでは精通していなくとも，簡単な操作で具体的な経営収支や必要となる労働時間，機械等が提案できることから，営農組合設立及び法人化に向けた意識啓発，取組み促進につながったとの評価を得ている．

　今後，胆沢平野土地改良区では，セミナーや個別経営支援などを通じて，管内の他の集落営農組織，担い手経営を対象とした営農計画の作成支援等にも，本システムの活用をしていきたいとの意向を持っている．

（佐藤正衛・前山　薫・南石晃明）

212　第2部　稲作スマート農業における情報通信・自動化技術の可能性と課題

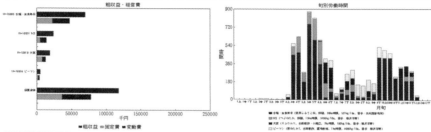

図 6-7-3　FAPS-DB による集落営農向け営農計画の作成例

8．FAPS による気象変動を考慮した最適作付計画

1）はじめに

　近年，地球温暖化等の影響により気象変動が年々大きくなっており，こうした気象変動リスクを考慮した農業経営計画手法の重要性が高まっている．南石（2002）は，「土地利用型経営では，降雨等による作業遅延・不能といった作業リスクが収益リスクと同様に重要視されてきている」といった観点から気象変動を考慮した最適作付計画を作成できる営農技術体系評価・計画システム FAPS の開発を行っている．

　そこで本節では，先進大規模稲作経営の FAPS モデル事例を示すとともに，気象変動に対する経営のリスク選好が最適作付計画に与える影響を明らかにする．こうしたリスク選好別の最適作付計画は，稲作経営者の判断支援に資するもので

第 6 章　情報通信・自動化技術による稲作経営・生産管理技術の改善・革新　　213

ある．

2）先進大規模稲作経営の FAPS モデル事例

　以下では，茨城県内の先進大規模稲作法人経営（以下，A 法人）を参考に，田地は全て借地（地代 2.081 万円/10 a）で，生産規模 110 ha 超，機械（田植機，コンバイン）1 セット体制，作業者数 6 名の法人経営を想定して分析を行った．品種別・作期別の技術体系データ（収量，米販売価格，費目別変動費，作業項目別作業時間，農業機械作業時間等）や保有機械は A 法人実績（2014 年度）を参考にした．また，降水量は A 法人の所在する茨城県竜ケ崎市付近のアメダス時間降水量データ（気象庁 2018）を基に設定した．

　本節の分析には，営農技術体系評価・計画システム FAPS（南石 2002）の改良版である FVS-FAPS を用いた．FVS-FAPS では試算分析と数理計画分析が行えるが，本節では数理計画分析を行い，「平均収益最大化（収益は，会社の利益と役員報酬の合計）」を最適化目標とした．また，制約条件として「労働力制約」，「土地制約」，「機械作業可能時間制約」を設定した．なお，「機械作業可能時間制約」は，リスク選好に応じて，過去 10 年間（2008 年〜2017 年）と過去 20 年間（1998 年〜2017 年）において，どの年次の降雨パターンでも機械（田植機と乾田直播用トラクタ，コンバイン）作業が実施可能となる時間と，平均年で機械作業が実施可能となる時間を設定した．

　分析シナリオは，経営のリスク選好別に 4 シナリオを設定した．リスク回避型として，過去 10 年間のどの年次の降雨パターンでも機械作業が実施可能となる最適作付計画を算出するシナリオ（以下，慎重 10 年シナリオ）と，過去 20 年間で同様の最適作付計画を算出するシナリオ（以下，慎重 20 年シナリオ）を設定した．また，リスク中立型として，過去 10 年間の平均年で機械作業が実施可能となる最適作付計画を算出するシナリオ（以下，強気 10 年シナリオ）と，過去 20 年間で同様の最適作付計画を算出するシナリオ（以下，強気 20 年シナリオ）を設定した．以下では，各シナリオの最適作付計画を提示したうえで，リスク選好が作付計画にどのように影響するかについて検討する．次に，稲作経営の意思決定支援にリスク選考別最適作付計画がどのように活用できるか検討する．

3）リスク選好別最適作付計画

　表 6-8-1 に，FVS-FAPS によって算出された 4 シナリオの最適作付計画を示す．

214　第2部　稲作スマート農業における情報通信・自動化技術の可能性と課題

表 6-8-1　シナリオ別最適作付計画

		慎重 20 年	慎重 10 年	強気 20 年	強気 10 年
	最適作付面積［ha］	118.6	121.2	167.1	168.1
	収益（=経常利益+役員報酬総額）［万円］	2666.2	2805.3	4769.0	4791.6
技術 体系別 作付 面積 ［ha］	コシヒカリ・移植（慣行）・5 月上旬	2.6	2.0	0.0	0.0
	コシヒカリ・移植（慣行）・5 月中旬	16.3	16.0	8.1	8.6
	コシヒカリ・移植（慣行）・5 月下旬	0.0	0.0	0.0	0.0
	コシヒカリ・移植（特栽）・5 月上旬	3.1	3.3	6.5	5.6
	コシヒカリ・移植（特栽）・5 月中旬	0.0	0.0	0.0	0.0
	コシヒカリ・移植（特栽）・5 月下旬	0.0	0.0	0.0	0.0
	コシヒカリ・移植（有機）・5 月中旬	1.1	1.9	11.9	11.8
	ゆめひたち・移植（慣行）・6 月上旬	0.0	0.0	0.0	0.0
	ゆめひたち・移植（特栽）・6 月上旬	9.5	9.5	13.8	13.5
	ゆめひたち・移植（特栽）・6 月中旬	0.0	1.9	6.4	6.7
	あきだわら・移植（慣行）・5 月下旬	21.2	23.3	30.3	28.6
	あきだわら・移植（慣行）・6 月上旬	0.0	0.0	0.0	0.0
	あきたこまち・移植（慣行）・4 月下旬	0.0	0.0	0.0	0.0
	あきたこまち・移植（慣行）・5 月上旬	34.9	34.7	29.6	30.8
	マンゲツモチ・移植（慣行）・6 月中旬	2.2	0.0	15.6	17.6
	マンゲツモチ・移植（慣行）・6 月下旬	10.1	11.2	16.9	16.6
	一番星・移植（慣行）・4 月下旬	17.6	17.4	14.0	13.6
	ミルキークイーン・移植（特栽）・6 月上	0.0	0.0	0.4	0.0
	ゆめひたち・乾田直播・4 月中旬	0.0	0.0	11.6	12.0
	あきだわら・湛水直播・5 月中旬	0.0	0.0	2.1	2.9

資料：FVS-FAPS を用いた分析結果より筆者作成.

最適作付面積は慎重 20 年シナリオの 118.6ha，慎重 10 年シナリオの 121.2ha，強気 20 年シナリオの 167.1ha，強気 10 年シナリオの 168.1ha の順に規模が大きくなった．また，それに伴い，収益も増加した．技術体系別作付面積に着目すると，4 技術体系において，強気シナリオでは慎重シナリオより作付面積が小さい結果となった．これはリスクを許容することで，より収益の高い技術体系が選択されたためであると示唆される．また，強気シナリオでは直播栽培も作付する結果となった．ただし，強気シナリオでは，平均的な降雨条件でのみ，収穫作業が可能であり，収穫遅延による品質劣化や収穫不可のリスクが増大している点に注意を要する．

　図 6-8-1 と図 6-8-2 に，田植機およびコンバインにおける機械作業時間制約を示す．田植機ではいずれの旬においても，必要機械作業時間が機械作業可能時間（最小）を下回った．図に示すように，強気シナリオであっても田植機作業はどの年次でも作業が遅延等することのない作付計画となった．一方，コンバイン作業に

第6章　情報通信・自動化技術による稲作経営・生産管理技術の改善・革新　　215

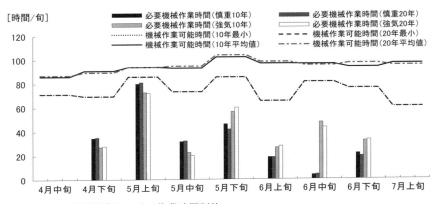

図6-8-1　田植機作業における作業時間制約
　　　　資料：FVS-FAPSを用いた分析結果より筆者作成．

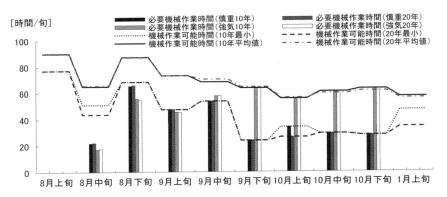

図6-8-2　コンバイン作業における作業時間制約
　　　　資料：FVS-FAPSを用いた分析結果より筆者作成．

ついてみると，どのシナリオにおいても機械作業可能時間限界まで作業する旬が多いことが明らかとなった．また，強気シナリオでは機械作業可能時間（最小）を超過する旬が5旬（9月中旬から10月下旬）あり，当該作業が不可能もしくは遅延する年があることが明らかとなった．なお，図には示していないが，強気シナリオにおいて4月中旬の乾田直播用トラクタ作業では作業不可能もしくは遅延する年があった．
　換言すれば，作業リスクを許容すれば，平均的降雨年では規模拡大が可能となる．しかし，その反面，作業が不可能となるか，もしくは遅延する可能性がある

作付計画となり，収益リスクも増大する．

4）最適作付計画を用いた経営支援

　本分析結果より，稲作経営者のリスク選好によって最適作付計画が大きく異なることが明らかとなった．当該経営は 140ha 超まで規模拡大が進んでおり，既に多雨年では一部に収穫作業の遅延・刈り遅れが生じるなどの経営リスクが増大している．当該稲作経営者へのヒアリングでは，こうした結果は現場感覚とも概ね整合的であるとの感想が得られている．また，最適作付計画は，強気のリスク選好でさらなる規模拡大を進める場合には，移植の補完技術としての直播栽培の増加が必要であることを示しているが，経営者自身も同様の対応策を検討中である．こうしたことから，FVS-FAPS による最適作付計画は，「戦略立案の材料」や「気づきのきっかけ」になるという経営者のコメントが得られており，FVS-FAPS は経営意思決定支援に有効と考えられる．

　なお，当該経営では，毎年の農地集積により畦畔除去による圃場区画拡大が進んでおり，作業効率が向上する傾向が見られている．本節の FAPS モデルは 2014 年の作業係数を用いており，近年の作業効率の向上が反映されていない可能性がある．最新の作業効率を前提とした最適作付計画では，最適作付面積がさらに増加する可能性があるので，留意されたい．また，本節の FAPS モデルは，A 法人へのヒアリングにより，南石（2016）の FAPS モデルから，育苗や水管理などのモデル係数等をさらに実態に合うように修正したモデルとなっている．そのため，前 FAPS モデルの最適作付面積 145ha に比較して，本節の最適作付面積が小さくなっている．

（馬場研太・南石晃明・長命洋佑）

9．おわりに

　本章では，最新研究成果に基づいて，情報通信・自動化技術による稲作経営・生産管理技術の改善・革新について紹介した．低収量圃場の収量向上が稲作経営全体の収量向上，生産コスト低減，ひいては収益性改善に貢献するとの考えから，まず，圃場間の収量・品質格差に着目した．具体的には，2 節では農匠プラットフォームによる低収量圃場特定と水管理改善，3 節では自動給水機の受容価格帯と水管理改善効果について紹介した．

次に，圃場内の収量のバラツキに着目し，4節では圃場内水稲収量分布と水位・水温変動の関連性を，ITコンバインと水田センサにより可視化した例を紹介した．さらに，5節では土壌センシングの活用方法，6節ではUAV（ドローン）を利用した水稲生育情報の収集方法を紹介し，圃場内の土壌マップや生育マップの作成が技術的には可能になり，営農現場での活用可能な段階であることを紹介した．

最後に，稲作経営技術に着目して，7節では農業技術体系データベースFAPS-DBによる経営シミュレーション，8節ではFAPSによる気象変動を考慮した最適作付計画の事例を紹介した．これらの手法やシステムは，10〜20年以上前に研究開発・現地実証された研究成果であるが，稲作経営の大規模化等により，その有用性が再発見・再確認されたものといえる．今後は，水稲栽培技術から，水稲生産管理技術，さらには稲作経営管理技術の重要性がさらに高まると考えられる．

（南石晃明）

付記

本章の2節，3節，5節，6節は，農林水産省予算により生研支援センターが実施する「革新的技術開発・緊急展開事業（うち地域戦略プロジェクト）」のうち「農匠稲作経営技術パッケージを活用したスマート水田農業モデルの全国実証と農匠プラットフォーム構築」（ID:16781474）の研究成果に基づいている．本章の4節，7節，8節は，内閣府戦略的イノベーション創造プログラム（SIP）「次世代農林水産業創造技術」（管理法人：農研機構生物系特定産業技術研究支援センター）による成果に基づいている．

引用文献・参考文献

気象庁（2018）過去の気象データ・ダウンロード，＜http://www.data.jma.go.jp/gmd/risk/obsdl/index.php＞，2018年7月19日参照．

小平正和，澁澤栄（2016）トラクタ搭載型土壌分析システムの多項目多変量回帰モデル推定と土壌マッピング，農業食料工学会誌，78（5）：401-415．

Li, D., Nanseki, T., Matsue, Y., Chomei, Y., Shuichi, Y., (2016) Grain quality and other determinants of the rice yield of Koshihikari: evidence from a large-scale farm in the Kanto Region of Japan. Annual Symposium of the Farm Management Society of Japan, Sep. 17, University of Kyoto, Kyoto, Japan.

前山　薫，南石晃明，本田茂広，法隆大輔（2006）農業技術体系データベースの効率的な構築手法，農業情報研究，15：25-47．

松江勇次（2016）高温登熟条件下における収量性と食味向上に向けた水稲生産技術，システム農学会2016年度春季大会講演要旨，9-10.

門間敏幸（2011）知識創造型農業経営組織のナレッジマネジメント，1-41.

長野龍雄，重富　修（2005）デジタルカメラを用いた稲単葉の葉色測定，九州農業研究，67：7.

南石晃明（2002）営農技術体系評価・計画システムFAPSの開発，農業情報研究，11（2）：141-159.

南石晃明，前山　薫，本田茂広（2007）農業技術体系データベースと統合化された営農計画支援システムFAPS-DB，農業情報研究，16：66-80.

南石晃明（2016）稲作経営技術パッケージと最適営農計画，システム農学会2016年度春季大会講演要旨，11-14.

南石晃明，長命洋佑，松江勇次［編著］（2016）「TPP時代の稲作経営革新とスマート農業―営農技術パッケージとICT活用―」，東京，養賢堂.

南石晃明，吉原貴洋，伊勢村浩司，中村圭志，平石　武（2017）水稲経営情報マネジメント支援のための農匠プラットフォーム，農業情報学会2017年度年次大会講演要旨集，51-52.

南石晃明，横田修一，髙崎克也，吉原貴洋，新熊章浩（2018）農匠プラットフォームによる稲作経営の改善・革新支援，農業情報学会2018年度年次大会講演要旨集，39-40.

西村　洋（2007）精密農業の水稲作への適応，農業機械学会誌，69（5）：4-7.

農林水産省（2017）新たな政策の展開を踏まえた農業農村整備の具体化に向けて，<http://www.maff.go.jp/j/council/seisaku/nousin/bukai/h26_2/pdf/06_siryou2_2_261008.pdf>，2017年11月12日参照.

大角雅晴（1997）画像処理による水稲の葉色測定に関する研究，石川農短大報，27：27-48.

王　心悦（2011）デジタルカメラ画像を用いた水稲の栄養状態推定に関する研究，三重大生物資源学科修士論文，1-94.

Sato, M. (2017) International Training Workshop on Developing Knowledge Management in Agriculture for Small-scale Farmers, 29-43.

佐藤正衛，南石晃明（2011）環境経営を支援するWebベース営農計画システムの開発とその適用，農業情報研究，20：53-65.

髙﨑克也，横田修一，佛田利弘，福原昭一，福原悠平，南石晃明（2017）オープン水路用水田自動給水器の評価と試作，農業情報学会2017年度年次大会要旨集，57-58.

髙崎克也，田中一弘，南石晃明，横田修一，長命洋佑（2018）開水路用自動給水機の現地実証試験結果とPSM分析，農業情報学会2018年度年次大会要旨集，37-38.

田中一弘，南石晃明，長命洋佑（2017）IT生産管理技術に対する稲作経営の潜在ニーズ，農業情報学会2017年度年次大会.

田中一弘，南石晃明，長命洋佑（2018）仮想カタログ法によるIT生産管理サービスの評価―稲作経営体における収穫・水管理・施肥を対象として―，農業情報研究，27(2)：39-52.

胆沢平野土地改良区（2017）農業技術体系データベース・システムを用いた営農計画支援システム『FAPS-DB』，<http://www.isawa-heiya.or.jp/publics/index/110/>，2018年7月30日参照.

吉田智一，世一秀雄（2016）現場運用可能なUAV利用簡易水稲葉色判定手法の検討，農業情報学会2016年度年次大会講演要旨集，69-70.

吉田智一（2017）現場運用可能なUAV利用簡易写真測量の計測精度について，農業情報学会2017年度年次大会講演要旨集，130-131.

第 6 章　情報通信・自動化技術による稲作経営・生産管理技術の改善・革新　　219

第7章　大規模稲作経営における情報通信・ロボット技術導入効果

1. はじめに

　スマート農業への関心が高まっており，内閣府（2017）が推進している「戦略的イノベーション創造プログラム（SIP）次世代農林水産業創造技術」においても，「ロボット技術やIT，人工知能（AI）等を活用したスマート生産システム」を目指した研究開発が進められている．稲作分野においても，田植や収穫等の農作業を自動化するロボット農機の研究開発が進んでいる．

　しかし，こうした最新の情報通信・ロボット技術が大規模稲作経営に導入されるのか，導入された場合にどのような効果が期待できるのかは，ほとんど明らかになっていない．そこで，本章では，営農現場でこれらの最新技術を使用する稲作経営者の「農家目線」と，経営科学手法による定量評価の両面から，大規模稲作経営における情報通信・ロボット技術の導入効果について紹介する．

　以下ではまず2節において，SIPを含めて様々な研究プロジェクトに協力・参画している稲作経営者からみた情報通信・ロボット技術の可能性（評価）と課題について紹介する．その後は，定量的分析を行い，3節では，稲作経営における機械操作技能向上・作業時間短縮のコスト削減効果，4節では稲作経営におけるロボット農機の規模拡大効果を，FAPSにより分析した結果を紹介する．その後5節では，具体的なサービスの提供には至っておらず仮想的な段階にある稲作収穫・水管理・施肥管理支援ITサービスの評価について，仮想カタログ法による分析結果を示す．最後に，6節では農業法人全国アンケート調査に基づいて，稲作経営におけるICT費用対効果の評価について，因子分析による作目間比較を行った結果を紹介する．

（南石晃明）

2. 稲作経営者からみた情報通信・ロボット技術の可能性

　近年，様々なICT農機や農業センサが販売されている．また，内閣府SIPプロジェクトでもスマート農業が主要テーマの一つになっている．本節では，大規模

稲作経営者の「農家目線」からみた，スマート農業への期待と課題を述べる．

1）水田センサ（水位・水温の見える化）

　SIP プロジェクト等において水田センサを数百圃場に試験設置してきた経験から，圃場別水位・水温をグラフ等でリアルタイムで視覚化できることは，省力化，収量・品質向上，雑草抑制等の水管理改善効果が期待できる．特に，減水深が大きい圃場や漏水が頻発する圃場，遠方で見回り頻度の低い圃場などでは有効と思われる．

　しかし，数百圃場を一元的に管理する場合，例えば水田センサで水位異常を確認できても，日々の水管理作業では実際には即座には対応できない現実がある．水管理担当者の作業動線で言えば，水位異常に個別に対応することで無駄に移動時間をかけるよりも，ある程度計画的に全体を見ている中で，特に問題の深刻な圃場を重点的に見回る，という使い方が現実的になってくる．

　一方，農場全体の収量・品質向上という観点からは，水管理作業の実態（水位）と収量・品質との関係を分析して，次年の作付計画や作業計画，栽培計画に活用する意味合いの方が大きく，重要になると考える．

　こうした観点から考えると，農匠ナビ1000 プロジェクト（第1期）の成果に基づいて商品化された水田センサ（ベジタリア社パディウォッチ）は，前者の通り圃場のリアルタイムな状況を確認するためには，分かりやすいスマートフォン・アプリ（GUI）を提供しており，使い勝手が良いツールといえる．しかし，数百圃場の管理を想定すると，スマートフォン・アプリの限界があり，大規模稲作経営には向いていない面がある．

　一方，後者の使い方を考えると，農匠ナビ1000 プロジェクト（第1期）の成果である営農可視化システム FVS クラウドシステムが適しているといえる．このクラウドシステムでは，複数の水田センサのデータを圃場図，グラフ，帳票で一覧できる．また，それらのデータを一括ダウンロードして，エクセル等で活用するには，利用し易いといえる（なお，パディウォッチも CSV ファイルのダウンロード機能がある）．また，農匠ナビ1000 プロジェクト（第2期）の成果により，農匠プラットフォームの利用により，水田センサ計測情報（水位，水温）と IT コンバイン計測情報（収量）を関連づけて可視化することができる．これは，作業（水管理）と結果（収量）を関連付けて視覚的に理解するために必要であり，営農現場での活用が期待される重要な機能と考えられる．

2）自動給水機（水管理の自動化）

　水田センサにより，水位や水温の情報を遠隔でも把握できるようになり，収量・品質向上に結び付けた水管理をできる可能性が出てきた．しかし，その一方で，分散している遠隔圃場へは物理的な移動時間が発生するし，集約していても圃場ごと水口（パイプラインであってもオープン水路であっても）ごとに移動して，その都度，水量を調節するのは時間がかかる．こうした作業全体の時間的な制約からも，大規模稲作経営においては，水田センサの情報に基づいて，手作業で精緻な水管理を実際に行うのは難しく，自動給水機への期待は高まっている．

　しかし，自動給水機の導入・運用コストについては，現状でパイプライン用は10〜15万円と高価で，設置圃場の面積にも依存するが，その費用対効果には疑問もある．そこで，農匠ナビ1000プロジェクト（第2期）において，筆者らが開発を行っているオープン水路用に特化した自動給水機「農匠自動給水」では，農家感覚や価格分析の結果を参考に，5万円以下を目指している．

　茨城県の横田農場では，オープン水路用自動給水機「農匠自動給水」の他に，複数の異なるメーカのパイプライン用の自動給水機を設置している．具体的には，SIPプロジェクトで開発された「WATARAS」（クボタケミックス）や市販商品である「水まわりくん」（積水化学工業）を5〜10数台実際に設置して，現地実証を行っている．その経験に基づいて，水管理担当者が感じたことは，水田センサやパイプライン用自動給水機で計測される「水位」への疑問である．現状の水位センサでは，田面（ゼロ水位）を基準に水位が計測され，自動給水機が自動作動する仕組みになっているが，実際に圃場で目視する「水位」と一致していないと感じる場面がしばしばある．給水を行っていない晴天時には，水位が増加することは考えられないが，水田センサの計測値上では，水位が増減する不可解な計測値もみられる．差圧式の水田センサでは，気圧の変化が見かけ上の「水位」に影響を及ぼしている可能性もある．また，水田の田面は実際には数cmの範囲で凸凹であり，代かき後の経過日数や水管理作業（例えば，中干）により，田面は下がることがある．農匠ナビ1000（第1期）において何度も議論されたように，水田の田面は，実際には，均平でもなく，一定でもないのである．この点を考慮していない水田センサは，大規模稲作経営での活用は難しい面がある．

　特に，自動給水機において，管理したい水位の上限と下限を，圃場で目視できない水位センサについては，実際の運用が困難といえる．現時点では，今まで人が行っている水管理を改善（自動化）することが目的であり，人がどのように水

管理を行っているかを理解し，それを支援するためのセンサや自動給水機が必要とされている．そうした発想でなければ，実際の大規模稲作経営において，導入することは困難と思われる．将来的には，人が介在しないで，機械学習に基づく最適な水管理を実施した方が，収量が向上する可能性も否定はできないが，それには，さらに相当の研究蓄積が求められ，近い将来実現するとは考えづらい．当面は，農業者が実際に導入できる価格で，必要とする最低限の機能をもつ自動給水機が入手可能となることに期待が高まる．

3）流込施肥機（追肥の自動化）

水稲の栽培管理上重要な作業の一つが肥培管理だが，近年では施肥作業を省力化するための肥効調節型肥料の使用が大宗を占めるようになっている．そうした中で，気候変動や多品種栽培による肥効の不適合による，減収や品質低下も問題になっている．一方で，追肥作業は地耐力がある圃場では乗用型散布機での追肥も可能だが，湿田や狭小区画圃場では背負い式に頼らざるを得ない場合が多い．最近では，UAV（ドローン）の研究開発・商品化が進み，こうした ICT 農機による追肥も技術的には可能になっているが，大規模稲作経営においては，積載量制限の問題もあり，しばらくは実用的とは言えない．

そこで注目されるのは，流込の施肥である．技術的には古くから存在していたが，水量不足による施肥ムラなどの問題があった．現在では作期分散によって地域全体が同時に水を必要とするという状況ではなくなり，実用に耐えられる技術となる可能性は高まっている．これまで横田農場では，独自に作成したポリバケツ型の施肥器を実際の営農で使用すると共に，農匠ナビ 1000（第 1 期）で研究開発を行い茨城農研と横田農場が特許出願を行った流込施肥機やイスラエルの会社（ICL）が試作した流込施肥器の現地実証を実施してきた．その経験から，機器の性能（液肥の滴下速度・一定濃度など）も重要だが，それよりも，水位管理や用水量等の条件により，施肥精度の違いが大きい傾向があると考えられる．このことは，事前に，適切な水田の水位管理を行い，また用水量等の条件を十分に把握することが重要であることを意味している．また，農場全体の運用効率，具体的には 1 日の作業単位として，準備，設置，施肥，回収といった作業の効率を考えると，多圃場で順番に（同時に）施肥を行うためには，機器そのものを簡素化（作業の簡易性・移動の簡易性）して本体コストを下げることが重要と考えている．今後は，水位センサや自動給水機と組合せることで，より施肥ムラ・リスク

224　第2部　稲作スマート農業における情報通信・自動化技術の可能性と課題

を低減し効果を発揮しやすくなる可能性がある.

4)　土壌センサ（土壌成分の見える化）

　土づくりは作物生産にとっては最重要であり,従来は,1圃場5地点でサンプリングをし,圃場ごとの分析を行うことが一般的であり,農匠ナビ1000（第1期）やSIPプロジェクトにおいても,この方法で土壌分析を行ってきた.しかし,圃場整備や畦除去による大区画化により,同一圃場内でも土質に大きな違いが発生し,従来のサンプリングによる圃場単位の均一な土壌分析の結果では,不十分になってきている.

　そこで,農匠ナビ1000（第1期,第2期）では,トラクター牽引型土壌センサ（東京農工大学が試作）の現地実証を横田農場においても実施している.この土壌センサは,連続的に圃場内を計測できるので,圃場内の土壌ムラを把握するためには,かなり有効と言える.しかし毎年,圃場を計測する必要はないので,農業者自身が購入する必要性もなく,現時点では高価であり,購入も困難である.また,計測作業は専用機器で行うため,計測作業に時間を要する点も課題である.その解決案としては,例えば耕起作業や田植え作業,収穫作業の際に,同時に計測作業が可能になれば,活用場面が広がるように思われる.ただし,そのためには,一段の小型化・軽量化・省電力化等の改良が求められるが,それには相当の時間を要しそうである.そこで,当面は,企業による土壌センシング計測サービスの可能性が期待される.県や普及センターなどがそうしたサービスを活用する案も考えられる.その際,例えばドローンや衛星のリモートセンシングデータとセットで,複合型情報として活用する案もあろう.

5)　ITコンバイン（圃場別収量の見える化）

　ITコンバインについては,既に商品化（ヤンマーSA,クボタK−SAS等）されており,いわゆるスマート農業やデータ駆動型生産を行う上では,必須に近いと言える.生産現場においては,圃場ごとに栽培管理や肥培管理,水管理,薬剤散布等を行っているため,管理単位ごとにその結果（収量）を把握することは必須であり,それを収穫作業とほぼ同時に行えるITコンバインは有効と言える.

　もちろん,ITコンバインを使用せずとも,収穫した籾を運搬時・張込み時に,圃場毎に水分計測・重量計測を行えばより高精度のデータが得られる.従来の共同乾燥調製施設等では,入荷ロット毎には一般的に行われてきたことであるが,

圃場別という点では IT コンバインの利便性の方が高いといえる．ただし，IT コンバインの計測誤差（カタログでは±5%程度と言われる）の問題もあるし，さらに計測できるのは生籾重から推計した「粗玄米重」であるという問題もある．日本国内で共通的に使われる精玄米重とは異なるので，くず米豊作の可能性もあるので注意が必要である．その意味で，乾燥調製後の実収量などもデータ化し連動することが今後は重要になる．

　また今後は，IT コンバインが作業中にオペレータに対して，効率的な作業上必要な情報をプッシュ型で提供する必要がある．必要な情報は，オペレータの技能や作業体系，経営体によって異なる．過多の不要な情報は，オペレータにとって不要であり，時には有害ですらあると考えられるので，その表示はユーザーが自由に選べる機能が望ましい．例えば，一日の作業開始時刻からの表示時点までの総収穫量，乾燥機の空容量，籾運搬車の位置と圃場への到着予想時間，単位収穫面積当たりの刈取り時間と残り時間（倒伏程度によって作業速度が異なるため）等が考えられる．また，収穫作業が降雨の影響を大きく受けることを考えると，雨雲レーダーによる降水予測（30 分後，1 時間後等）情報などを含めて，収穫作業中の様々な判断に必要となる情報を，スマートフォン操作などで収穫作業を中断することなく提供する機能も考えられる．さらに，収穫作業後の振返り，作業改善に必要な情報を表示させることも，技術的には可能になっている．収穫作業中に計測できるデータとしては，収量や水分含量等の他にも事後分析に有効なデータがある．例えば，圃場周回中に気づく部分的な倒伏や生育不良，湿田状況など，圃場の特定の位置・場所で特異的な部分を，オペレータが気づいた時点で何らかの記録（音声や GPS 位置等）ができる機能も，使用頻度は低いかもしれないが，収量・品質改善という意味では，重要になると考えられる．

6）ドローン（UAV）による農薬・肥料散布

　ドローンでの農薬・肥料の散布作業については，将来的な期待はあるが，現状では大規模稲作経営での実用化には課題が多い．現状市販化されているリモコン操作型は，従来の産業用無人ヘリに比較し操作は簡単になっているが，積載量が少ない，1 回の作業可能時間が短い等の課題がある．従来の無人ヘリを使用した経験からは，農作業機械としては，時代に逆行して，かえって使いづらくなっている面がある．無論，産業用無人ヘリを経費面で導入できない小規模の経営であれば，ドローン導入のイニシャルコストが小さいことはメリットである．しかし，

それであれば，散布事業者に依頼する方がよりコストは小さい．実際に産業用無人ヘリによる散布業を行っている事業者は，他の稲作関係の作業委託ができる事業者と比較し数も多く，大規模稲作経営がわざわざ自前で作業効率の悪いドローンを導入するメリットは小さいように思われる．

ただし，現在，法的な規制緩和も含めて，完全自動航行・散布のできるドローン機体がまもなく販売開始（例：ナイルワークス）されるところまで来ており，将来的には期待したい．これまで産業用無人ヘリはオペレータ，ナビゲーターに加え薬剤準備や作業の段取りを行う作業者等が3名程度は必要であった．しかし，完全自動であれば，これが1人でできる可能性がある．産業用無人ヘリが3人で30ha/日として，ドローン利用により1人で15ha/日程度の作業が可能になれば優位性がある．

こうした実際の営農場面での稼働に十分に対応できる技術の実用化が期待される．ドローンの積載量の増加やバッテリ性能の向上は進むと考えられるが，今後はドローン用に，散布する薬剤・肥料・種子の軽量化が必要になるといえる．ドローンが，複数作業で使用できるようになることで，機械コストも下げられると考えられる．

また，ドローンによる生育調査等のセンシングについても十分期待できるが，土壌センシングと同じく，農作業と同時に計測を行うことが今後は必須になるといえる．また，完全自動航行が可能になれば，昼夜を問わない稼働も想定できる．その際には，肥料や農薬等の散布資材補給やバッテリ交換作業の自動化も課題になる．カートリッジ式資材や自動補給できる装置の開発，自動充電ステーションなどが必要になると考えられる．技術的には，近未来的な農業の可能性が広がるが，そうした技術が実際の大規模稲作経営において導入されるためには，稼働時間・作業性・安全性・地域理解等の諸条件を満たし，さらに費用対効果が十分に高くなるまで導入コストが低下する必要がある．

7) 操作アシスト機能付き農機（機械操作支援）

横田農場では，田植機1台，コンバイン1台で140ha（1シーズン400～500時間）稼働しており，トラクターも1シーズンで600～900時間稼働している．オペレータは，ほぼ専属的に担当しているため，現在市販されているような，農業機械操作をアシストする機能を使用する機会はかなり限定的であり，ほとんど使用していない現実がある．例えば，田植機の直進アシスト機能については，そもそ

も多少の条曲りは，収量・品質にも作業性にもあまり影響しないので必要性がない．むしろ作業者の調整能力では限界のある，苗の植付姿勢や深精度の向上や制御，苗かきとり精度の向上や制御などをアシストした方がより実益が大きいと思われる．

　将来的には，完全無人での自動走行ロボット農機への期待もあるが，実用化までには様々な技術・制度的な課題が予見され，実際に農業経営の現場で導入可能になるまでには相当の時間を要すると思われる．そうであれば，技術的には，現在の作業機操作アシスト機能程度が現実的であるとも言え，これをより低コストで機能を進化・充実させていくことが，将来の無人化にもつながると考えられる．

8）無人自動走行ロボット農機（農業機械作業自動化）

　筆者（横田）は，以前は，無人自動走行ロボット農機には否定的な立場だった．しかし，さらなる生産コスト削減には，一人あたり管理面積を50ha程度まで引き上げなければいけないと考えており，そのためには自動作業ロボットも必要と考えを改め始めている．

　ただし，SIP等で研究開発されているロボット農機は自動走行といっても，実際の熟練したオペレータが機械作業を行う際に注意しているようなポイントについては，ほとんど考慮されていないように感じられる．例えば，実際の稲作で要求される作業精度・質，その作業自体の効率，前後作業への影響の考慮と効率化，機械の低負荷・故障回避，耐用年数を延ばすような操作，それらを全て踏まえた全体の効率のバランスなどである．これらの全ては無理でも，一部でも考慮するようなセンシングを行い，営農現場の実際のニーズにあったロボット農機の開発に期待したい．

　例えば，コンバインにあっても，現状は走行速度をエンジン負荷や選別のロス率に合せて可変させる仕組みがあるが，それは対処療法的といえる．実際には，1シーズン500時間稼働させているオペレータは，倒伏程度や風向による稲の乾き具合，湿田具合を視覚的に判断して，コンバインが刈取り位置・場所に到達する前から減速動作・加速動作を行っており，全体として効率的で無駄のない収穫作業を行っている．そういった情報を活用できるようなセンシングと処理，機構・動作が必要だと考えられる．

　機械作業の中では，トラクターによる耕起作業は，比較的パターン化しやすい作業なので，これは間もなく無人化できるであろう．しかし，価格や農道走行の

228　第2部　稲作スマート農業における情報通信・自動化技術の可能性と課題

問題を考えると，従来の使い方では難しいといえるので，例えば，1集落や1団地単位すべてを1台のトラクターで畦越えで作業する，なども考えていく必要がある．耕作者ごとに作業のやり方は違うので，それぞれのやり方やポイントは事前にトラクターに学習させておく，といった活用法ができれば，実際の営農場面での導入が可能になるとも考える．つまり，これまでの機械の使い方や所有の仕方，概念そのものを変えないと，ロボット農機のような新しいものは実際には普及が困難と考えられる．

9）共通データ基盤・AI農業

　データ駆動型農業やスマート農業が農林水産省等によって推進されているが，こうした発想に関心・問題意識のある農業者からすれば，それがデジタル化されているか紙ベースのアナログ的かを問わずに，何らかのデータを活用して，経営に最も効果的な技術選択や農業経営意思決定を行っているか否かが重要である．こうしたデータを共通の基盤に載せる利点は，複数のデータを組合せて分析することで，従来にではできなかったような活用が期待できるからであろう．しかし，現状では，多種類のデータを集めても，経営判断・作業判断に活用できるほどの分析ができる状況にはなく，特に水稲では活用は当面難しいと思われる．

　膨大なデータを蓄積しても，活用場面においてその解析により生れる価値が農業者に認められるものでなければ，少なくとも，農業経営では活用されない．処理しても意味がないムダなデータを幾ら蓄積しても，それに埋もれるだけで有害な可能性さえある．農業経営においては，小さな取組でも効果的なデータを活用して，農作業上の様々なムダを省き効率を向上させることができるような成功体験を積み重ねることの方がより重要ではないかと思われる．

　現在のWAGRIの取組みは，多様なデータを一カ所に集めることが注力されており，その利用・活用については不透明感が否めない．農業者が活用するというよりは，農業以外の分野で，農業分野のデータを活用したいとの思惑も感じられ，大規模稲作経営からのデータ提供や活用には見通しが立たない状況といえる．これに対して，6章で紹介している「農匠プラットフォーム」は，稲作経営者が自らの農場の多様なデータを統合して，「農家目線」で経営・生産管理の具体的な改善を行うために設計されており，今後の活用に展望が持てる．

　また，現在のWAGRIの先にある未来農業像についても疑問の声もある．共通データ基盤に蓄積された膨大なデータをAIに学習させ，AIが判断してロボット

農機制御を行い，農作業を完全無人化した人を排除した農業生産を目指すかのような発想にも違和感を覚える人もいる．人間では処理できないような膨大な過去のデータを AI が学習し，一定の条件下で「最適な」農作業の指示は可能になるかもしれない．そこで，仮に，例えば，気象変動などで，従来と異なる環境条件になった場合に，AI が下す判断が，妥当か否かは，誰が判断するのであろうか？現在主流の AI 学習手法である深層学習では，判断の理由は誰にも分らない．理由の説明がなく，判断の妥当性を評価することは困難であろう．仮に未来の農業者が，AI の判断に基づいて農業生産を行うとしよう．農業生産が順調に行っている時は問題ないが，何か都合が生じた場合に，AI がどの様なデータを使って，どのように処理して結論を出したのかが分からないとすると，未来の農業者はどう行動すべきであろうか？重要な判断の最終的な責任は，だれかが取らざるを得ない．最後は，AI に全てをゆだねるか，自分で責任をとるかの選択になる．大規模稲作経営者の多くは，やはり最後は，自分の責任で判断をしたいと思うであろうから，AI にはその判断を支援する存在であることが期待される．

10) 最適作付計画・営農計画支援

　現在，研究開発が進んでいるスマート農業関連技術は，個々の農作業の自動化や最適化を目指しているものが多い．しかし，スマート農業の効果を最大限引き出すためには，経営環境変化に応じて，柔軟に農場全体の営農活動を総合的に最適化する視点や技術が一層重要になる．

　例えば，横田農場の経営戦略の中の重要なポイントの一つとして，急激な規模拡大への対応として農業機械や人員を増加するのではなく，現状の機械装備や人材を現場レベルの創意工夫で最大限に活用するというものがある．これは一方で，これまで持っていたある意味の余裕（別の見方をすればムダ）を限界までそぎ落とすことである．気象条件等の予測しにくいリスクに対応しながらもムダを省いた作付・営農を行うためには，戦略的な計画が重要といえる．これを実現するには，前年を踏襲するような作付・営農計画ではなく，これまでの作業・栽培の実績に基づいた周到で緻密な計画が必須であり，実際に横田農場では FAPS のような経営全体を最適化シミュレーションするものから，エクセルを活用した簡易な作業計画などを実践的に利用している．

　大規模稲作経営者が今後期待する技術として，品種や作期ごとの生育モデル・収量予測を加味した作付・営農計画支援システムがある．こうしたシステムが実

践的に活用できる段階になると，より戦略性と安定性を持った経営ができると考えられる.

（横田修一・南石晃明）

3. 稲作経営における機械操作技能向上のコスト削減効果
—FAPS による最適営農計画による分析—

1）はじめに

　今後 10 年間で米の生産コストを全国平均（1 万 6 千円/60kg）から 4 割削減する目標を政府が掲げる（内閣府 2013）など，我が国の稲作では生産コストを削減することが喫緊の課題となっている．そうした中で，南石ら（2016）は，規模拡大と共に IT 農機活用を含む経営技術パッケージ導入（経営の立地条件に最適な技術の組み合わせ）が，生産コスト低減に有効であることを明らかにしている．一方，松倉ら（2015）は，作業者の技術・技能向上が稲作経営の生産コスト低減に及ぼす効果に関して，農業技術体系データベースを用いた営農計画支援システム FAPS-DB で試算計画法による分析を行い，定量的に明らかにしている.

　しかし，稲作経営におけるコスト低減方策について，土地利用型経営で重要となる降雨等の気象変動による作業遅延・不能といった作業リスク（南石 2002）や農業機械・施設，農地，労働力等の経営資源制約を考慮した最適な営農計画を用いて検討した研究は少ない．そこで本節では，馬場・南石ら（2017，2018）に基づいて，作業リスクや経営資源制約を考慮した最適営農計画において，作業者の作業効率向上がコスト低減に及ぼす効果について明らかにする.

　なお，本稿の分析結果は，操作アシスト機能付き農機（機械操作支援）により，初心者の機械操作技能向上による生産コスト低減効果を示しているとも解釈できる．また，次節ではロボット農機の規模拡大効果について紹介するが，その分析には本節で示す FAPS モデルを用いている.

2）FAPS モデルの概要

　本節では，営農技術体系評価・計画システム FAPS（南石 2002）の改良版である FVS-FAPS を用いて数理計画法による分析を行った．数理計画法では，「平均収益最大化（収益は，会社の利益と役員報酬の合計）」を最適化目標とした．また，制約条件として「労働力制約」，「土地制約」，「機械作業可能時間制約」を設定し

た．換言すると，諸制約の下，収益が最大となる最適な作付計画（最適営農計画）を算出する．なお，「機械作業可能時間制約」は過去20年間（1996年〜2015年）のどの年次の降雨パターンでも機械（田植機とコンバイン）作業が実施可能となる時間を設定した．

本節で用いるFAPSモデルは，滋賀県内の先進大規模稲作法人経営（以下，A法人）を参考に，田地は全て借地（地代1万円/10a）で生産規模150ha，作業者数17名の法人経営を想定している．品種別・作期別の技術体系データ（収量，米販売価格，費目別変動費，作業項目別作業時間，農業機械作業時間等）は滋賀県が作成した「農業経営ハンドブック」（滋賀県農政水産部 2012）およびA法人実績（2012〜2013年度）を参考にした．また，保有機械や熟練度別作業効率は松倉ら（2015）に基づいており，降水量はA法人の所在する滋賀県彦根市付近のアメダス時間降水量データ（気象庁 2018）を基に設定した．熟練度別作業効率は田植機による田植えやコンバイン刈り取りなど稲作の主要な作業に関して「初心者」，「実績」，「熟練者」の3つを設定した．なお，支払い雇用労賃は時給換算とし，最適営農計画計算後の経営費に算入した．

分析シナリオは，初心者シナリオ，実績シナリオ，熟練者シナリオの3つを設定した．これらは松倉ら（2015）と同様にそれぞれ，作業者数17名が全員初心者，全員実績水準の作業者，全員熟練者とする設定である．まず次項では，各シナリオの最適営農計画を提示したうえで，玄米1kg当たり経営費に着目し，作業者の熟練度向上による作業効率向上がコスト低減に及ぼす効果について検討した．次に，作業者の熟練度向上によるコストおよび作業時間の低減効果について松倉ら（2015）と比較検討した．

3）数理計画法からみるコスト低減効果

図7-3-1に各シナリオの玄米1kg当たり経営費とその内訳を示す．玄米1kg当たり経営費は初心者シナリオ231.1円/kg，実績シナリオ162.8円/kg，熟練者シナリオ155.7円/kgであった．玄米1kg当たり支払い雇用労賃と固定費をみると，初心者シナリオでそれぞれ29.3円/kgと123.5円/kg，実績シナリオで30.1円/kgと54.0円/kg，熟練者シナリオで30.3円/kgと46.9円/kgになった．作業者の熟練度が向上することにより玄米1kg当たり支払い雇用労賃は微増した一方，玄米1kg当たり固定費が大きく低減したため，玄米1kg当たり経営費が低減した．

換言すると，作業者の熟練度向上により作業効率が向上し，機械1台当たり作

232　第2部　稲作スマート農業における情報通信・自動化技術の可能性と課題

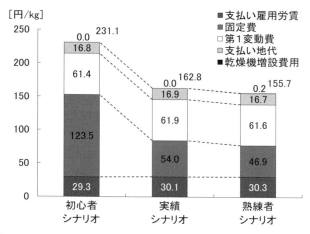

図7-3-1　各シナリオにおける玄米1kg当たり経営費
　　　　出典：FVS-FAPSを用いた分析結果より筆者作成．
　　　　注：熟練者シナリオにおいて，保有乾燥機の処理能力では補えない収穫量となり，玄米1kg当たり乾燥機増設費用が0.2円/kgとなっている．

付面積増加に伴う収穫量増加によって玄米1kg当たり固定費が低減する．玄米1kg当たり固定費の低減が作業者の熟練度に応じた支払い雇用労賃の増加分より大きいため，コスト低減に繋がっていると考えられた．以上より，作業リスクや経営資源制約を考慮した最適営農計画において，作業者の熟練度向上による作業効率の向上はコスト低減に効果があることが明らかになった．

4）試算計画法との比較・検討

　熟練度向上によるコストおよび作業時間の低減効果について松倉ら（2015）の試算計画法と比較した．図7-3-2に「初心者シナリオから実績シナリオ（以下，初心者から実績）」および「実績シナリオから熟練者シナリオ（以下，実績から熟練者）」への熟練度向上によるコストおよび作業時間の低減効果を示す．なお，コストの指標として本節では「経営費」を用いるが，松倉ら（2015）では「生産コスト」であることに留意されたい．

　本節の熟練度向上によるコスト低減効果についてみると，「初心者から実績」では29.5ポイント，「実績から熟練者」では4.4ポイントであり，熟練度向上によるコスト低減効果は「初心者から実績」の方が大きかった．また，熟練度向上による作業時間低減効果は，「初心者から実績」では34.4ポイント，「実績から熟練者」

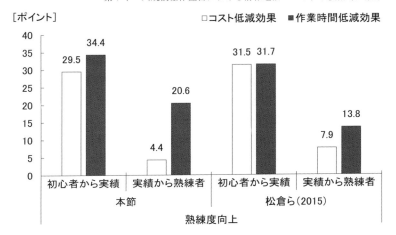

図 7-3-2　作業効率向上によるコストおよび作業時間の低減効果比較
　　　　出典：FVS-FAPS を用いた分析結果および松倉ら（2015）より筆者作成．
　　　　注1：「コスト」の指標として本節は「経営費」，松倉ら（2015）は「生産コスト」を用いている．
　　　　注2：松倉ら（2015）の初心者シナリオは 50ha と 100ha の算術平均から 75ha として算出した値，実績シナリオおよび熟練者シナリオは時給 1,250 円/時で 150ha 作付した場合の値を用いている．

では 20.6 ポイントであり，熟練度向上による作業時間低減効果においても「初心者から実績」の方が大きい結果となった．

　この結果と松倉ら（2015）の結果の共通点は，熟練度向上によるコストおよび作業時間の低減効果が「初心者から実績」の方が「実績から熟練者」よりも大きい点であった．一方，両結果の相違点は，作業者の熟練度向上による低減効果の程度に差異が見られた点であった．前者に関しては A 法人の実績の水準が熟練者に近いため熟練度向上による低減効果に差異が見られたと考えられた．後者に関しては両研究の手法が異なることが技術体系の作付面積構成比率に影響し，低減効果の程度が異なったと考えられた．以上の分析結果の比較から，稲作の主要な作業において作業者の作業効率が向上することは，作業時間低減に大きな効果を及ぼすだけでなくコスト低減にも効果があるという結論がより一般化された．

5）おわりに
　　―機械操作技能向上がもたらすコスト低減―
　本節では，稲作法人経営における作業者の作業効率向上がコスト低減に及ぼす

効果について数理計画法で検討を行った．分析の結果，作業リスクや保有経営資源を考慮し平均収益最大化を目的とした最適営農計画において，稲作の主要作業における作業者の作業効率向上は作業時間を低減するだけでなく，コスト低減にも効果があることが明らかとなった．この結果は，試算計画法による松倉ら（2015）と同様の結果であった．したがって，数理計画法と試算計画法の両方の結果から，稲作における作業者の作業効率向上はコスト低減に有効であるという結論がより一般化されたといえる．

また，初心者の熟練度向上はコストの低減に大きな効果を及ぼすことから，コスト低減を目指す稲作経営にとって熟練度が低い作業者に対する人材育成等の取り組みが有効であることが示唆された．福原ら（2016）は先進大規模経営者の実務経験に基づいて，大規模農業法人経営の経営課題として「コストダウンを目指す際，人材の育成」が必要不可欠であると述べており，本節の結果の現実妥当性を実務面からも裏付けている．さらに，本節の結果から，初心者に対しては，操作アシスト機能付き農機（機械操作支援）の活用による生産コスト低減効果が大きいと考えられる．

（馬場研太・南石晃明・長命洋佑）

4. 稲作経営におけるロボット農機の規模拡大効果
—FAPS を用いた最適営農計画による分析—

1) はじめに

内閣府（2017）が推進している「戦略的イノベーション創造プログラム（SIP）次世代農林水産業創造技術」では，「ロボット技術や IT，人工知能（AI）等を活用したスマート生産システム」を目指して，農業機械や水管理システムの自動化・知能化等が進められている．しかし，自動化・知能化された農業機械や水管理システム導入が実際の農業経営にどのような効果を及ぼすか，どの程度生産コスト低減に寄与するのかは明らかにされていない．そこで，本節では FVS-FAPS を用いた最適営農計画による分析により，完全自動ロボット農機導入による稲作経営規模の拡大効果を定量的に解明する．

2) FAPS モデルの概要

本節の最適営農計画による分析には，100ha 超の先進稲作経営 2 社（滋賀県，

茨城県）を想定した FAPS 最適営農計画モデル（馬場・南石ら 2017, 2018, 南石 2016）を用いる．これらのモデルに，田植機およびコンバインが自動化・知能化した自律走行ロボット農業機械（以下，ロボット農機）を導入するシナリオを設定し，ロボット農機導入により最適経営面積（最適解）がどのように変化するかを分析することで，ロボット農機の経営規模拡大効果を推計する．なお，本節で用いる FVS-FAPS は，操作性向上や気象データ処理可能年数等を拡大した FAPS の改良版である．

　ロボット農機シナリオとしては，全ての作業をオペレータ（以下，OP）が行う場合（OP 作業割合が 100%，自動化率=0%）と，OP 作業割合が 0%（自動化率=100%）の完全自動化段階を想定した．完全自動化段階では，始終業時の機械点検，公道走行を含む農舎から圃場・圃場間の移動，田植機では育苗箱受や苗マットのセット，コンバインでは籾運搬車への籾搬出等の全ての作業を各農場の熟練者と同等の能率で完全無人で実施できることを想定した．なお，従事者数に関しては，現在の従事者数を維持するシナリオと，ロボット農機が代替した機械操作の人数だけ従事者数を削減するシナリオを設定している．従事者数を維持するシナリオでは，ロボット農機に代替した従事者は，別の農作業に従事することができる．

3）ロボット農機の導入効果

　図 7-4-1 は，滋賀県 FAPS モデルの最適営農計画（一部抜粋）を示している．現状の従事者数を維持する場合，コンバインの完全自動化により水稲作付面積上限が約 8ha 増加する．この時の収益増加額から，ロボット機能維持費年上限額は約 140 万円と推定される．自動化に見合った従事者数を削減する場合には，作付面積上限および売上が減少し，ロボット農機の導入効果は認められない．田植機については，現状の従事者数を維持する場合でも導入効果は認められなかった．なお，ロボット機能維持にかかる総費用年上限額には，減価償却費，点検・修理費，システム・サービス利用料，保険・税金等が含まれる．

　図 7-4-2 は茨城県 FAPS モデルの最適営農計画（一部抜粋）を示している．現状の従事者数を維持する場合，田植機の完全自動化により作付面積上限が約 3ha 増加する．この時の収益増加額から，ロボット機能維持費年上限額は約 180 万円と推定される．自動化に見合った従事者数を削減する場合には，作付面積上限および売上は減少し，ロボット農機導入効果は認められない．コンバインについては，現状の従事者数を維持する場合でも導入効果は認められなかった．

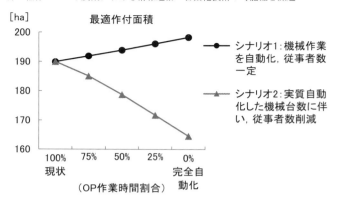

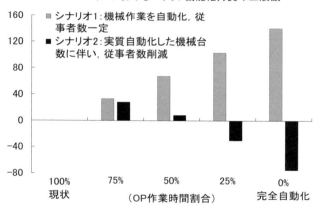

図7-4-1　ロボットコンバインの面積規模拡大効果と機能維持費上限額
注：滋賀県100ha超規模経営のFAPSモデルに基づく試算結果．

　以上の分析結果は，完全無人ロボット農機を想定した場合でも規模拡大効果は約3〜8haに留まることを示している．つまり，特定の農作業に特化したロボット農機の規模拡大効果は今回の予備的分析では限定的であることを意味している．ただし，経営条件によっては，ロボット機能維持費年上限額が約140〜180万円に達する場合もあった．この上限額から，完全自動化ロボット農機導入費用が低下すれば，その分だけ導入による収益が増加する．

4）おわりに

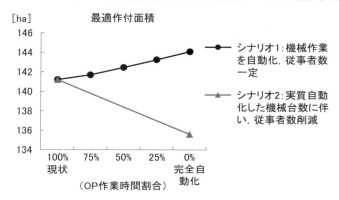

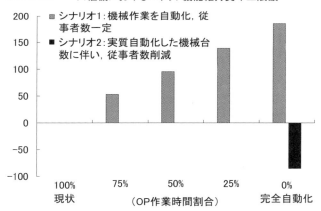

図 7-4-2 ロボット田植機の面積規模拡大効果と機能維持費上限額
注：茨城県 100ha 超規模経営の FAPS モデルに基づく試算結果．

　ロボット農機の研究開発が進み，技術的には実用段階に入りつつある．しかし，ロボット農機導入が農業経営にどのような影響を及ぼすのかは明らかにされていない．そこで本節では，100ha 超の先進稲作経営 2 社を対象に，経営規模拡大の制約要因を総合的に組込んだ最適営農計画モデルを FVS-FAPS を用いて試作し，ロボット農機（田植機とコンバイン）導入が経営規模拡大にどの程度効果を持つのかを評価した．

　本節の分析結果は，完全無人ロボット農機を想定したシナリオにおいても，規模拡大効果は約 3〜8ha に留まることを示している．このことは，特定の農作業に

特化したロボット農機の規模拡大効果は，少なくとも今回の分析では限定的であることを意味している．換言すれば，農場全体の作業計画や営農計画の最適化により，ロボット農機導入効果を最大限引き出すことが重要と言える．今後の研究としては，最適営農計画モデルの精度向上を行い，ロボット農機導入効果を生産コスト削減や費用対効果等より多面的に評価することが期待される．なお，自動給水機の導入効果について予備的分析を行った結果，水管理自動化による規模拡大効果はロボット農機導入時と同等かそれ以上であることが明らかとなった．ただし，紙幅の制約のため，これらの結果は別途公表予定である．

（南石晃明・馬場研太・長命洋佑）

5. 稲作収穫・水管理・施肥管理支援 IT サービスの評価
—仮想カタログ法による分析—

1）はじめに

わが国において，IT 等の先端技術の活用が農業の成長産業化に向けて強力な推進力となることが期待されており（農林水産省 2017），IT を用いて農業経営の高度化を図ることは，重要な課題の一つである．近年，生産管理現場での利用を対象とした IT に関する多様な研究成果や製品が主に稲作経営の領域で活発に発表されており，それらの普及に関して，稲作経営体のニーズを起点としたマーケットイン型の普及モデル構築が期待されている（南石 2016）．こうしたマーケットイン型の普及モデル構築を検討するうえでは，潜在利用者の評価を研究開発の段階から明らかにし，それらを研究開発に活かしていくことが重要である．しかし，将来の普及が期待されている（商用化前の）具体的な IT 生産管理サービスに対する評価を分析した研究の蓄積は少ない．

そこで本節では，研究開発が近年活発に見られる稲作経営体向けの IT 生産管理サービスに着目し，収穫・水管理・施肥の場面を対象として，将来の普及が期待される IT 生産管理サービスに対する稲作経営体の評価を明らかにした田中ら（2018）を要約する形で，稲作収穫・水管理・施肥管理支援 IT サービスの評価についてみていく．

2）仮想カタログ法を用いた IT サービス評価

本節では，まだ社会に普及していないサービスを調査の対象とするため，既に

表 7-5-1　仮想サービスの想定されるメリット

仮想サービス名		想定されるメリット	略称
IT コンバインサービス	1	低収量圃場が特定できる	低収量圃場特定
	2	「低収量圃場特定&収量向上アドバイス」付き刈取受託が展開できる	刈取受託
	3	全国各地のプロ農家同士で，データを基に収量向上の秘訣を相談し，自経営に活かせる	データ共有
IT 水管理施肥サービス	1	水管理のデータ化・検証によって収量・品質向上の検討材料にできる（水田センサ）	水管理データ
	2	緻密な水管理と連動した施肥技術によって施肥が楽になる（流し込み施肥機）	施肥連動
	3	水管理のため全圃場に出かける頻度を減らすことができる（自動給水システム）	頻度低減

出典：田中ら（2018）より筆者作成.

普及しているサービスに対する調査手法ではなく，将来の普及が期待されているサービスに対する調査の手法である仮想カタログ法を採用する．仮想カタログ法とは，商品コンセプトやユーザーメリットを想定し第三者が評価し易い様にカタログ化することで潜在ニーズを探る手法として知られている（例えば，細矢 2006）.仮想カタログ法を用いた設問設計においては，イノベーション採用プロセス（認知→関心→評価→試用→採用）の枠組みを援用し，イノベーション採用プロセスにおける初期段階（認知→関心→評価）に着目し，アンケートの設計を行った.

　アンケートにおける質問項目は，仮想カタログ法を用いて設計した収穫に用いる IT コンバインを組み込んだ「①IT コンバインサービス」，水管理・施肥に用いる自動給水システム，水田センサ，流し込み施肥機を組み込んだ「②IT 水管理施肥サービス」の 2 つの仮想サービスの中から，それぞれ営農現場での活用方法から想定される 3 種のメリット（表 7-5-1）を明示した．その上で，メリットに対する関心度合および試用（推薦）意向を 5 段階（1=ほとんど関心がない/試用（推薦）したいと思わない〜5=とても関心がある/試用（推薦）したいと思う）で回答してもらった．なお，アンケート調査は，稲作経営体・普及主体（普及組織・JA・農業機械資材等企業）等を対象として，2016 年 8 月に開催された農匠ナビ 1000 の現地検討会，同年 11 月に著者らが実施した稲作経営体向けの聞取調査の会合，2017 年 2 月に開催された全国稲作経営者会議主催の研修会にて実施した．回答は全体で 139 名から得られた．そのうち，職業不明であった 1 名を除外した 138 名を用い分析を行っている（アンケートの概要および仮想カタログ設計の詳細につ

いては田中ら（2018）を参照のこと）．

3）ITコンバインサービスに対する評価

　ITコンバインサービスの各メリットについて，稲作経営体のうち最も関心が低かったのは，「刈取受託」であり，最も関心が高かったのは「低収量圃場が特定できる」に対するメリットであり，稲作経営体の89.4％（かなり関心がある44.4％と関心がある44.7％の合計，以下同じ）が関心を持っていた（図7-5-1）．他方，試用意向に関しては，最も低かったのが「データ共有」（67.5％，かなり思う35.1％と少し思う32.4％の合計，以下同じ）であり，最も高かったのが「低収量圃場特定」であり，91.9％が試用したいと回答していた（図7-5-2）．稲作経営体における新技術導入においては，稲作経営者の価値観・志向が新技術導入の規定要因として重要な影響を与えていることが指摘されている（例えば，浅井1999，松本ら2004）．このことから，「低収量圃場が特定できる」というメリットが大規模稲作経営者の価値観や志向に合致したため，各メリットのなかで最も高く評価されたものと考えられた．

　また，普及主体は各メリットについては，最も関心が低かったのは「データ共有」（74.0％）であり，最も関心が高かったのが「低収量圃場特定」（85.8％）のメ

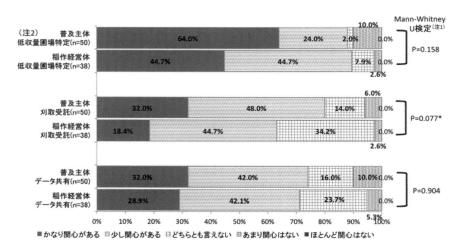

図7-5-1　ITコンバインサービスの各メリットに対する関心度合
注1：＊：$p<0.1$.
出典：田中ら（2018）．

第 7 章　大規模稲作経営における情報通信・ロボット技術導入効果　241

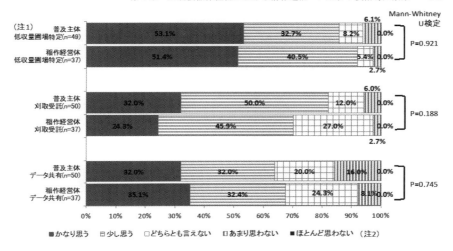

図 7-5-2　IT コンバインサービスの各メリットに対する試用（推薦）意向
　　　　　出典：田中ら（2018）．

リットであった．また，試用（推薦）意向に関しては，「データ共有」（64.0%）が最も低く，「低収量圃場特定」（85.8%）が最も高かった．これらの結果より，稲作経営体および普及主体ともに，「低収量圃場特定」に関する評価が高いことが明らかとなった．

4）IT 水管理施肥サービスに対する評価

IT 水管理施肥サービスの各メリットに関して，稲作経営体では「施肥連動」（68.4%）が最も関心が低く，最も関心が高かったのは「水管理データ」であり，86.9% が関心を持っていた（図 7-5-3）．次いで，試用意向に関しても，最も低かったのは「施肥連動」（70.2%）であり，最も高かったのが「水管理データ」（89.1%）であった（図 7-5-4）．特に，「水管理のデータ化・検証によって収量・品質向上の検討材料にできる（水田センサ）」メリットが稲作経営体から最も高い評価を集めた．今回の結果では，水管理のデータ化・検証によって「収量・品質向上」を目指したいと考える大規模稲作経営者が多い点に特徴が見られた．このことから，大規模稲作経営者は，水管理や施肥の省力化に加え，収量・品質向上による圃場ごとの売上増（圃場ごとの低コスト化）も強く求めているものと考えられた．

また，普及主体では最も関心が低かったのは「施肥連動」（69.4%）であり，最も関心が高かったのは「頻度軽減」（89.8%）であった．試用意向に関しても最も

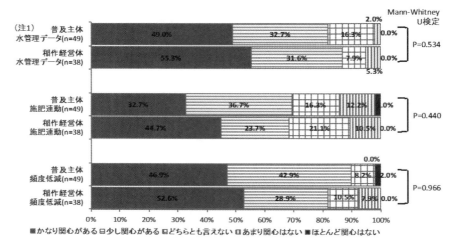

図 7-5-3 IT 水管理施肥サービスの各メリットに対する関心度合
　　　　 出典：田中ら（2018）．

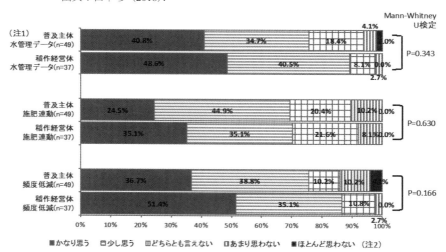

図 7-5-4 IT 水管理施肥サービスの各メリットに対する試用（推薦）意向
　　　　 出典：田中ら（2018）．

低かったのは「施肥連動」（69.4％）であり，最も高かったのが「頻度軽減」（75.5％）であった．これらの結果より，普及主体では，水管理のため全圃場に出かける頻度を減らすことができることに対する評価が高いことが明らかとなった．

5）おわりに

　仮想カタログを用いた調査結果より，IT コンバインサービス・IT 水管理施肥サービスにおける想定したメリットに対して，稲作経営体のうち 6 割以上が関心・試用意向を示していることが明らかとなった．特に，IT コンバインサービスから「低収量圃場が特定できる」メリット，また，IT 水管理施肥サービスから「水管理のデータ化・検証によって収量・品質向上の検討材料にできる」メリットに強い関心・試用意向が見られた．これらの結果より，多数の圃場枚数を抱える大規模稲作経営体は，IT 生産管理サービスを活用することで今まで把握することが困難であった圃場ごとのデータを取得・分析し，水管理改善により圃場ごとの収量・品質向上を目指したい志向を持っていることが考えられた．

　以上の結果より，まだ社会に普及していないサービスを普及する際には，普及主体が個別の稲作経営体の経営状況等の前提を認識すること，また，稲作経営体におけるリスク許容度等を認識することが重要であるといえる．換言すれば，新たな IT 生産管理サービスに関し，マーケットイン型の普及モデルを構築する際には，経営体の特徴（経営状況等）や経営者の特性（価値観，志向，リスク許容度等）について普及主体がより詳細に把握することが重要である．

（長命洋佑・南石晃明）

6．稲作経営における ICT 費用対効果の評価
―因子分析による作目間比較―

1）はじめに

　ICT は農業経営において様々な目的で活用されている．また，その評価は作目など経営属性により異なっている．本節では，まず緒方ら（2017）をもとに，目的別 ICT 活用評価に共通して見られる傾向を潜在因子として抽出することで，ICT 活用評価の構造を明らかにする．ついで，この構造も，個々の目的に対する評価と同様に経営属性によって異なると考えられることから，緒方ら（2018）をもとに，作目間で因子得点の比較をおこなうことで，稲作経営における ICT 費用対効果の評価の特徴を明らかにする．

2）アンケート調査の概要

　本節の分析に用いるアンケート調査（以下，アンケート）は，全国農業法人 2,

468 法人を対象として，筆者らの所属研究室が実施したものである（回収期間：2016 年 8 月～10 月）．調査対象法人に関しては，日本農業法人協会等のウェブサイトおよびその他文献等に記載されている法人名を独自に検索・特定し整理を行った．特定した法人に郵送調査法により調査票を配布し，545 の有効回答を得た（有効回答率：22.1%）．

　回答法人のうち，ICT の費用対効果に関する問において，提示した 10 の活用目的のすべてを活用（「ほとんど効果はなかった」から「費用を上回る大きな効果があった」のいずれかを回答）している 239 法人を対象とした．「ほとんど効果はなかった」を 1，「費用を上回る大きな効果があった」を 5 とする 5 段階の間隔尺度として因子分析（最尤法，プロマックス回転）を適用した．なお，アンケートおよび因子分析の詳細については緒方ら（2019）を参照されたい．

3) ICT 活用の費用対効果の評価因子

　分析の結果，ICT 活用の費用対効果の評価から 3 つの潜在因子が抽出された（表7-6-1）．表中で因子負荷量が太字で示されている活用目的は，表頭に示す因子の影響を受けていると解釈できる．なお，累積寄与率は 77% であった．

表 7-6-1　因子分析の結果

活用目的	生産の見える化	経営の見える化	利益確保
農作業の見える化	**0.99**	-0.01	-0.13
生産効率化	**0.84**	-0.08	0.18
リスク管理	**0.64**	0.25	0.01
取引先の信頼向上	**0.57**	0.18	0.15
人材育成・能力向上	**0.48**	**0.42**	-0.07
経営の見える化	0.11	**0.90**	-0.09
経営戦略・計画の立案	-0.02	**0.88**	0.08
財務体質強化	0.04	**0.57**	0.29
販売額増加	-0.07	-0.02	**0.99**
経費削減	0.35	0.13	**0.44**
因子負荷量の二乗和	3.35	2.77	1.60
寄与率	0.34	0.28	0.16
累積寄与率	0.34	0.61	0.77

因子間相関	生産の見える化	経営の見える化	利益確保
生産の見える化	1	0.82	0.72
経営の見える化	0.82	1	0.74
利益確保	0.72	0.74	1

因子 1 は，「農作業の見える化」，「取引先の信頼向上」，「生産効率化」，「リスク管理」，「人材育成・能力向上」という 5 つの活用目的が高い因子負荷量を示した．これらは，生産活動の記録，可視化に関する項目であり，この因子を「生産の見える化」と命名した．「生産の見える化」因子の観点から ICT 活用を評価すると，作業内容および使用資材，時間，作業実施者といった「農作業の見える化」への ICT 活用がまず挙げられる．特に，作業内容や使用農薬等の記録は，たとえば農産物汚染発生のおそれがある工程の管理や汚染発生時の原因特定といったリスク管理の手段になる（南石 2011）．またこうした記録は，消費者・食品事業者の信頼確保を目指す JGAP の適合基準にもなっている（日本 GAP 協会 2016）．経営外部との関係をみると「生産の見える化」因子は消費者や小売業など「取引先からの信頼向上」の評価に影響していると考えられる．一方，「生産の見える化」因子は「生産効率化」にも高い因子負荷量を示している．経営内部においては，生産履歴を基にしたノウハウ蓄積，作業の標準化をおこなうことが「生産効率化」につながると考えられる．また，作業員へ作業手順やノウハウを提示するなどの活用において，「人材育成・能力向上」の評価にも影響すると考えられる．以上から，「生産の見える化」因子は生産に関する情報管理および取引や生産管理への情報活用に対する ICT 費用対効果の潜在因子であると考えられる．

　ここで，「生産の見える化」因子を構成する活用目的は，活用割合の順位をみると「生産効率化」が 10 項目中 3 位だが，その他は 7 から 10 位であった．一方，費用対効果 1 以上（「費用に見合った程度の効果があった」以上の評価）でみると「取引先の信頼向上」は 1 位だが，「人材育成・能力向上」は 10 位，その他の活用目的は 5 から 7 位であった．「生産の見える化」因子においては見える化による法人内部での活用へ ICT が活用されており，情報を外部との取引に活用した費用対効果を高く評価していることが示唆される．

　因子 2 は「経営の見える化」，「経営戦略・計画の立案」，「財務体質強化」，「人材育成・能力向上」という 4 つの活用目的が高い因子負荷量を示した．財務管理や経営全体の管理に関する項目であり，この因子を「経営の見える化」と命名した．これら 4 つの活用目的から因子が抽出されたことについて，次のように解釈できる．「経営の見える化」因子の観点から，ICT 活用目的としてはパソコン会計ソフトを用いた財務状況の記録による正確な利益の把握などの「経営の見える化」が挙げられる．実際に多くの農業経営に採用されているソリマチ会計システムは，財務会計に対する効果が経営から高く評価されている（大室・新沼 2007）．また，

経営全体の現状を把握し，次期の「経営戦略・計画立案」を立てたり，事業や作目の参入・撤退，資産売買を考えたりするという観点において「財務体質強化」の評価に影響していることが示唆される．加えて，佐藤・南石（2011）による経営シミュレーションは代替案の作成や経営の問題点発見等に有益であり，「経営の見える化」因子が経営管理者等の「人材育成・能力向上」の評価に影響していることが示唆される．以上から「経営の見える化」因子は，経営情報の見える化とその情報を用いた経営戦略，経営改善などへの活用に関する潜在因子であるといえよう．

「経営の見える化」因子を構成する4つの活用目的を費用対効果1以上の割合でみると，「人材育成・能力向上」を除いて上位2から4位であり，費用対効果の高い項目が多いといえる．「経営の見える化」因子に関連したICT活用について，費用対効果が高く評価されていることが示唆される．

因子3は，「販売額増加」，「経費削減」の2つの活用目的が高い負荷量を示した．販売額を主とする収益と支出の差が利益であり，この因子は「利益確保」と命名した．「利益確保」を行うには，収益を上げるか，支出を下げるか，もしくはその両方が必要となる．農業法人経営の規模拡大には，直接販売やレストランなど事業多角化が重要な戦略となるが（南石ら 2013），顧客獲得のためには，消費者ニーズの把握やSNSなどを通じた情報発信が重要であることが指摘されている（長命・南石 2016）．そのため，情報の収集や発信にパソコン，インターネットなどのICTが活用されていると考えられる．これらの効果として，顧客獲得による「販売額増加」，また案内状やダイレクトメールが不要になるなどの「経費削減」が挙げられる．

「利益確保」因子を構成する活用目的は，活用割合で上位2，4位であるが，費用対効果1以上割合では8，9位であった．「利益確保」のためのICT活用は，活用割合は高いが，効果が現れにくいことが示唆される．

4）稲作経営におけるICT活用の費用対効果の評価
—他作目と比較した特徴—

因子分析結果を基に，稲作経営におけるICT費用対効果の評価の特徴を明らかにするため，作目ごとに因子得点の平均値（以下，得点）を算出した（図7-6-1）．対象作目は水稲，露地野菜，施設野菜，畜産とした．なお，作目による差異を見るために，アンケート調査の作目別売上高においてこれらの売上高が合計の6割

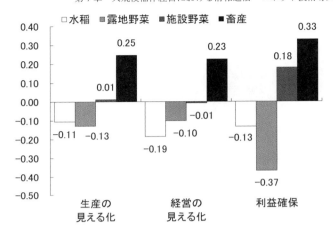

図 7-6-1　作目ごとの因子得点比較

以上である経営のみを用いた．また，因子得点は費用対効果の評価に因子の重み
を乗じた値である．全体の平均が 0 となるように標準化された値であるため，得
点は相対的な評価であり，また負の値は費用対効果がないことを必ずしも意味し
ない．

　作目間比較の結果，全ての因子で最も高得点であったのは畜産経営であった．
畜産経営では ICT 活用の歴史が古く，ICT 活用の費用対効果が高いと考えられる．
水稲は，いずれの因子においても負の得点を示しており，「経営の見える化」にお
いては他の全作目と比較して最も得点が低かった．一方，「生産の見える化」およ
び「利益確保」においては，水稲と同じく土地利用型農業である露地野菜と比較
して得点が高かった．

　さらに，水稲経営について，売上高規模間で得点比較をおこなった結果が図
7-6-2 である．「生産の見える化」をみると，規模が大きいほど，ICT 活用の費用
対効果も高い傾向が見られた．「生産の見える化」に関する ICT 活用は，大規模
水稲経営において，効果が現れると考えられる．一方，「経営の見える化」および
「利益確保」では，1-3 億円以上が最も高い得点を示している．また，いずれの
因子においても 1 億円未満の得点は負だが 1-3 億円では正であり，売上高 1 億円
前後で ICT 活用の費用対効果が変化すると考えられる．坂上ら（2016）は，大規
模畑作経営を事例に，農業法人の経営発展に重要な要素を明らかにしている．そ
のひとつである「プロセス・イノベーション」は作業の工程化や作業情報のデー

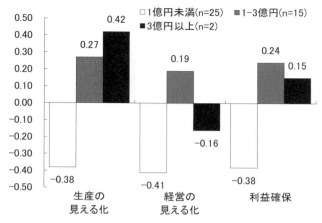

図 7-6-2　水稲経営における売上高規模ごとの因子得点比較

タベース化であり,「農業工程支援システム」を中心とした ICT が活用されている.「プロセス・イノベーション」が可能となる規模の指標として売上高 1 億円と指摘しており,本節の結果と整合的である.農業経営における ICT 活用の評価は 3 つの因子により構成されており,規模や作目によって異なっている.経営の属性に応じた目的に対して ICT を活用することが重要であると考えられる.

5) おわりに

　本節では,稲作経営における ICT 費用対効果の評価の特徴を明らかにするため,農業法人全国アンケート調査をもとに ICT 活用評価の潜在因子を抽出し,作目間における評価の差異を明らかにした.因子分析の結果,農業経営は「生産の見える化」,「経営の見える化」,「利益確保」の 3 因子により ICT 費用対効果を評価していることが明らかになった.作目別比較の結果,水稲経営は他の作目と比較して相対的に費用対効果の評価が低かった.ただし,「生産の見える化」,「利益確保」において露地野菜と比較して評価が高かった.水稲経営に着目すると「生産の見える化」については売上高が大きいほど評価が高い傾向が見られた.また,すべての因子で売上高 1 億円程度における ICT 活用評価の変化が見られた.

〔緒方裕大・長命洋佑・南石晃明〕

7. おわりに

　稲作経営の改善・革新に，情報通信・ロボット技術の活用が有効であることは，先進稲作経営者の達観とも齟齬は無く，また経営科学手法による定量分析の結果からも明らかである．しかし，情報通信・ロボット技術をどのように活用するかについては，今後の検討の余地が大きいことを，本章の結果は示している．農業における情報通信・ロボット技術の活用は，既に基礎研究の段階は過ぎて，開発・実用化の段階へ移行している．この段階で，稲作経営におけるイノベーションを加速するには，情報通信・ロボット技術を実際に営農現場で実際に活用する稲作経営者の「農家目線」を研究開発に最大限，取り込むことが必須である．

（南石晃明）

付記

　本章の 2 節〜4 節は，内閣府戦略的イノベーション創造プログラム（SIP）「次世代農林水産業創造技術」（管理法人：農研機構生物系特定産業技術研究支援センター）による成果に基づいている．本章 5 節は，農林水産省予算により生研支援センターが実施する「革新的技術開発・緊急展開事業（うち地域戦略プロジェクト）」のうち「農匠稲作経営技術パッケージを活用したスマート水田農業モデルの全国実証と農匠プラットフォーム構築」（ID：16781474）の研究成果に基づいている．本章 6 節は，日本学術振興会基盤研究（C）（課題番号：16K07901，研究代表：南石晃明）による研究成果に基づいている．

引用文献・参考文献

浅井　悟（1999）新技術導入の動機と規定要因に関する農業者意識の分析，浅井　悟，門間敏幸著，農家経営行動論—農家の行動論理と意思決定支援—，農林統計協会，東京，113-135.

馬場研太，南石晃明，長命洋佑（2017）稲作法人経営における作業効率向上のコスト低減効果—FAPS を用いた最適営農計画による分析—，農業情報学会 2017 年度年次大会，47-48.

馬場研太，南石晃明，長命洋佑（2018）稲作法人経営における作業効率向上のコスト低減効果－FAPS を用いた最適営農計画による分析－，農業情報研究，27（3）：53-63.

長命洋佑，南石晃明（2016）農業経営における事業展開，経営管理と経営者意識の関係－農業法人経営を対象とした全国アンケート調査分析－，九州大学大学院農学研究院学芸雑誌，71（2）：47-58.

250　第2部　稲作スマート農業における情報通信・自動化技術の可能性と課題

福原悠平，福原昭一，長命洋佑，南石晃明（2016）近畿地域 150ha 稲作経営の戦略と革新—
　　フクハラファームを事例として—，南石晃明，長命洋佑，松江勇次［編著］，「TPP 時代
　　の稲作経営革新とスマート農業—営農技術パッケージと ICT 活用—」，養賢堂，東京，
　　40-55.
細矢泰弘（2006）MOT：顧客価値法（CV 法）による技術を核にした事業化展開，＜http://www.
　　zen-noh-ren.or.jp/conference/pdf/058a.pdf＞，2018 年 7 月 26 日参照.
気象庁（2018）過去の気象データ・ダウンロード，＜http://www.data.jma.go.jp/gmd/risk/obsdl/
　　index.php＞，2018 年 7 月 19 日参照.
松倉誠一，南石晃明，藤井吉隆，佐藤正衛，長命洋佑，宮住昌志（2015）大規模稲作経営に
　　おける技術・技能向上および規模拡大のコスト低減効果—FAPS-DB を用いたシミュレ
　　ーション分析—，農業情報研究，24（2）：35-45.
松本浩一，山本淳子，関野幸二（2004）機械・施設投資を伴う新技術の導入意向の規定要因
　　—水稲ロングマット水耕苗の育苗・移植技術を対象にして—，農業経営研究，42（2）：
　　35-40.
内閣府（2013）日本再興戦略，＜http://www.kantei.go.jp/jp/singi/keizaisaisei/pdf/saikou_jpn.pdf＞，
　　2018 年 7 月 19 日参照.
内閣府（2017）戦略的イノベーション創造プログラム（SIP）次世代農林水産業創造技術（ア
　　グリイノベーション創出）研究開発計画，＜http://www8.cao.go.jp/cstp/gaiyo/sip/keikaku/
　　9_nougyou.pdf＞.
南石晃明（2002）営農技術体系評価・計画システム FAPS の開発，農業情報研究，11（2）：
　　141-159.
南石晃明（2011）「農業におけるリスクと情報のマネジメント」，農林統計協会，東京，448pp.
南石晃明，竹内重吉，篠崎悠里（2013）農業法人経営における事業展開，ICT 活用および人
　　材育成—全国アンケート調査分析—，農業情報研究，22（3）：159-173.
南石晃明（2016）稲作経営技術パッケージと最適営農計画，システム農学会 2016 年度春季
　　大会講演要旨，11-14.
南石晃明，長命洋佑，松江勇次［編著］（2016）「TPP 時代の稲作経営革新とスマート農業
　　—営農技術パッケージと ICT 活用—」，養賢堂，東京.
南石晃明，馬場研太，長命洋佑（2018）ロボット農機の稲作経営規模拡大効果－FAPS を用
　　いた最適営農計画による分析－，農業情報学会 2018 年度年次大会要旨集，47-48.
日本 GAP 協会（2016）農場用管理点と適合基準 Basic，<http://jgap.jp/LB_01/index.html>，2018
　　年 3 月 14 日参照.
農林水産省（2017）農業分野における IT 利活用ガイドブック（ver1.0），＜http://www.maff.go.jp/
　　j/kanbo/joho/it/attach/pdf/itkanren-7.pdf＞，2018 年 7 月 26 日参照.
緒方裕大，南石晃明，長命洋佑（2017）農業法人における ICT 費用対効果の評価に関する
　　因子分析，農業情報学会 2017 年度年次大会講演要旨集，43-44.
緒方裕大，南石晃明，長命洋佑（2018）農業 ICT 費用対効果の潜在因子と経営属性，農業
　　情報学会 2018 年度年次大会講演要旨集，51-52.
緒方裕大，南石晃明，長命洋佑（2019）農業法人における ICT 費用対効果の評価に関する
　　因子分析，農業情報研究，28（1），印刷中.
大室健治，新沼勝利（2007）ソリマチ会計システムの構造と機能の実証的評価，農村研究，
　　104：65-75.
坂上　隆，長命洋佑，南石晃明（2016）農業法人の経営発展と経営者育成，農業経営研究，
　　54（1）：25-37.
佐藤正衛，南石晃明（2011）環境経営を支援する Web ベース営農計画システムの開発とそ
　　の適応，農業情報研究，20（2）：53-65.
滋賀県農政水産部（2012）「農業経営ハンドブック」，滋賀県農政水産部作成，滋賀，446pp.
田中一弘，南石晃明，長命洋佑（2018）仮想カタログ法による IT 生産管理サービスの評価
　　—稲作経営体における収穫・水管理・施肥を対象として—，農業情報研究，27（2）：39-52.

第 3 部　稲作経営の事業展開・マネジメントと国際競争力

第8章 稲作経営の経営管理と情報マネジメント
―他作目と比較した特徴―

1. はじめに

　近年，わが国の農業は，農業経営者の高齢化の進行や新規就農者の不足など，厳しい状況下に置かれている．その一方で，国際競争力を強化し，農業を魅力ある産業にするとともに，担い手がその意欲と能力を存分に発揮できる環境の創出が重要であり，農業技術の進展が期待されている．特に，省力化・軽労化，精密化・情報化などの視点から，ロボット技術やICT等の活用による農業技術革新への期待が高まっている（農林水産省 2014）．加えて，近年の新たな動きとして，農業経営体が取り組む農業生産関連事業（いわゆる6次産業化）への展開や次世代経営を担う人材確保・人材育成が注目されている（長命，南石 2018a）．南石ら（2013）は，事業としての農業経営の維持・発展には，一定以上の経営規模（ビジネスサイズ）が必要になってきていることを指摘しつつ，今後，農業法人経営は，わが国における主要な農業経営形態の一つとなる可能性について述べている．また農業ビジネスの視点からも，南石（2017）は，農業法人においては他業種の企業経営と同様に，経営発展のために様々な場面において，ICT活用や人材育成などによる新たな経営管理の重要性が高まっていることを指摘している．

　そうした法人経営におけるICT活用の評価や事業展開に関する研究として，全国農業法人経営アンケート調査の結果に基づいた研究が蓄積されてきている．まず，ICTの活用率や評価に関する研究として，南石（2014）では，ICT活用の取り組み，人的資源管理への活用，ICT活用効果の認識について明らかにしている．また，南石ら（2016）では，農業法人におけるICT活用の費用対効果に対する経営者意識に関して，主に水稲作を対象に分析を行っており，活用目的（10項目）すべてにおいて約7〜9割近い法人でICT活用に費用対効果を感じていることを明らかにしている．長命ら（2017）は，暫定的なデータを用いた予備的分析として，水稲，露地野菜，施設野菜，畜産経営を対象に，生産作目とICT活用率の関係および生産作目とICT費用対効果との関係を分析し，活用目的別のICT活用率では水稲で低く畜産で高いこと，作目間でICT費用対効果に相違が見られること

を明らかにしている．南石（2017）では，稲作経営における ICT 活用の費用対効果に対する経営者意識を分析しており，経営規模が大きくなると ICT 活用の費用対効果の評価が高くなる傾向にあることを明らかにしている．

次いで，農業法人における事業展開に関する研究として，長命，南石（2016）では，農業法人経営における事業展開と経営者意識との関係を分析しており，直接販売に取り組む法人が相対的に多く，飲食および観光農園への取り組みの割合が低かったこと，自社の評価で「強み」を持っている経営ほど，多様な事業展開を図っていることを明らかにしている．長命，南石（2018b）では，経営における「強み」・「弱み」と事業展開との関係に関して分析を行い，ICT 活用力・情報マネジメントの自己評価が最も低いこと，「契約生産による畜産物生産」および「農畜産物の集荷・販売」の事業展開を図っている経営では ICT 活用力・情報マネジメントに「強み」を持っていることを明らかにしている．

そこで本章では，これらの結果に基づきながら，水稲を中心とした作目間での経営管理および情報マネジメントの現状と課題を明らかにすることを目的とする．具体的には，農業法人経営における経営管理意識，人的資源管理，事業展開，ICT の活用率および費用対効果の関係を明らかにする．

（長命洋佑・南石晃明）

2. 全国農業法人アンケート回答経営と分析視角

本章の分析に用いるアンケート調査（以下，アンケート）は，全国農業法人 2,468 法人を対象とし，郵送方式により筆者らの所属研究室が実施したものである（2016 年 8 月～10 月）．調査対象法人に関しては，日本農業法人協会等の HP およびその他文献等に記載されている法人名を独自に検索・特定し整理を行った．特定した法人には，郵送調査法により調査票を配布し，545 の有効回答を得た（有効回答率：22.1%）．

法人が生産している農畜産物に関して，アンケートでは 13 の農畜産物の売上高について数値記入の形式で回答を得た．売上高の記入があった場合，その農畜産物を生産していると判断した．農林水産省では農産物販売金額のうち主位部門の販売金額が 6 割以上 8 割未満の農家を準単一複合経営農家，8 割以上の農家を単一経営農家と定義している（農林統計協会 2005）．そこで本章でも，この定義に従い，農畜産物の売上高合計が 6 割以上を占めた場合，その農畜産物を主位部門

農畜産物（以下，主位部門）とすることとし，分析に用いた．本章では13の農畜産物のうち，回答数が多かった水稲，露地野菜，施設野菜，畜産を取り上げる．なお，畜産は，酪農・肉用牛・養豚・養鶏の4畜産物の回答をまとめたものである．

　本章の分析においては，まず，経営属性を明らかにしたうえで稲作経営における経営目的と経営管理意識を明らかにする．次いで人的資源管理に関して，採用する際に重視する人材および人材育成の取り組みについて明らかにする．さらに事業展開に関して，事業展開の実態を明らかにするとともに多角化展開について検討を行う．最後に，ICTの活用率および費用対効果を明らかにする．これらの分析においては，稲作経営と他作目経営との比較をすることで，稲作経営の現状と課題を明らかにすることも射程に含まれている．

　なお，ICTの活用率と費用対効果の分析に用いた設問は，業務におけるICTの活用目的として想定した以下の10項目である．それらは，1．販売額増加，2．経費削減，3．生産効率化，4．農作業の見える化，5．取引先の信頼向上，6．リスク管理，7．財務体質強化，8．人材育成・能力向上，9．経営戦略・計画の立案，10．経営の見える化，である．費用対効果の選択肢に関しては，「ほとんど効果はなかった」から「費用を上回る大きな効果があった」の5段階に加え，「ITを活用していない」を加えた6つの選択肢から単一選択で回答を得ている．また，「費用に見合った程度の効果」以上の効果を評価した場合，「費用対効果1以上」とした．なお，アンケート調査では回答者の理解のため，「ICT」の代わりに農業界で広く使用されている「IT」を用いており，設問の冒頭に，「本調査では，情報通信技術（IT）とは，情報の収集・管理・分析・共有のための機器やソフト全般（スマホ，PC，センサー，制御装置など含む）を意味します」との説明をしている．

（長命洋佑・南石晃明）

3．稲作経営の経営属性

　表8-3-1は，作目別の従事者数（＝役員数+正規従業員数）の分布を示したものである．全体の傾向をみると，5人以下は23.7%，6～10人以下は35.1%，11～20人以下は24.0%，21人以上は17.2%であり，6人以上の経営が76.3%を，11人以上の経営が41.2%を占めていた．

　次いで，作目ごとの分布をみると，水稲では，5人以下は29.7%，6～10人以下

第 8 章　稲作経営の経営管理と情報マネジメント　255

表 8-3-1　従事者数の分布

従事者数	水稲 (n=118)	露地野菜 (n=53)	施設野菜 (n=51)	畜産 (n=103)	全体 (n=325)
5 人以下	29.7	20.8	29.4	15.5	23.7
6〜10 人以下	41.5	39.6	29.4	28.2	35.1
11〜20 人以下	22.0	17.0	29.4	27.2	24.0
21 人以上	6.8	22.6	11.8	29.1	17.2

注 1）従事者数＝役員数＋正規従業員数.
注 2）表中，数値は各作目経営の合計に占める従事者数区分の割合を示している.

表 8-3-2　売上高の分布

売上高	水稲 (n=118)	露地野菜 (n=53)	施設野菜 (n=51)	畜産 (n=103)	全体 (n=325)
3000 万円未満	17.8	13.5	7.8	0.0	9.9
3000 万円〜5000 万円未満	22.0	13.5	11.8	0.0	12.0
5000 万円〜1 億円未満	31.4	21.2	31.4	8.7	22.5
1 億円〜3 億円未満	27.1	26.9	31.4	32.0	29.3
3 億円以上	1.7	25.0	17.6	59.2	26.2

注）表中，数値は各作目経営の合計を 100％とした場合の各売上高区分の割合を示した
ものである.

は 41.5％，11〜20 人以下は 22.0％，21 人以上は 6.8％であり，10 人以下の経営が
71.2％を占めていた．露地野菜では，5 人以下は 20.8％，6〜10 人以下は 39.6％，
11〜20 人以下は 17.0％，21 人以上は 22.6％であった．施設野菜は，5 人以下およ
び 6〜10 人以下，11〜20 人以下がともに 29.4％，21 人以上は 11.8％であった．畜
産では，5 人以下は 15.5％，6〜10 人以下は 28.2％，11〜20 人以下は 27.2％，21
人以上は 29.1％であった．各作目の特徴を見ると，水稲では，10 人以下の小規模
経営の割合が相対的に高く，露地野菜および畜産では 21 人以上の従事者数を有し
ている経営が相対的に多かった.

　表 8-3-2 は，売上高の分布を示したものである．全体の傾向をみると，3,000 万
円未満は 9.9％，3,000 万円〜5,000 万円未満は 12.0％，5,000 万円〜1 億円未満は
22.5％，1 億円〜3 億円未満は 29.3％，3 億円以上は 26.2％であり，5,000 万円以上
の経営は 78.0％，1 億円以上の経営は 55.5％であった.

　次いで，作目ごとの分布をみると，水稲では，3,000 万円未満は 17.8％，3,000
万円〜5,000 万円未満は 22.0％，5,000 万円〜1 億円未満は 31.4％，1 億円〜3 億円
未満は 27.1％，3 億円以上はわずか 1.7％であり，1 億円未満の経営は 71.2％であ

256   第 3 部   稲作経営の事業展開・マネジメントと国際競争力

った．露地野菜では，3,000 万円未満および 3,000 万円～5,000 万円未満は 13.5%，
5,000 万円～1 億円未満は 21.2%，1 億円～3 億円未満は 26.9%，3 億円以上は 25.0%
であった．施設野菜では，3,000 万円未満は 7.8%，3,000 万円～5,000 万円未満は
11.8%，5,000 万円～1 億円未満および 1 億円～3 億円未満は 31.4%，3 億円以上は
17.6%であった．畜産では，3,000 万円未満および 3,000 万円～5,000 万円未満の経
営は存在しておらず，5,000 万円～1 億円未満は 8.7%，1 億円～3 億円未満は 32.0%，
3 億円以上は 59.2%であり，1 億円以上の経営は 90%を超えていた．西ら（2018）
は，2011 年と 2016 年の作目別売上高の比較をおこなっており，水稲以外の農畜
産物では 2011 年と比べ売上高の増加傾向が確認され，特に畜産において顕著であ
ったことを明らかにしている．また，水稲における売上高減少の要因として，米
の年産平均価格が 15,215 円/60kg（2011 年産）から 13,175 円/60kg（2015 年産）
へと約 13.4%下落した（農林水産省 2016）ことが影響したと指摘している．

　表 8-3-3 は，主位部門経営における直近決算の売上高経常利益率（以下，売上
高経常利益率）の分布を示したものである．回答経営全体では，赤字経営が 13.2%，
収支均衡が 9.4%であり，経常利益率 1～5%未満は 33.9%，5～10%未満は 24.1%，
10%以上は 19.4%で黒字経営は 77.4%であった．主位部門経営別にみると，水稲
では，赤字経営が 13.8%，黒字経営は 75.8%であった．同様に，露地野菜では，
赤字経営が 17.3%，黒字経営は 69.2%，施設野菜では，赤字経営が 24.0%，黒字
経営は 68.0%，畜産では，赤字経営が 5.0%，黒字経営は 88.1%であった．これら
の結果より，赤字経営が最も高かったのは施設野菜であり，黒字経営が最も高か
ったのは畜産であった．水稲経営と他作目を比較すると，赤字経営は畜産に次い
で低く，黒字経営も畜産に次いで高い割合であることが明らかになった．

　表 8-3-4 は，売上高と売上高経常利益率の関係を示したものである．全体的な

表 8-3-3　売上高経常利益率の分布

売上高経常利益率	水稲 （n=116）	露地野菜 （n=52）	施設野菜 （n=50）	畜産 （n=101）	全体 （n=319）
赤字	13.8	17.3	24.0	5.0	13.2
0%（収支均衡）	10.3	13.5	8.0	6.9	9.4
1～5%未満	31.0	44.2	30.0	33.7	33.9
5～10%未満	24.1	9.6	24.0	31.7	24.1
10%以上	20.7	15.4	14.0	22.8	19.4

注）表中，数値は各作目経営の合計を 100%とした場合の各売上高経常利益率区分の割
合を示したものである．

第 8 章　稲作経営の経営管理と情報マネジメント　257

傾向を見ると，売上高が増加すると，売上高経常利益率が黒字になる経営割合が増加することが見てとれる．特に，売上高 1 億円以上になると，各主位部門経営において黒字経営の割合が増加していた．以下，各主位部門の特徴を見ると，水稲では 3,000 万円未満の黒字経営が 61.9%，収支均衡 14.3%，赤字 23.8% となっており，売上高の増加に伴い，黒字の割合が増加し，赤字の割合が低下する傾向にあった．また，3 億円以上では赤字経営は見られなかった．露地野菜では 3,000 万円未満の黒字経営が 71.4%，収支均衡 14.3%，赤字 14.3% であり，水稲と同様に売上高 3 億円以上で赤字経営は見られなかった．施設野菜は 3,000 万円未満の黒字経営は 50.0%，赤字 50.0% となっており，赤字経営の割合が高かった．また

表 8-3-4　売上高と売上高経常利益率の関係

主位部門		売上高				
水稲		3,000 万円未満 (n=21)	3,000 万円〜5,000 万円未満 (n=26)	5,000 万円〜1 億円未満 (n=36)	1 億円〜3 億円未満 (n=31)	3 億円以上 (n=2)
売上高経常利益率	赤字	23.8	15.4	11.1	9.7	0.0
	0%（収支均衡）	14.3	11.5	11.1	6.5	0.0
	1〜5%未満	33.3	15.4	27.8	45.2	50.0
	5〜10%未満	14.3	34.6	22.2	25.8	0.0
	10%以上	14.3	23.1	27.8	12.9	50.0
露地野菜		3,000 万円未満 (n=7)	3,000 万円〜5,000 万円未満 (n=7)	5,000 万円〜1 億円未満 (n=11)	1 億円〜3 億円未満 (n=14)	3 億円以上 (n=13)
売上高経常利益率	赤字	14.3	28.6	27.3	21.4	0.0
	0%（収支均衡）	14.3	28.6	9.1	7.1	15.4
	1〜5%未満	42.9	28.6	45.5	42.9	53.8
	5〜10%未満	0.0	0.0	0.0	14.3	23.1
	10%以上	28.6	14.3	18.2	14.3	7.7
施設野菜		3,000 万円未満 (n=4)	3,000 万円〜5,000 万円未満 (n=6)	5,000 万円〜1 億円未満 (n=16)	1 億円〜3 億円未満 (n=15)	3 億円以上 (n=9)
売上高経常利益率	赤字	50.0	50.0	31.3	6.7	11.1
	0%（収支均衡）	0.0	33.3	0.0	6.7	11.1
	1〜5%未満	0.0	0.0	31.3	40.0	44.4
	5〜10%未満	25.0	0.0	18.8	40.0	22.2
	10%以上	25.0	16.7	18.8	6.7	11.1
畜産		3,000 万円未満 (n=0)	3,000 万円〜5,000 万円未満 (n=0)	5,000 万円〜1 億円未満 (n=9)	1 億円〜3 億円未満 (n=33)	3 億円以上 (n=59)
売上高経常利益率	赤字	0.0	0.0	22.2	9.1	0.0
	0%（収支均衡）	0.0	0.0	0.0	9.1	6.8
	1〜5%未満	0.0	0.0	44.4	33.3	32.2
	5〜10%未満	0.0	0.0	33.3	30.3	32.2
	10%以上	0.0	0.0	0.0	18.2	28.8

注）表中，数値は各売上高の合計を 100% とした場合の各売上高経常利益率区分の割合を示したものである．

258　第3部　稲作経営の事業展開・マネジメントと国際競争力

1億円未満の経営では赤字の割合が3割を超えていたのも特徴であった．畜産において は5,000万円〜1億円未満の売上高区分では，赤字は22.2%見られたが，1億円〜3億円未満では9.1%へと減少し，3億円以上では赤字経営は見られなくなっていた．

（長命洋佑・南石晃明）

4.　稲作経営における経営目的と経営管理意識

1）主位部門経営における経営目的

　表8-4-1は，主位部門農畜産物と経営目的の関係について，最も重視している経営目的について単一選択で回答を得た結果を示したものである．全体についてみていくと，最も法人が重視している経営目的は，「地域農業・地域社会への貢献」であり21.4%が掲げていた．次いで割合が高かったのは，「会社利益の向上（21.1%）」，「次世代への経営や資産の継承（17.6%）」であった．他方，経営目的として重視されていなかったのは，「環境保全（1.0%）」，「安定的な食料供給（1.3%）」，「安全・安心の提供（5.4%）」であり，いずれも極めて低い値であった．

　次いで，水稲と他作目との関係についてみていく．水稲では「地域農業・地域社会への貢献」が31.3%と最も高く，畜産と比較すると23.3%の差が見られた．また，露地野菜でも高い割合であったことから，土地利用型の経営では，「地域農

表8-4-1　最も重視している経営目的

	水稲 (n=115)	露地野菜 (n=51)	施設野菜 (n=47)	畜産 (n=100)	全体 (n=313)
地域農業・地域社会への貢献	**31.3**	**21.6**	25.5	8.0	21.4
会社利益の向上	15.7	**21.6**	**27.7**	**24.0**	21.1
次世代への経営や資産の継承	19.1	13.7	10.6	21.0	17.6
経営規模拡大	13.9	17.6	8.5	7.0	11.5
家族・従業員の収入増加	8.7	13.7	8.5	9.0	9.6
自分の夢や理想の実現	3.5	5.9	6.4	17.0	8.6
安全・安心の提供	2.6	0.0	8.5	10.0	5.4
安定的な食料供給	1.7	2.0	0.0	1.0	1.3
環境保全	0.9	0.0	2.1	1.0	1.0
その他	2.6	3.9	2.1	2.0	2.6

注1）表中，数値は各作目の合計を100%とした時の割合（%）を示している．
注2）表中，太字は各作目で最も割合の高い項目を示している．

業・地域社会への貢献」を重視している傾向であることが示唆された．その一方で，施設野菜や畜産などの施設型の経営では，「会社利益の向上」を重視している傾向が見られた．

「地域農業・地域社会への貢献」は，水稲および施設野菜において重視され，畜産では重視されていないことが明らかとなった．地域社会と共存する農業法人に関して，納口（2013）は「経営として確立し，継続性が人的に担保されている必要がある．また農業法人の経営者には，自分の経営だけでなく，地域の農業の中長期的なあり方を描く能力が必要である」と指摘している．また，伊庭ら（2016）では，農業生産活動や農村生活の特徴を活かしながら，地域内のニーズや公益に資する新たな仕組みや事業が創出されていることに着目し，農業・農村における社会貢献型事業（「社会的課題やニーズに応じた農業経営とそれに付随した地域活動あるいは（非営利活動を含んだ）事業展開」と定義している）の現状と課題について整理している．

他方，施設野菜作の法人に関して，長命，南石（2016）は，他の農畜産物に比べて直売所など直接販売に取り組んでいる割合が高いことを指摘している．畜産においては，他の作目と比べ家畜ふん尿等の家畜由来の環境問題が存在しているため，地域への貢献意識は低いことが考えられた．また，他の作目と比べ畜産では，従事者数や売上高の規模が大きい経営が多いことから「地域農業・地域社会への貢献」より「会社利益の向上」を重視した経営を志向していることが示唆された．

以上の結果より，水稲は地域の農地および地域社会の担い手として，また施設野菜は地域農家への販売の場の提供元として地域農業・地域社会への貢献を目指している可能性が示唆された．

2) 主位部門経営と経営管理意識

表 8-4-2 は，主位部門経営と経営成長のために心がけている経営管理意識の関係項目について，それぞれ複数選択肢で回答をしてもらった結果を示したものである．全体の傾向についてみると，最も高かったのは，「人材育成」であり 74.2% の法人で心がけていた．次いで，「経営の改革・改善（60.9%）」，「生産費低減などの生産効率化の向上（56.9%）」であった．他方，心がけが低かった項目は，「他部門への投資」が 6.5% で最も低く，「リスク管理（18.8%）」，「社会情勢を見据えた意識改革（19.7%）」であり，それぞれ 20% を下回る結果であった．

260　第 3 部　稲作経営の事業展開・マネジメントと国際競争力

表 8-4-2　経営成長において心がけている経営管理

	水稲 (n=118)	露地野菜 (n=53)	施設野菜 (n=51)	畜産 (n=103)	全体 (n=325)
人材育成	67.8	**86.8**	**78.4**	72.8	74.2
経営の改善・改革	57.6	52.8	**68.6**	**65.0**	60.9
生産費低減などの生産効率向上	54.2	56.6	**66.7**	55.3	56.9
高付加価値化	33.1	**39.6**	**43.1**	**37.9**	37.2
新しい取引先・市場開放	**31.4**	**37.7**	**37.3**	25.2	31.4
価格以上の品質確保	11.0	20.8	**37.3**	**28.2**	22.2
社会情勢を見据えた意識改革	16.1	20.8	17.6	**24.3**	19.7
リスク管理	14.4	**26.4**	17.6	**20.4**	18.8
他部門への投資	5.9	5.7	**7.8**	**6.8**	6.5

注1）表中，数値は％，（　）数値は各項目のサンプル数を示している.
注2）全体の平均より高い項目を太字で示している.

　次いで，水稲の傾向をみると，全体の傾向よりも回答割合が低く，いずれの項目においても平均値を下回る結果であった．特に，「人材育成」に関しては，最も割合の高かった露地野菜で 86.8％，最も割合の低かった水稲で 67.8％と大きな差が見られた．水稲は，基本的に 1 年 1 作であり，農業機械操作は 1 人で行うことが多く，初心者が熟練者の「技」を直接見る機会は限られており，伝統的な OJT の方法だけでは，農業人材育成を効果的に行うことは困難であることが指摘されている（南石 2015）．また，露地野菜に関しては水稲と同様に 1 年に 1 回しか農作業体験を積むことができない作物が多く，経営者や作業者が一生のうち体験できる回数は限られていることを坂上ら（2016）は指摘しているが，露地野菜では限られた農地において多品目栽培を行い，農地の周年利用を行っている経営が多いと考える．ゆえに，水稲と比べ経営内における農作物の作業回転が早く周年作業化が可能となるため，より人材育成を重視していることが結果に結びついたと考えられる.

　「価格以上の品質確保」に関しては，水稲では 11.0％，施設野菜では 37.3％と 26.3％の差が見られた．施設野菜は施設内において気温や湿度などの制御が行いやすいため，生産管理の段階において，品質の確保が容易であるといえる．他方，水稲は土地利用型であるため，降雨や気温などの気象変動の影響を受けやすい．加えて，年次間での品質変動や圃場間でも品質にバラツキがみられるため，品質確保が困難であることが結果に結びついたと考えられる.

（長命洋佑・南石晃明・緒方裕大）

5. 稲作経営における人的資源管理

1) 正社員を雇用する際に重視する人材

表 8-5-1 は，農業法人において正社員を雇用する際に重視する人材の結果を示したものである．ここでは，同表に示す 12 項目に対して「重視している（5）」から「重視していない（1）」までの 5 段階を設定し，単一選択で回答を得ている．同表の数値はそれらの意識に関して 5 段階での平均値を示しており，数値が高いほど重視していることを意味している．

まず，全体の傾向を見ると，最も重視されていたのが「人間性（4.49）」であった．次いで，「長期間働く意思（4.14）」，「農業に対する熱意（4.07）」が高い値を示しており，これらは 4 点以上であった．その一方で，「新規学卒（2.21）」が最も値が低く，次いで「農業経験（研修含む）の有無（2.35）」および「地元出身（2.48）」の順で続いており，これらの項目は採用時には重視されていないことが明らかとなった．

次いで，作目ごとの結果をみると，畜産において「農業で独立する可能性」が 3 番目に値が低かった以外は，全体の傾向と同様であった．ただし作目間で統計

表 8-5-1 採用時に重視する人材

	水稲	露地野菜	施設野菜	畜産	全体
人間性	4.34(114)[b]	4.57(53)[ab]	4.45(49)[ab]	4.65(102)[a]	4.49(318)
長期間働く意思	4.13(114)	4.06(53)	4.20(49)	4.17(102)	4.14(318)
農業に対する熱意	4.06(113)[ab]	4.35(51)[a]	4.22(50)[ab]	3.87(102)[b]	4.07(316)
若さ	3.57(114)	4.02(52)[a]	3.77(47)[ab]	3.66(99)[ab]	3.70(312)
社会経験の有無	2.88(113)	3.11(53)	2.98(50)	2.94(102)	2.96(318)
経営を継承する可能性	3.09(113)[a]	2.64(53)[ab]	2.76(50)[b]	2.50(101)[b]	2.78(317)
農業で独立する可能性	3.02(114)[a]	2.91(53)[ab]	2.72(50)[ab]	2.42(102)[b]	2.76(319)
役員になる可能性	2.93(113)	2.60(53)	2.52(50)	2.59(101)	2.70(317)
専門的技術の有無	2.68(114)	2.58(53)	2.78(50)	2.65(102)	2.67(319)
地元出身	2.65(111)[a]	2.14(51)[b]	2.32(50)[ab]	2.55(103)[ab]	2.48(315)
農業経験(研修含む)の有無	2.41(114)	2.28(53)	2.50(50)	2.25(102)	2.35(319)
新規学卒	2.16(113)	2.19(53)	2.04(50)	2.36(102)	2.21(318)

注 1）表中の数値は，各項目に対し「重視している」から「重視していない」までの 5 段階を設定し，5 点から 1 点までを割り当てた平均値である．また（　）数値はサンプル数を示している．

注 2）表中，アルファベットが異なる小文字は 5％で統計的に有意であったことを示している．

262　第 3 部　稲作経営の事業展開・マネジメントと国際競争力

的に有意な結果であった項目がいくつか見られた．これら作目ごとの特徴をみる
と，水稲では，「経営の継承」や「農業での独立」，「地元出身」などを重視してい
たことから，即戦力の人材を求めているのではなく，中長期的な視点から人的資
源を考えている傾向にあることが示唆された．また，先の表 8-4-1 の結果で示し
たように，水稲においては「地域農業・地域社会への貢献」を経営目的としてい
る割合が高かった．これらの結果より，稲作経営では，地元地域の人を雇用し，
将来的に農業で独立してもらうことにより，地域農業や地域社会に貢献したい意
識が結果に結びついていることが示唆された．他方，露地野菜に関しては，「農業
に対する熱意」や「若さ」など，水稲と同じ土地利用型ではあるが，即戦力とし
て生産現場や経営の力になる人材を求めている傾向にあることが示唆された．畜
産では「経営の継承」や「農業での独立」を行うことは，雇用就農では難しい側
面を抱えている現状が結果に反映されたと考える．また，「人間性」に関しては，
畜産では動物を扱うなかで，日々の観察や他の従業員との情報交換（例えば，家
畜の給餌や疾病などの情報）などが不可欠であるため，他の作目よりも重視され
ていることが示唆された．

2）農業法人における人材育成の取り組み

　図 8-5-1 は，農業法人における従業員数と人材育成への取り組みの関係に関す
る結果を示したものである．全体において，最も取り組みが行われていたのは「農
業分野の研修会や見学会を受けさせている」であり，次いで「定期的に査定・昇
給を行っている」，「能力の修得状況を把握するための打合せを行っている」，「資
格取得の支援」で高い取り組みが図られていた．逆に「他社に長期間（1 ヶ月以
上）研修を受けさせている」，「他社に短期間（1 日〜1 ヶ月）研修を受けさせてい
る」，「人材育成のプログラム（教材）を導入（作成）している」に関しては，低
い取り組みに留まっていた．

　これらの結果より，人材育成への取り組みに関しては，相対的に従事者数規模
が増加するに伴って取り組み割合が高くなることが明らかとなった．この結果は，
これまでのように少人数を前提とした口頭伝達等による情報伝達，技術・技能伝
承は困難となっていき，作業マニュアル等の可視化された情報による人材育成が
重要になってくることを示唆する結果であるといえる．

　表 8-5-2 は，主位部門経営における人材育成への取り組みの関係を示したもの
である．以下では，多重比較において有意な差が見られた取り組みついて見てい

第8章 稲作経営の経営管理と情報マネジメント 263

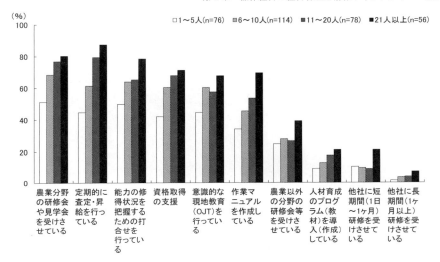

図 8-5-1 農業法人における従事者数と人材育成への取り組みの関係
資料：アンケート調査の結果を基に筆者作成．

表 8-5-2 人材育成への取り組みの関係

	水稲 (n=118)	露地野菜 (n=53)	施設野菜 (n=51)	畜産 (n=103)	全体 (n=325)
農業分野の研修会や見学会を受けさせている	72.0	69.8	70.6	63.1	68.6
定期的に査定・昇給を行っている	53.4[b]	71.7[ab]	72.5[ab]	75.7[a]	66.5
能力の修得状況を把握するための打合せを行っている	53.4	71.7	68.6	68.9	63.7
資格取得の支援	67.8[a]	66.0[ab]	41.2[b]	57.3[ab]	60.0
意識的な現地教育（OJT）を行っている	47.5[b]	56.6[ab]	74.5[a]	60.2[ab]	57.2
作業マニュアルを作成している	32.2[b]	58.5[a]	58.8[a]	59.2[a]	49.2
農業以外の分野の研修会等を受けさせている	34.7	30.2	19.6	27.2	29.2
人材育成のプログラム（教材）を導入（作成）している	13.6	20.8	9.8	15.5	14.8
他社に短期間（1日～1ヶ月）研修を受けさせている	5.1[b]	20.8[a]	21.6[a]	9.7[ab]	11.7
他社に長期間（1ヶ月以上）研修を受けさせている	2.5	3.8	5.9	3.9	3.7

注）表中，アルファベットが異なる小文字は5%で統計的に有意であったことを示す．

264　第3部　稲作経営の事業展開・マネジメントと国際競争力

く．「定期的に査定・昇給を行っている」に関しては，水稲と畜産の間で有意な差が見られ，畜産において取り組み割合が高く水稲では割合が低いことが明らかとなった．「資格取得」に関しては，水稲と施設野菜の間で有意な差が見られ，水稲で取り組み割合が高く施設野菜で取り組み割合が低かった．「意識的な現地教育（OJT）を行っている」では，施設野菜と水稲の間で有意な差が見られ，施設野菜で取り組み割合が高く水稲で低い割合であった．また，「作業マニュアルを作成している」では，水稲で低く，他作目で有意に高い結果であった．最後に，「他社に短期間（1日〜1ヶ月）研修を受けさせている」では，露地野菜および施設野菜で高く，水稲と畜産で低い割合であり，両者の間で有意な差が見られた．

　以上の結果より，稲作経営において，定期的な査定・昇給，意識的な現地教育（OJT）やマニュアル作成に関する取り組み割合は低いことが明らかとなった．上記で示したように水稲は基本的に1年1作であるため，定期的な査定・昇給を取り入れることが難しいといえる．同時に，他作目と比べて技術習得の機会が相対的に少ないため，これまでの経験やカンに頼った農作業が中心であり，農作業に係る記録等はほとんどされていなかったことが南石（2015）で指摘されていることより，他作目と比べ意識的な現地教育（OJT）やマニュアル作成への取り組み割合が有意に低かったことが示唆された．その一方で，資格取得支援の割合に関しては施設野菜に比べ水稲で有意に高かったのは，通常の作業に必要な資格の支援のほかに，農閑期において，例えば，農機具の修理や大型機械のメンテナンスなど，生産作業以外の作業に対する資格支援を行っていることが結果に結びついたと考えられた．

（長命洋佑・南石晃明）

6. 稲作経営における事業展開

　表8-6-1は，各作目経営における事業・販路多角化の分布を示したものである．市場出荷や契約生産を除く事業の多角化を見た場合，最も取り組みが多かったのは「直接販売（直売所・小売店の運営・ネット販売など）」であり，35.4％の経営で取り組みが行われていた．次いで，「農作業受託（33.5％）」の割合が高く，これら2つの事業は3割を超えていた．また，市場出荷および契約生産に関しては，各経営ともどちらか一つに注力しているのではなく，経営戦略に応じて多様な販路選択を行っていることが示唆された．

第 8 章　稲作経営の経営管理と情報マネジメント　　265

表 8-6-1　事業・販路多角化の分布

	水稲 (n=118)	露地野菜 (n=53)	施設野菜 (n=51)	畜産 (n=103)	全体 (n=325)
直接販売（直売所・小売店の運営・ネット販売など）	46.6	30.2	45.1	20.4	35.4
農作業受託	69.5	17.0	25.5	4.9	33.5
農畜産物の加工（食品製造など）	18.6	18.9	17.6	14.6	17.2
農業生産資材関連（品種，苗生産・販売等も含む）	24.6	9.4	9.8	4.9	13.5
農畜産物の集荷・販売（集出荷）	8.5	17.0	9.8	8.7	10.2
飲食（レストラン，カフェなど）	8.5	3.8	17.6	9.7	9.5
観光農園（体験型農場・農業研修・農村交流施設など）	4.2	1.9	9.8	1.9	4.0
市場出荷による農産物生産(畜産以外)	57.6	52.8	70.6	7.8	43.1
市場出荷による畜産物生産(肉,卵,牛乳等)	0.0	0.0	2.0	60.2	19.4
契約生産による農産物生産(畜産以外)	35.6	67.9	51.0	1.0	32.3
契約生産による畜産物生産(肉,卵,牛乳等)	0.0	3.8	2.0	26.2	9.2

注：表中，数値は，各作目で取組んでいる事業割合を示している．なお，主位部門での数値であるため，例えば，畜産経営において，野菜の契約生産を行っている場合は，契約生産による農畜産物生産（畜産以外）の事業展開も数値として算出されている．

　水稲経営についてみると，最も高かったのは「農作業受託」であり 69.5％の経営で取り組んでいた．金谷（2005）は，経営耕地面積規模が大きい経営ほど農作業を請け負う割合が高くなっており，規模拡大が農作業受託によって図られていることを指摘している．その他水稲では，「直接販売（直売所・小売店の運営・ネット販売など）」は 48.6％，「農業生産資材関連（品種，苗生産・販売等も含む）」は 24.6％と他の作目経営と比べ高い取り組みであったことが特徴として挙げられる．水稲経営について売上規模別に事業・販路多角化の割合をみると，規模が大きくなると事業・販路多角化が進む傾向がみられることを南石（2017）は指摘しており，多様な展開が図られていることが明らかとなった．

　表 8-6-2 は，市場出荷およびその他の事業展開を図っているかについて，その事業展開数を示したものである．例えば，「市場出荷＋1」という場合は，表 8-6-1 で示した事業展開に関して，市場出荷の他に契約生産や農畜産物の加工を行っていることを示している．全体の傾向をみると，「市場出荷＋1」が 35.0％と最も多

266　第 3 部　稲作経営の事業展開・マネジメントと国際競争力

表 8-6-2　市場出荷および事業多角化の展開数

	水稲 (n=110)	露地野菜 (n=52)	施設野菜 (n=50)	畜産 (n=94)	全体 (n=306)
市場出荷のみ	5.5	9.6	21	38.3	17.3
市場出荷＋1	25.5	50	34	38.3	35
市場出荷＋2	28.2	15.4	20	10.6	19.3
市場出荷＋3	21.8	15.4	22	9.6	17
市場出荷＋4	12.7	5.8	10	3.2	8.2
市場出荷＋5 以上	6.4	3.8	2	0	3.3

く，次いで「市場出荷＋2」が 19.3％であり，「市場出荷のみ」は 17.3％であった．

　各主位部門経営の傾向を見ると，水稲経営では市場出荷のみの経営は 5.5％と他の作目より低い値であった．一方，「市場出荷＋3」「市場出荷＋4」の割合が高いことが特徴であり，「市場出荷＋4」以上の経営はおよそ 2 割程度を占めていることから，相対的に事業多角化が図られていることが示唆された．露地野菜に関しては，「市場出荷＋1」の割合が高く，契約生産もしくは直接販売（直売所・小売店の運営，ネット販売など）による多角化が進行していることが示唆された．施設野菜に関しては，露地野菜よりも多角化が進んでおり，「市場出荷＋2」「市場出荷＋3」の割合が相対的に高くなっていた．施設野菜では，直接販売（直売所・小売店の運営，ネット販売など）や飲食（レストラン，カフェなど）での事業多角化が図られていることが示唆された．畜産に関しては，市場出荷および契約生産が主な事業であり，他の作目と比べて事業多角化の展開は少ないことが明らかとなった．これらの結果より，事業多角化に関しては，畜産で最も少なく，露地野菜や施設野菜で中程度，水稲経営で最も多角化が図られていたといえる．

　表 8-6-3 は，各主位部門経営における売上高経常利益率と事業多角化の展開数との関係を示したものである．水稲では，赤字経営では「市場出荷+2」が最も多く，収支均衡では「市場出荷＋1」および「市場出荷＋2」が，経常利益率 1〜5％では「市場出荷＋3」が最も多く，利益率が高くなるにつれて事業の多角化が進展していた．しかし，経常利益率が 5％以上の経営では，「市場出荷＋1」の割合が最も高かった．また，10％以上になると「市場出荷のみ」の経営は見られず，何らかの事業への展開が図られていたことは注目に値する．これらの結果より，事業多角化は一概に展開数が多い方が良いとは言えず，適切な展開数が存在することが示唆されたが，明確な傾向については分析できなかったため，今後，更なる

第 8 章　稲作経営の経営管理と情報マネジメント　267

表 8-6-3　売上高経常利益率と事業多角化の展開数

主位部門		売上高経常利益率				
水稲		赤字 (n=16)	0% (収支均衡) (n=11)	1〜5% 未満 (n=34)	5〜10% 未満 (n=26)	10% 以上 (n=22)
事業 多角化の 展開数	市場出荷のみ	12.5	9.1	0.0	11.5	0.0
	市場出荷＋1	12.5	36.4	14.7	26.9	45.5
	市場出荷＋2	50.0	36.4	26.5	19.2	22.7
	市場出荷＋3	18.8	0.0	29.4	23.1	18.2
	市場出荷＋4	0.0	18.2	17.6	15.4	9.1
	市場出荷＋5 以上	6.3	0.0	11.8	3.8	4.5
露地野菜		赤字 (n=9)	0% (収支均衡) (n=7)	1〜5% 未満 (n=23)	5〜10% 未満 (n=4)	10% 以上 (n=8)
事業 多角化の 展開数	市場出荷のみ	11.1	28.6	8.7	0.0	0.0
	市場出荷＋1	55.6	57.1	39.1	50.0	62.5
	市場出荷＋2	11.1	0.0	26.1	0.0	12.5
	市場出荷＋3	11.1	0.0	17.4	25.0	25.0
	市場出荷＋4	11.1	14.3	0.0	25.0	0.0
	市場出荷＋5 以上	0.0	0.0	8.7	0.0	0.0
施設野菜		赤字 (n=11)	0% (収支均衡) (n=4)	1〜5% 未満 (n=15)	5〜10% 未満 (n=12)	10% 以上 (n=7)
事業 多角化の 展開数	市場出荷のみ	18.2	25.0	6.7	8.3	14.3
	市場出荷＋1	36.4	0.0	53.3	33.3	14.3
	市場出荷＋2	9.1	25.0	20.0	16.7	42.9
	市場出荷＋3	27.3	25.0	20.0	16.7	14.3
	市場出荷＋4	0.0	25.0	0.0	25.0	14.3
	市場出荷＋5 以上	9.1	0.0	0.0	0.0	0.0
畜産		赤字 (n=5)	0% (収支均衡) (n=7)	1〜5% 未満 (n=28)	5〜10% 未満 (n=30)	10% 以上 (n=23)
事業 多角化の 展開数	市場出荷のみ	80.0	42.9	25.0	33.3	47.8
	市場出荷＋1	0.0	28.6	42.9	36.7	47.8
	市場出荷＋2	0.0	0.0	14.3	16.7	4.3
	市場出荷＋3	20.0	14.3	14.3	10.0	0.0
	市場出荷＋4	0.0	14.3	3.6	3.3	0.0
	市場出荷＋5 以上	0.0	0.0	0.0	0.0	0.0

注）表中，数値は売上高経常利益率区分の合計を 100％とした時に占める事業多角化の展開数割合を示している.

268　第3部　稲作経営の事業展開・マネジメントと国際競争力

検討を要するといえる.

　その他の主位部門経営の特徴を見ると,露地野菜では赤字および収支均衡で事業多角化の展開数が相対的に少ないことが明らかとなった.施設野菜では,露地野菜と比べ,経常利益率が高くなると「市場出荷＋2」以上の割合が相対的に高くなる傾向が見られた.畜産に関しては,収支均衡では「市場出荷＋4」などの経営も見られたが,経常利益率が高くなるにつれて,事業多角化の展開は縮小する傾向にあるといえる.

（長命洋佑・南石晃明）

7. 稲作経営における情報マネジメント

　表8-7-1は,農業法人の主位部門と活用目的別ICT活用率の結果を示したものである.法人全体を見ると,最も活用率が高かったのは「財務体質強化（77.2%）」であり,次いで,「生産効率化（74.9%）」,「経営の見える化（74.3%）」の順で活用率が高く,全ての項目で活用率は65%以上であった.特に,農作業等の生産に関連する項目よりも経営内部における業務の効率化を図るために,ICTが利用されていることが示唆された.

　また,水稲と他の作目との相違を見ると,畜産や露地野菜に比べて相対的に活用率が低いことが明らかとなり,全ての項目で70%を下回っていた.最も高い「財

表8-7-1　活用目的別ICT活用率

主位部門 ICT活用目的	水稲	露地野菜	施設野菜	畜産	全体
財務体質強化	66.0(94)[b]	78.8(52)[ab]	79.5(44)[ab]	86.3(95)[a]	77.2(285)
生産効率化	61.9(97)[b]	76.9(52)[ab]	76.7(43)[ab]	86.3(95)[a]	74.9(287)
経営の見える化	61.3(93)[b]	76.9(52)[ab]	79.5(44)[ab]	83.2(95)[a]	74.3(284)
経営戦略・計画の立案	61.7(94)[b]	80.8(52)[ab]	79.5(44)	80.4(92)[a]	74.1(282)
経費削減	65.3(95)	80.8(52)	70.5(44)	80.6(93)	73.9(284)
販売額増加	57.7(97)[b]	80.4(51)[a]	72.7(44)[ab]	81.9(94)[a]	72.0(286)
リスク管理	59.6(94)[b]	78.4(51)[ab]	65.9(44)[ab]	79.3(92)[a]	70.5(281)
農作業の見える化	60.4(96)	75.0(52)	77.3(44)	71.1(90)	69.1(282)
取引先の信頼向上	60.0(95)	70.6(51)	69.8(43)	77.2(92)	69.0(281)
人材育成・能力向上	55.3(94)[b]	71.2(52)[ab]	63.6(44)[ab]	76.3(93)[a]	66.4(283)

注1）表中,数値は%,（　）数値は各項目のサンプル数を示している.
注2）表中,アルファベットが異なる小文字は5%で統計的に有意であったことを示している.

務体質強化」でも活用率は 66.0% に留まり,「人材育成・能力向上（55.3%）」,「販売額増加（57.7%）」,「リスク管理（59.6%）」では 60% を下回る活用率であった.

表 8-7-2 は,農業法人における主位部門と ICT 費用対効果の回答割合を示したものである.費用対効果に関しては,それぞれの ICT 活用目的に対して,「ほとんど効果はなかった」から「費用を上回る大きな効果があった」の 5 段階で評価してもらった.なお,「費用に見合った程度の効果」以上の効果を評価した場合,「費用対効果 1 以上」とした.

全体における費用対効果 1 以上の結果を見ると,「経営の見える化（79.1%）」が最も高く,次いで「生産効率化（76.7%）」および「経営戦略・計画の立案（76.6%）」で費用対効果が高かった.他方,費用対効果が低かったのは,「人材育成・能力向上（69.1%）」,「経費削減（70.0%）」,「販売額増加（71.4%）」であった.

次いで,各作目の結果を見ると,水稲では「取引先の信頼向上（75.4%）」および「経営の見える化（75.4%）」が,露地野菜では「農作業の見える化（79.5%）」が,施設野菜では「取引先の信頼向上（80.0%）」が,畜産では「財務体質強化（86.6%）」が最も高い評価となっていた.

また,多重比較の結果を見ると,「取引先の信頼向上」において,露地野菜と畜

表 8-7-2　活用目的別 ICT 費用対効果 1 以上の回答割合

ICT 活用目的 ＼ 主位部門	水稲	露地野菜	施設野菜	畜産	全体
経営の見える化	75.4(57)	75.0(40)	77.1(35)	84.8(79)	79.1(211)
生産効率化	70.0(60)	70.0(40)	75.8(33)	85.4(82)	76.7(215)
経営戦略・計画の立案	69.0(58)	73.8(42)	77.1(35)	83.8(74)	76.6(209)
財務体質強化	69.4(62)	68.3(41)	74.3(35)	86.6(82)	76.4(220)
取引先の信頼向上	75.4(57)[ab]	58.3(36)[b]	80.0(30)[ab]	83.1(71)[a]	75.8(194)
リスク管理	66.1(56)	72.5(40)	72.4(29)	80.8(73)	73.7(198)
農作業の見える化	70.7(58)	79.5(39)	64.7(34)	76.6(64)	73.3(195)
販売額増加	64.3(56)[bc]	51.2(41)[c]	78.1(32)[ab]	84.4(77)[a]	71.4(206)
経費削減	61.3(62)	69.0(42)	71.0(31)	77.3(75)	70.0(210)
人材育成・能力向上	67.3(52)	70.3(37)	71.4(28)	69.0(71)	69.1(188)

注 1) 表中,数値は%,（ ）数値は各項目のサンプル数を示している.
注 2) 費用対効果に関しては,それぞれの ICT 活用目的に対して,「ほとんど効果はなかった」から「費用を上回る大きな効果があった」の 5 段階で評価してもらった.なお,「費用に見合った程度の効果」以上の効果を評価している場合,「費用対効果 1 以上」とした.
注 3) 表中,アルファベットが異なる小文字は 5% で統計的に有意であったことを示している.

産との間に有意な差が見られ，露地野菜で費用対効果が低く，畜産で有意に高いことが明らかとなった．露地野菜に関しては，産地としての信頼が重要であるため，ICT 活用による費用対効果が低いことが示唆された．その一方で，畜産においては，給与飼料や疾病発生の有無などの個体管理が取引における信頼向上に重要であることが結果に結びついたと考える．次いで，「販売額増加」において，水稲と畜産，露地野菜と施設野菜および畜産の間で有意な差が見られた．「販売額増加」に対する費用対効果では，水稲と比べ畜産で有意に高いこと，また，露地野菜に比べ施設野菜および畜産で費用対効果が有意に高いことが明らかとなった．水稲は畜産と比べると，生産物の付加価値付与（ブランド化）が困難であること，商品の価格設定帯に大きな幅が見られないことなどが有意な差として表れたといえる．また，土地利用型の作目に比べ施設利用型の作目では，気象リスク等の不確実性の影響を受け難く，相対的に市場の状況に合わせ出荷時期の調整が可能となることが販売額増加の評価に結びついたと考える．

表 8-7-3 は，法人経営における自社の「強み」・「弱み」の評価を示したものである．全体の傾向をみると最も「強み」として感じていたのが「取引先・地域の

表 8-7-3　農業法人における経営の「強み」・「弱み」

経営の「強み」・「弱み」　　　　　　　主位部門	水稲	露地野菜	施設野菜	畜産	全体
取引先・地域の信頼・ブランド	3.37(111)[b]	3.77(53)[a]	3.92(51)[a]	3.81(100)[a]	3.67(315)
生産・加工技術	3.23(108)[b]	3.43(53)[ab]	3.51(51)[ab]	3.63(94)[a]	3.43(306)
社長のリーダーシップ・実行力	3.13(114)[b]	3.62(52)[a]	3.39(51)[ab]	3.47(99)[ab]	3.36(316)
生産管理・経営管理	3.18(113)[b]	3.30(53)[ab]	3.26(50)[ab]	3.59(101)[a]	3.34(317)
経営理念・ビジョン	2.98(111)[b]	3.48(52)[a]	3.41(51)[ab]	3.35(98)[a]	3.25(312)
販売・マーケティング	2.80(113)[b]	3.55(53)	3.49(51)[a]	3.28(98)[a]	3.18(315)
財務体質	3.17(114)[ab]	2.75(53)[bc]	2.68(50)[c]	3.32(100)[a]	3.07(317)
経営戦略・ビジネスモデル	2.73(110)[b]	3.20(51)[a]	3.12(51)[ab]	3.12(97)[a]	2.99(309)
リスク管理	2.82(112)	3.06(51)	2.96(51)	3.08(96)	2.96(310)
人材育成	2.68(113)	3.08(52)	2.86(51)	2.96(99)	2.86(315)
新商品開発・新技術開発	2.59(111)	2.88(52)	3.02(50)	2.93(92)	2.81(305)
ICT 活用力・情報マネジメント	2.42(112)[b]	2.85(52)[a]	2.75(51)[a]	2.96(98)[a]	2.71(313)

注 1）表中の数値は，各項目に対し「優れている」から「劣っている」までの 5 段階を設定し，5 点から 1 点までを割り当てた平均値である．また（　）数値はサンプル数を示している．

注 2）表中，アルファベットが異なる小文字は 5％で統計的に有意であったことを示している．

信頼・ブランド（3.67）」であり，次いで「生産・加工技術（3.43）」，「社長のリーダーシップ・実行力（3.36）」への評価が高かった．他方，評価が低かったのは「ICT活用力・情報マネジメント（2.71）」，「新商品開発・新技術開発（2.81）」「人材育成（2.86）」であり，それぞれ競合他社と比べて劣っていると評価していることが明らかとなった．換言すると，こうした「弱み」と評価している項目は農業経営法人における経営の課題であるともいえる．

　次いで，他作目と比較した水稲作の特徴について述べる．水稲作において評価が高かった項目は，「取引先・地域の信頼・ブランド（3.37）」，「生産・加工技術（3.23）」および「生産管理・経営管理（3.18）」であった．また，「弱み」と認識していた項目は，「ICT活用力・情報マネジメント（2.42）」，「新商品開発・新技術開発（2.59）」，「人材育成（2.68）」であった．「強み」・「弱み」ともに全体の傾向と類似したものであったが，相対的に評価は低いものであった．また，他作目と比較してみると，「経営理念・ビジョン（2.98）」，「販売・マーケティング（2.80）」および「経営戦略・ビジネスモデル（2.73）」では，他の作目では3点を超える評価となっているが，水稲では，3点を下回っており，特に評価が低いこと，すなわち，「弱み」であることが示唆された．他方，「財務体質（3.17）」に関しては，露地野菜および施設野菜よりも相対的に高い評価であり，稲作経営において「強み」と捉えていることを示唆する結果であった．

　これらの結果より，ICT活用目的別の活用率では全体で6割5分強の経営で活用しており，また7割弱から8割弱の経営で費用対効果を1以上と評価していたが，競合他社と比較した場合は，相対的な「強み」までの評価とはなっていないことが明らかとなった．この点に関しては，今後詳細な検討の必要性が示唆された．

（長命洋佑・南石晃明・太田明里）

8. おわりに

　本章では，農業法人経営を対象として実施した全国アンケート調査に基づいて，農業法人経営における経営目的および経営管理意識，人的資源管理，事業展開，ICT活用に対する活用率および費用対効果との関係を明らかにした．以下，分析で明らかになったことを整理することで本章のまとめとしたい．

　稲作経営における経営目的と経営管理意識に関しては，経営目的として「地域

農業・地域社会への貢献」は，水稲および施設野菜では重視され，畜産では重視されていないことが明らかとなった．また，経営管理意識に関しては，全体の傾向として「人材育成」が最も重視されていることが明らかとなった．その中で，水稲の傾向を見ると，いずれの項目においても平均値を下回る結果であり，特に，「人材育成」に関しては露地野菜と比べ，水稲では低い値であることが明らかとなった．

　また，事業展開に関しては，畜産で最も少なく，露地野菜や施設野菜で中程度，水稲経営で最も多角化が図られていた．水稲では，赤字経営では「市場出荷+2」が，収支均衡では「市場出荷＋1」および「市場出荷＋2」が最も多く，黒字経営では利益率が高くなるにつれて事業の多角化が進展していた．

　次いで，人的資源管理に関しては，採用時に重視する人材では，水稲は他の作目と比較し，「経営を継承する可能性」，「農業で独立する可能性」，「地元出身」等の点を相対的に重視していることが明らかとなった．また，人材育成に関しては，農作業現場での技能習得の困難性や作業マニュアル作成のための記録などの不足により，人材育成への取り組み割合が低いことが示唆された．

　最後に，ICT 活用率と費用対効果に関しては，ICT 活用目的別の活用率は全体で 6 割 5 分強であり，7 割弱から 8 割弱の経営で費用対効果を感じていた．しかし，競合他社と比較した「ICT 活用力・情報マネジメント」に関しては，相対的な「強み」としての評価にまではなっていないことが明らかとなった．

（長命洋佑・南石晃明）

付記

　本章の研究成果は，日本学術振興会基盤研究（C）（課題番号:16K07901，　研究代表　南石晃明）による研究成果に基づくものである．

引用文献・参考文献

長命洋佑，南石晃明（2016）農業経営における事業展開，経営管理と経営者意識の関係：農業法人経営を対象とした全国アンケート調査分析，九州大学大学院農学研究院学芸雑誌，71（2）：47-58.

長命洋佑，南石晃明，緒方裕大・太田明里（2017）農業法人における作目別 ICT 活用・費用対効果の特徴，農業情報学会 2017 年度年次大会要旨集，pp.41-42.

長命洋佑，南石晃明（2018a）先進的法人経営にみる人的資源管理の現状と課題—人的資源

第 8 章　稲作経営の経営管理と情報マネジメント　　273

　の活用と経営成長―，農業と経済，84（8）：15-28.
長命洋佑，南石晃明（2018b）農業法人経営における「弱み」「強み」と事業展開との関係性
　　―ICT 活用・情報マネジメントに着目して―，農業情報学会 2018 年度年次大会要旨集，
　　pp.49-50.
伊庭治彦，髙橋明広，片岡美喜［編著］（2016）「農業・農村における社会貢献型事業論」，
　　農林統計出版，東京，185pp.
金谷　豊（2005）農作業体系化の概観，農作業研究，40（3）：157-162.
南石晃明・竹内重吉・篠崎悠里（2013）農業法人経営における事業展開，ICT 活用および人
　　材育成―全国アンケート調査分析―，農業情報研究，22（3）：159-173.
南石晃明（2014）農業法人経営における ICT 活用と技能習得支援―全国アンケート調査分
　　析および研究開発事例―，南石晃明・飯國芳明・土田志郎［編著］（2014）「農業革新と
　　人材育成システム―国際比較と次世代日本農業への含意」，農林統計出版，東京，
　　pp.349-364.
南石晃明（2015）農業技術・ノウハウ・技能の可視化と伝承支援―ICT による営農可視化―，
　　南石晃明，藤井吉隆［編著］「農業新時代の技術・技能伝承」，農林統計出版，東京，pp.39-64.
南石晃明，長命洋佑，松江勇次［編著］（2016）「TPP 時代の稲作経営革新とスマート農業―
　　営農技術パッケージと ICT 活用―」，養賢堂，東京，285pp.
南石晃明（2017）農業経営革新の現状と次世代農業の展望：稲作経営を対象として，農業経
　　済研究，89（2）：73-90.
納口るり子（2013）地域社会と共存する経営能力，農業と経済，79（2）：28-36.
農林水産省（2014）「スマート農業の実現に向けた研究会」検討結果の中間とりまとめ，http://
　　www.maff.go.jp/j/kanbo/kihyo03/gityo/g_smart_nougyo/pdf/cmatome.pdf，2018 年 8 月 5 日
　　参照.
農林水産省（2016）米をめぐる関係資料，http://www.maff.go.jp/j/council/seisaku/syokuryo/
　　161128/attach/pdf/index-10.pdf，2018 年 8 月 2 日参照.
農林統計協会（2005）「農林水産統計用語辞典―2005 改訂」，農林統計出版，東京，p.6.
西　瑠也，南石晃明，長命洋佑，緒方裕大（2018）農業法人経営の経営規模と収益性―全国
　　アンケート調査多年次分析―，九州大学大学院農学研究院学芸雑誌，73（1）：9-16.
太田明里，南石晃明，長命洋佑（2018）畜産経営における ICT 活用率とその費用対効果―
　　畜種別比較分析―，九州大学大学院農学研究院学芸雑誌，73（1）：1-8.
坂上　隆，長命洋佑，南石晃明（2016）農業法人の経営発展と経営者育成，農業経営研究，
　　54（1）：25-37.

第 9 章 稲作経営における TPP の影響と対応策
―他作目と比較した特徴―

1. はじめに

環太平洋パートナーシップ（TPP）は 2010 年 4 月に交渉が開始され, 日本は 2013 年 3 月に交渉参加し, 2015 年 10 月に大筋合意に至った. その後, 2016 年 2 月に 12 か国による署名が行われ, 同年 12 月に日本は批准した. しかし, 2017 年 1 月に就任した米国トランプ大統領の離脱表明により, TPP の発行は不可能となった. TPP 協定の発行には, 「参加国の GDP 合計の 85％以上を占める 6 か国以上の批准」が必要とされ, GDP 合計の 6 割を占めるアメリカが離脱すると, この要件を満たすことができなくなるためである.

その後, 日本が主導して米国抜きの TPP11 協定の交渉が行われ, 2017 年 11 月に「大筋合意」に至った. TPP11 協定（以下, TPP11）は全 7 条のシンプルな協定であり, ①TPP 協定の維持, ②米国の要求で盛り込まれた 20 項目の凍結, ③発効要件を 6 か国の批准のみに変更, ④米国の復帰または未復帰が確定した場合の見直し等を規定している（作山 2018）.

TPP11 の交渉で最大の焦点となったのは, 米国の離脱に伴って既に合意していた TPP 協定のなかでどの部分を停止するかであり, 約 80 項目がその候補として検討されたが, 停止することに合意したのは 20 項目であった. その内訳は, ISDS （投資）関連規定, 政府調達, 著作権の保護期間, 特許対象事項など米国が主張して盛り込まれた事項が多く, その一方で, 市場アクセスに関する合意事項はそのまま維持された（清水 2018）.

また, 米国を除く TPP 参加 11 カ国は 2018 年 3 月 9 日, チリ・サンティアゴで新協定（環太平洋パートナーシップに関する包括的及び先進的な協定：CPTPP, いわゆる TPP11）の正式な合意文書に署名した. 各国は今後, 国内の批准手続きを進め, 2019 年中の発効を目指している. その一方で, 2018 年に入り米国トランプ大統領が TPP 復帰の可能性についての言及や英国の参加検討など, 新たな動きもみられる.

以上のように, 米国の TPP 離脱後も様々な展開を見せている TPP（以下では,

TPP，TPP11 および CPTPP を合わせて TPP と総称する）であるが，本章では，8
章と同様の農業法人を対象とした全国アンケート調査の結果を用いて，農業経営
に対する TPP の影響と対応策について整理していく．なお，本章で示す農業法人
の意識は 2016 年 8 月〜10 月ごろのものであり，米国の離脱前，すなわち米国も
合意予定であった時期の意識であることに留意していただきたい．調査時期や政
策的な意味合いなど，現在の状況とは異なっていると思われるが，日本が批准す
る直前の TPP 参加に対する農業法人の意向を記すことは，資料的な意味合いとと
もに，将来の日本農業の国際競争力向上に資する何らかの示唆が得られることを
期待し，本章で整理することとした．

　以下，第 2 節ではこれまでの TPP における米生産を中心とした動向について簡
単に整理する．その後，第 3 節では，本章で用いたアンケートの概要について示
し，第 4 節では，農業法人における TPP 参加への影響について検討する．第 5 節
では，TPP に対する意識の規定要因，第 6 節では農業法人における TPP への対応
策の規定要因を明らかにする．最後に本章のまとめを行う．

2．TPP における農産物の合意内容と日本農業への影響

　本節では，TPP における農産物の合意内容と日本農業に対する影響について整
理する．なお，これらを整理する前に，米国が離脱する以前の TPP の動向（推進
派・賛成派および慎重派・否定派の意見）に関して，長命・南石（2016）を要約
する形で以下，簡単に整理しておく．推進派・賛成派の意見としては，農業保護
の政策により，意欲ある生産者の意識低下や消費者への負担を強いて，日本農業
を衰退させてきたことから，関税等を撤廃することで国際競争力を高めることが
重要であるとしている．他方，慎重派・否定派の意見としては，TPP への参加に
おいて農業，特に稲作農業は壊滅的打撃を受けると指摘している他，自給率をさ
らに低下させることは安全保障の観点からも危険であること，農業には地域農業
の持続的な維持や農産物生産以外の多面的機能の側面も重視すべきであるとして
いる．なお，詳しくは長命，南石（2016）を参照していただきたい．

1）TPP における農産物の合意内容

　農産物の合意内容に関しては，重要品目のうち米，麦，乳製品，砂糖の 5 品目
に関しては国家貿易を維持し関税撤廃を免れたが，一部について関税を削減・撤

276　第3部　稲作経営の事業展開・マネジメントと国際競争力

廃し低関税・無税の輸入枠を設けることとなり，牛肉，豚肉に関しては関税の削減・撤廃を行うこと，他のほとんどの品目について加工品を含め関税撤廃をすることが約束された（清水 2018）.

　農産物に関する合意内容としては，2328 品目の農林水産物のうち関税撤廃するのは 1885 品目，関税撤廃率は 81%となり，即時撤廃率は 51.3%となっている（清水 2016）. また，上述した重要 5 品目 586 に関しても 174 品目は関税が撤廃される. 米ではビーフンやシリアル，麦ではビスケットやクッキー，牛肉では牛タン，豚肉ではソーセージなどの加工品である（清水 2016）. また，関税撤廃を免れた重要品目についても関税削減や輸入枠を設定することで合意している. 例えば，米に関しては，米国に 7 万 t，豪州に 0.84 万 t の SBS（売買同時入札）方式の輸入枠が設定されている.

2）政府における農林水産物への影響試算

　表 9-2-1 は，農林水産省（2017）が試算した農林水産物の生産額への影響についての結果を示したものである. 実質 GDP は，米国を含んだ TPP（前回，2015年 12 月公表）では，約 14 兆円程度（約 2.6%の押し上げ）に膨らむと試算していたが，今回は約 8 兆円（約 1.5%押し上げ）程度であると試算している.

　農林水産物に関しては，関税削減等の影響で価格低下による生産額の減少が生じるものの，体質強化対策による生産コストの低減・品質向上や経営安定対策などの国内対策により，引き続き生産や農家所得が確保され，国内生産量が維持されるものと見込んだ場合，農林水産物の生産減少額は約 900 億円〜1,500 億円（うち，農産物は約 616 億円〜1,103 億円）になると試算している. なお，この試算の対象品目は，関税率 10%以上かつ国内生産額 10 億円以上の品目である 19 品目の農産物，14 品目の林水産物であるため，野菜などの費目は含まれていないことに留意する必要がある.

　食料自給率に関しては，試算を反映した場合でも 2016 年度のカロリーベース38%，生産額ベース 68%を維持し影響はないとしている. また，関税撤廃される品目については，牛肉は，前回の約 311 億〜約 625 億円から約 200 億〜399 億円，豚肉は約 169 億円〜約 322 億円から約 124 億〜248 億円へと生産額が変化すると試算している. なお，鶏肉（前回約 19 億円〜36 億円）および鶏卵（前回約 26 億円〜約 53 億円）に関しては，TPP11 参加国からの輸入実績がない又はほとんどないことを考慮し，試算されていない. また，米に関しては，「現行の国家貿易制度

第 9 章　稲作経営における TPP の影響と対応策　277

表 9-2-1　農林水産物の生産額への影響について

品目	生産減少額 (H29.12)注1)	生産量減少率 (H29.12)	(参考) これまでの影響試算				
			生産減少額 (H27.12)注2)	生産量減少率 (H27.12)	生産減少額 (H25.3)	生産量減少率 (H25.3)	生産減少額 (H22.11)
農林水産物全体	約 900〜1,500 億円		約 1,300 億円〜約 2,100 億円		約 3 兆円		約 4.5 兆円
米	0 億円	0%	0 億円	0%	約 1 兆 100 億円	32%	約 1 兆 9,700 億円
小麦	約 29 億円〜65 億円	0%	約 62 億円	0%	約 770 億円	99%	約 800 億円
牛肉	約 200 億円〜399 億円	0%	約 311 億円〜625 億円	0%	約 3,600 億円	68%	約 4,500 億円
豚肉	約 124 億円〜248 億円	0%	約 169 億円〜322 億円	0%	約 4,600 億円	70%	約 4,600 億円
鶏肉	—注3)	0%	約 19 億円〜36 億円	0%	約 990 億円	20%	約 1,900 億円
鶏卵	—注4)	0%	約 26 億円〜53 億円	0%	約 1,100 億円	17%	約 1,500 億円
牛乳乳製品	約 199 億円〜314 億円	0%	約 198 億円〜291 億円	0%	約 2,900 億円	45%	約 4,500 億円
農業の多面的機能の喪失額			—注5)		1 兆 6 千億円程度		3 兆 7 千億円程度

資料：農林水産省 (2017)，内閣官房 (2015a)，内閣官房 (2013a,b) および農林水産省 (2010a,b) を基に筆者作成.
注 1) 農林水産物の生産額への影響について (TPP11) は，以下を参照のこと．農林水産省 (2017) http://www.maff.go.jp/j/kanbo/tpp/attach/pdf/index-13.pdf
注 2) TPP 協定の経済効果分析に関しては，以下を参照のこと．内閣官房 (2015b) http://www.cas.go.jp/jp/tpp/kouka/pdf/151224/151224_tpp_keizaikoukabunnseki02.pdf
注 3) 農林水産省 (2017) では，「鶏肉に関しては，TPP11 参加国からの輸入の大宗を用途・販路が限定されている冷凍丸鶏が占めていることから，引き続き生産や農家所得が確保され，国内生産量が維持されると見込む」と述べている.
注 4) 農林水産省 (2017) では，「鶏卵に関しては，TPP11 参加国からの輸入のほとんどが既に EPA を締結し無税となっているメキシコからの卵白粉であることから，引き続き生産や農家所得が確保され，国内生産量が維持されると見込む」と述べている.
注 5) 内閣官房 (2015a) では，「試算の結果，国内生産量が維持されると見込まれることから，水田や畑の作付面積の減少や農業の多面的機能の喪失は見込み難い」と述べている.

や枠外税率を維持することから，国家貿易以外の輸入の増大は見込み難いことに加え，国別枠の輸入量に相当する国産米を政府が備蓄米として買い入れることから，国産主食用米のこれまでの生産量や農家所得に影響は見込み難い」とし，生産減少は生じないと試算している．なお，政府が試算した TPP による日本農業への影響に関しては，平澤 (2018) が，これまでの変遷を踏まえた影響や試算の問題点を整理している．また，米を除く主要品目に関する影響および日本農業の構造問題などに関しては，谷口，服部 (2018) において議論されている.

3.　アンケート調査の概要

　本章の分析に用いるアンケート調査 (以下，アンケート) は，全国農業法人 2,468

法人を対象とし，郵送方式により筆者らの所属研究室が実施したものである（2016年 8 月～10 月）．調査対象法人に関しては，日本農業法人協会等の HP およびその他文献等に記載されている法人名を独自に検索・特定し整理を行った．特定した法人には，郵送調査法により調査票を配布し，545 の有効回答を得た（有効回答率 22.1%）．

本章で用いたアンケート項目は，法人の属性として，法人種別，直近決済の売上高，5 年後の売上目標の他に，作付している作目，取組んでいる事業，自法人経営の「強み」・「弱み」など，に関する質問を用いた．他方，TPP 参加に対する影響として，後述するように好機から危機までの意識，TPP に有効と考えられる対応策を取上げ，検討を行った．また本章では，2013 年に実施した同様のアンケート分析の結果（長命・南石 2016）との比較も行う（詳細は拙稿を参照のこと）．

4．TPP の影響と対応に対する農業法人の意識

1）農業法人における TPP に対する意識

図 9-4-1 は，TPP 参加に対する農業法人の意識について 2013 年と 2016 年の結果を示したものである．質問項目においては，「大きな危機」から「大きな好機」までの 5 段階を設定し評価を行ってもらった．2016 年の結果をみると，回答割合が最も大きいのは「どちらともいえない（44.6%）」である．次いで「やや危機（18.9%）」，「大きな危機（12.3%）」の順に多く，危機感（やや危機＋大きな危機）を持っている法人は 31.2%と 3 割を超えていた．2013 年では，TPP 参加に対して危機感を抱いている法人は 48.1%であったことから，危機感が低下していることが示唆された．その一方で，2013 年では「やや好機（7.1%）」，「大きな好機（5.2%）」

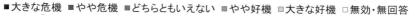

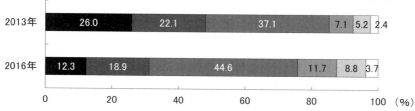

図 9-4-1　TPP に対する受け止め方（2013 年と 2016 年の比較）

第 9 章 稲作経営における TPP の影響と対応策　279

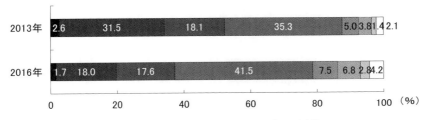

図 9-4-2　TPP が農業経営に及ぼす影響（2013 年と 2016 年の比較）

と「好機」と考えている法人が 12.3% であったが，2016 年には，「やや好機（11.7%）」，「大きな好機（8.8%）」と 20.5% が好機と捉えていることが明らかとなった．これらの結果より，TPP 参加に対する法人経営の意識は，相対的に危機的意識が減少し，好機的な意識が増加していることが明らかとなった．

図 9-4-2 は，我が国が TPP に参加した場合，回答法人にどのような影響が及ぶと考えているかについて，「経営が破たんする」から「経営が大きく成長する」までの 7 段階で質問した結果を示している．2016 年の結果で最も回答割合が高かったのは，「どちらともいえない（41.5%）」であり，次いで「経営に悪影響がある（18.0%）」，「やや経営に悪影響がある（17.6%）」，「やや経営に好影響がある（7.5%）」，「経営に好影響がある（6.8%）」と続いている．「経営が破たん」，「経営に悪影響」，「やや経営に悪影響」の合計は 37.3% であり，「やや経営に好影響」，「経営に好影響」，「経営が大きく成長」の合計は 17.1% であった．2013 年と比較すると，危機感を持つ法人は 52.3% から大幅に減少し，逆に，好機と捉える法人の割合が 10.2% から 17.1% へと増加していた．この傾向は，図 9-4-1 の結果と概ね一致するといえ，TPP 参加に対する法人の意識が大きく変化してきていることが示唆される．

図 9-4-3 は「農業法人の直近決算の売上高」と「TPP に対する意識」の関係を示したものである．好機と捉えている割合が最も高かったのは 3 億円以上で 27.7% であった．好機と捉える傾向として，3,000 万円未満では 21.0% であったが，3,000 万円〜5,000 万円未満で 16.4% へと低下した．それ以降の売上高層に関しては，売上高が高くなるにつれて好機と捉える割合が増加していた．他方，TPP 参加が経営にとって危機と捉えている割合が最も高かったのは 3,000 万円未満の回答層で

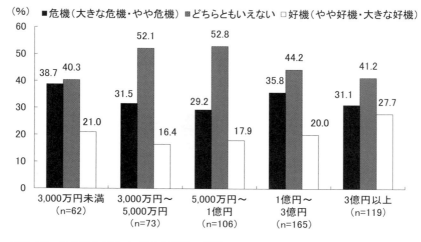

図 9-4-3 売上高と TPP に対する意識の関係
注）図中の数字は，直近決算の「売上高」各層に占める「TPP に対する意識」の割合を示している．

あった．5,000万円～1億円未満の売上高層までは危機意識は低下していたが，1億円～3億円未満になると再び危機意識が増加していた．また，3,000万円～1億円未満の売上高層に関しては，他の階層と比べ「どちらともいえない」と答える割合が高かった．この結果は，成長途上もしくは停滞状態にある経営において，将来の方向性が未確定な部分が多い経営，または TPP 参加の有無も含めた政治的要因に左右される経営がこのような回答を示したことが影響したものと考える．これらの結果より，売上高が 3,000万円未満の法人において最も危機意識が高かったこと，また，3,000万円以上の売上高層においては，売上高が高くなるに伴い好機と捉える意識が高いことが明らかとなった．なお，3,000万円～1億円未満の経営層の動向に関しては，今後注意深く見ていく必要があると考える．

図 9-4-4 は，我が国の TPP 参加に向けて，回答法人はどのような対応策が自身の経営に有効であるかについて，複数回答で得た結果を示したものである．その結果，最も有効であると考えられていたのは，「商品差別化（43.5%）」であり，次いで「コスト低減（37.8%）」，「生産管理の改善・高度化（35.8%）」，「規模拡大（31.0%）」，「資材・機械等の調達価格削減（25.0%）」，「事業多角化（24.4%）」，「新技術導入（23.1%）」，「海外進出（21.5%）」の順で回答が多かった．そのなかでも海外農産物との差別化を図ることやコスト低減を図っていくこと，さらには生産

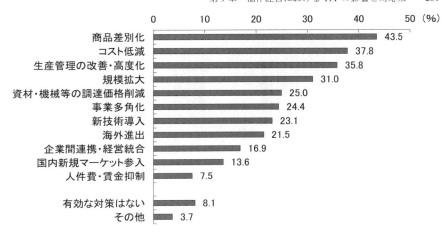

図 9-4-4　TPP に有効と考えられる対応策

管理の改善・高度化を図っていくことは，全体で3割以上の法人が有効と考えていたことからも重要な対応策であるといえる．また，2013 年との比較においては，「資材・機械等の調達価格削減」が 18.6% から 25.0% へ，「海外進出」が 17.9% から 21.5% へとそれぞれ増加していたことは注目に値するといえる．

その一方で，「人件費・賃金抑制（7.5%）」，「国内新規マーケット参入（13.6%）」，「企業間連携・経営統合（16.9%）」は，回答割合が2割に達していなかった．これらの結果に関しては，2013 年の結果でも同様の結果を示していたことから，相対的に TPP 参加への有効な対応策とは考えられていないことが示唆された．特に，「国内新規マーケット参入」および「企業間連携・経営統合」に関しては，様々なステークホルダーとの連携が必要であり，社内での取組みには限界があるため，現状では困難であると考えていることが示唆された．

5．TPP に対する経営対応策と規定要因

1）作目別にみた TPP に対する意識

図 9-5-1 は，作目別にみた TPP 参加に対する意識の集計結果を示したものである．なお，ここでの作目は，直近決算における売上高が計上されたものをすべて集計している．そのため，農業法人の有効回答数は 545 であるが，複数回答となっているため延べ選択数は 872 となっている．以下，作目ごとの傾向をみていく

282　第3部　稲作経営の事業展開・マネジメントと国際競争力

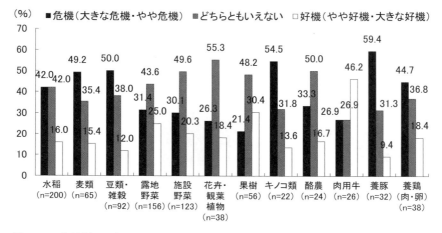

図 9-5-1　作目別にみた TPP に対する意識
　　　　注）危機＝大きな危機＋やや危機，好機＝大きな好機＋やや好機

こととしよう．

　TPP への参加を最も危機と捉えているのは，「養豚」であり 59.4%が危機と捉えていた．次いで「キノコ類（54.5%）」，「豆類・雑穀（50.0%）」，「麦類（49.2%）」，「養鶏（44.7%）」，「水稲（42.0%）」の順で高く，これらの作目を生産している法人では，危機意識が高いことが示された．2013 年では，「養豚」が 75.8%と最も高く，「豆類・雑穀（70.1%）」，「麦類（68.8%）」，「水稲（64.3%）」，「肉用牛（59.3%）」，「養鶏（52.0%）」，「酪農（50.0%）」の順で高くこれらの作目を生産している法人の半数以上が危機意識を持っていた．今回の結果と比較すると，相対的に危機意識が緩和されていることが示された．

　他方，好機と捉えている割合が高かったのは，「肉用牛（46.2%）」，「果樹（30.4%）」，「露地野菜（25.0%）」であり，肉用牛および果樹においては，好機が危機の割合を上回る結果であった．また，2013 年では，「花卉・観葉植物」の 32.3%が好機と捉えていたが，2016 年では 18.4%まで低下していた．肉用牛に関しては 2013 年では好機は 11.1%であったが，46.2%へと大幅に増加していた．この点に関しては，海外での「和牛」ブームに後押しされるように輸出が促進されていること，また政府が輸出支援策を講じていることなどが影響したものと考える．

　水稲に関しては，前回は 64.3%の経営で危機と捉えられていたが，今回は 42.0%まで低下していた．他方，好機と捉える経営は，8.7%から 16.0%まで増加してい

た．また，「どちらともいえない」と回答した経営は，27.0%から42.0%に増加しており，今後の意識変化が注目される．水稲に関しても「和食」がユネスコ「食の無形文化遺産」に登録されたことなどから，畜産物と同様に海外で「和食」ブームが巻き起こるなど，輸出を中心とした海外展開を図ることが可能な下地が整備されつつあることが影響したと考える．

2）売上目標とTPPに対する意識

図9-5-2は「5年後の売上目標」と「TPPに対する意識」との関係の結果を示している．5年後の売上目標で縮小を考えている法人を除いた結果，現状から5年後の売上目標が高くなるにつれて，TPP参加に対して，好機と捉えている法人割合が高くなっている傾向が示された．特に，1.5〜2倍以上の売上目標を掲げている法人においては，危機意識より好機と捉える割合の方が高いことが示された．その一方で，危機意識に関しては，現状維持から1.2倍の目標では36.0%から46.4%へと危機意識は増加していたが，それより高い売上高目標の階層では売上高目標が高くなるにつれて，危機意識が低下していく傾向にあることが示された．これらの結果より，将来において，高い売上高目標を設定している法人は，経営成長や経営発展に対する志向が高いことが示唆され，そのためTPP参加をチャンスとして捉えていることがこの結果に結びついたと考えられる．

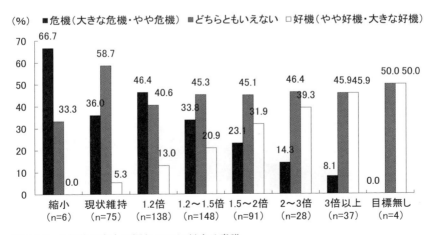

図9-5-2　5年後の売上目標とTPPに対する意識
　　　注）危機＝大きな危機＋やや危機，好機＝やや好機＋大きな好機

第 3 部　稲作経営の事業展開・マネジメントと国際競争力

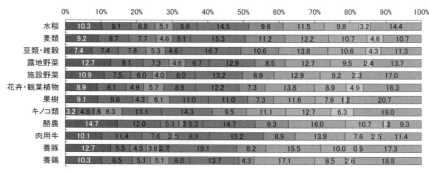

図 9-5-3　生産作目と TPP への対応策
　　　　注）図中の n は，各法人が生産している作目における TPP への対応策（多肢選択）の延べ回答数を示しており，図中の数字は，各作目に占める TPP への対応策の割合を示している．

　図 9-5-3 は，回答法人における生産作目と TPP への対応策との関係を示したものである．なお，ここでの生産作目は，各法人において生産しているすべての作目を集計しているため，各法人が生産している作目ごとの TPP への対応策の延べ回答数を示している．
　TPP への有効な対応策に関する全体的な傾向を見てみると，「商品差別化」，「コスト低減」および「生産管理の改善・高度化」を有効な対応策として考えている法人が相対的に高かった．その一方で，「人件費・賃金抑制」，「国内新規マーケット参入」および「企業間連携・経営統合」に関しては相対的に低い割合であった．これらの結果は 2013 年と同様の傾向であった．
　以下，水稲と他作目における対応策の特徴について見ていく．水稲では，「コスト低減（14.5%）」，「商品差別化（14.4%）」，「生産管理の改善・高度化」の割合が高く，「人件費・賃金抑制（3.2%）」，「国内新規マーケット（5.1%）」，「企業間連携・経営統合（6.8%）」，「海外進出（6.8%）」の割合は低い傾向であった．麦類や豆類・雑穀などの土地利用型作目を生産している法人においては，「新技術導入」および「資材・機械等の調達価格削減」を TPP への有効対応策として考えている割合が相対的に高かった．露地野菜では「規模拡大」を，果樹は「海外進出」を，またキノコ類でも「海外進出」に加え「資材・機械等の調達価格削減」を，酪農

第 9 章　稲作経営における TPP の影響と対応策　285

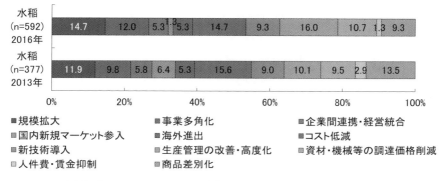

図 9-5-4　水稲経営における TPP への対応策の比較
　　注）図中の n は，TPP への対応策（多肢選択）の延べ回答数を示しており，図中の数字は，水稲経営に占める TPP への対応策の割合を示している．

では「規模拡大」，「事業多角化」および「生産管理の改善・高度化」を，それぞれ TPP の有効な対応策として考えている割合が高かった．なお，畜産に関して見ると，肉用牛では「事業多角化」を，養豚では「規模拡大」および「生産管理の改善・高度化」を，養鶏では「生産管理の改善・高度化」をそれぞれ TPP の有効な対応策と考えているのが特徴であった．

図 9-5-4 は，水稲経営における TPP への対応策に関して，2013 年と 2016 年の比較の結果を示したものである．2013 年より有効な対応策と考えられていたのは「規模拡大」，「事業多角化」，「新技術導入」，「生産管理の改善・高度化」，「資材・機械等の調達価格削減」であった．「規模拡大」に関しては，地域の農家の高齢化によるリタイアが進んでいるため，法人経営に農地が集約されつつある状況も影響していることが示唆された．「事業多角化」に関しては，8 章においても他作目と比べ水稲では事業多角化の展開数が相対的に多かったことからも TPP への対応策として有効であると考えている経営が多いことが考えられた．また，「新技術導入」に関しては微増であったが，「生産管理の改善・高度化」は 10.1% から 16.0% へと大幅な増加を見せていた．これらに関しては，2013 年から 2016 年にかけて，ICT による技術開発等が政府をあげての戦略として謳われていた時期であったことから，ICT による生産管理への期待が結果に結びついたことが示唆された．その一方で，「国内新規マーケット参入」や「商品差別化」に関しては，大幅な減少を示していた．この結果は，水稲における「商品差別化」が容易ではない状況を

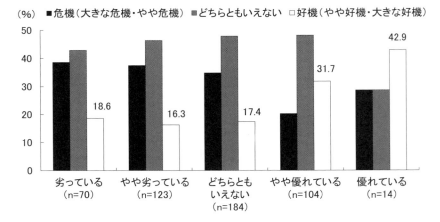

図 9-5-5 経営の「強み」(ICT活用力・情報マネジメント) と TPP に対する意識
注) 危機＝大きな危機＋やや危機, 好機＝やや好機＋大きな好機.

背景とし,「国内新規マーケット参入」の困難さを物語る結果であるといえる.

3) 経営の「強み」・「弱み」と TPP に対する意識

図 9-5-5 は, 回答法人が競合他社と比較して自社の ICT 活用力・情報マネジメントをどのように自己評価しているかの回答, TPP をどのように捉えているかの回答の関係を示したものである. 自社の「ICT 活用・情報マネジメント」の評価が,「やや劣っている」,「どちらともいえない」,「やや優れている」,「優れている」と強みとしての評価が高くなるにつれて, TPP を好機と捉える割合が, 16.3%, 17.4%, 31.7%, 42.9%へと増加する傾向がみられた. また,「ICT 活用力・情報マネジメント」の評価が「やや優れている・優れている」と自己評価する法人では, 好機が危機を上回っていることが明らかとなった.

図 9-5-6 は, 回答法人が競合他社と比較して自社の「強み」・「弱み」として, 経営戦略・ビジネスモデルをどのように自己評価しているかの回答と TPP をどのように捉えているかの回答との関係を示したものである. 自社の「経営戦略・ビジネスモデル」の評価が,「やや劣っている」,「どちらともいえない」,「やや優れている」,「優れている」と「強み」としての評価が高くなるにつれて, TPP を好機と捉える割合が, 12.2%, 13.3%, 31.2%, 55.8%へと増加する傾向がみられた. 一方, TPP を危機と捉える割合は, 46.7%, 34.4%, 25.7%, 9.3%と減少する傾向

第 9 章　稲作経営における TPP の影響と対応策　　287

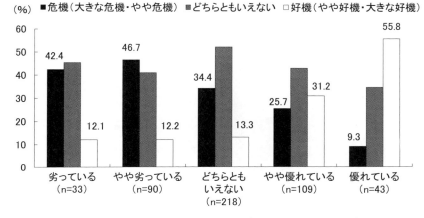

図 9-5-6　経営の「強み」（経営戦略・ビジネスモデル）と TPP に対する意識
　　　　注）危機＝大きな危機＋やや危機，好機＝やや好機＋大きな好機．

がみられ，「経営戦略・ビジネスモデル」が「やや優れている」・「優れている」と自己評価が高い法人では，好機が危機を上回っていた．

　また，その他の「強み」に関しても，表 9-5-1 に示すように，すべての項目において，自己評価が高まるにつれて，TPP を好機と捉える割合が増加し，危機と捉える割合が減少する傾向がみられた．これらの結果より，競合他社に対する自社経営の「強み」への評価が高い法人は，自己評価の低い法人と比べて，TPP 参加を危機でなく好機と捉える傾向があることが明らかとなった．

　図 9-5-7 は，回答法人における経営の「強み」（他社よりも「やや優れている」「優れている」）のみを抜粋し，TPP の捉え方との関係を示したものである．競合他社と比較して，「新商品開発・新技術開発（38.8%）」，「経営戦略・ビジネスモデル（38.2%）」，「リスク管理（36.3%）」，「人材育成（34.7%）」，「経営理念・ビジョン（34.3%）」，「ICT 活用力・情報マネジメント（33.1%）」，「販売・マーケティング（32.9%）」，「社長のリーダーシップ・実行力（31.9%）」に「強み」を持っている法人においては，TPP 参加を好機と捉えている割合が 3 割を超えていることが示された．その一方で，「生産・加工技術（25.9%）」，「財務体制（26.0%）」，「取引先・地域の信頼・ブランド（26.3%）」，「生産管理・経営管理（27.0%）」では，好機よりも危機と捉えている法人が多く，今後はこれらの強化を図っていくことが重要であると考えられた．

288　第3部　稲作経営の事業展開・マネジメントと国際競争力

表 9-5-1　経営の強みと TPP に対する意識（単位：回答数，%）

			危機 （大きな危機・ やや危機）	どちらとも いえない	好機 （やや好機・ 大きな好機）
生産・加工技術	劣っている	(28)	28.6	53.6	17.9
	やや劣っている	(58)	32.8	44.8	22.4
	どちらともいえない	(148)	37.8	49.3	12.8
	やや優れている	(189)	34.4	45.0	20.6
	優れている	(66)	16.7	42.4	40.9
販売・マーケティング	劣っている(n=44)	(44)	38.6	50.0	11.4
	やや劣っている(n=75)	(75)	45.3	34.7	20.0
	どちらともいえない(n=153)	(153)	37.9	55.6	6.5
	やや優れている(n=173)	(173)	29.5	41.0	29.5
	優れている(n=55)	(55)	9.1	47.3	43.6
生産管理・経営管理	劣っている	(15)	53.3	40.0	6.7
	やや劣っている	(74)	39.2	37.8	23.0
	どちらともいえない	(187)	30.5	55.1	14.4
	やや優れている	(191)	35.1	40.3	24.6
	優れている	(39)	15.4	46.2	38.5
財務体質	劣っている	(46)	32.6	41.3	26.1
	やや劣っている	(91)	31.9	49.5	18.7
	どちらともいえない	(190)	32.1	52.1	15.8
	やや優れている	(138)	37.7	37.7	24.6
	優れている	(39)	23.1	46.2	30.8
取引先・地域の信頼・ブランド	劣っている	(13)	53.8	46.2	0.0
	やや劣っている	(32)	34.4	43.8	21.9
	どちらともいえない	(135)	42.2	47.4	10.4
	やや優れている	(228)	32.9	47.8	19.3
	優れている	(92)	14.1	42.4	43.5
新商品開発・新技術開発	劣っている	(59)	44.1	39.0	16.9
	やや劣っている	(93)	43.0	44.1	12.9
	どちらともいえない	(206)	35.4	49.5	15.0
	やや優れている	(96)	13.5	51.0	35.4
	優れている	(33)	21.2	30.3	48.5

6. おわりに

　本章では，農業法人経営を対象として実施した全国アンケート調査に基づいて，農業法人における TPP 参加への意向，自法人への影響，TPP への対応策などについて検討してきた結果，以下の点が明らかとなった．

　TPP 参加に対する農業法人の意識については，「やや好機（11.7%）」，「大きな好機（8.8%）」と好機と考えている法人が 20.5%と 2 割を超えており，2013 年の同様の調査結果より，好機と捉える法人が増加していることが明らかとなった．そうした法人の特徴を整理すると，5 年後の売上目標の設定が高い法人では，TPP 参加に対して好機と捉えている法人割合が高くなっており，特に，1.5 倍以上の売

			危機 （大きな危機・ やや危機）	どちらとも いえない	好機 （やや好機・ 大きな好機）
	劣っている	(26)	38.5	42.3	19.2
	やや劣っている	(95)	41.1	46.3	12.6
リスク管理	どちらともいえない	(259)	33.2	49.8	17.0
	やや優れている	(95)	27.4	36.8	35.8
	優れている	(18)	16.7	44.4	38.9
	劣っている(n=44)	(70)	38.6	42.9	18.6
ICT 活用力・	やや劣っている(n=75)	(123)	37.4	46.3	16.3
情報マネジメ	どちらともいえない(n=153)	(184)	34.8	47.8	17.4
ント	やや優れている(n=173)	(104)	20.2	48.1	31.7
	優れている(n=55)	(14)	28.6	28.6	42.9
	劣っている	(30)	30.0	53.3	16.7
	やや劣っている	(132)	45.5	38.6	15.9
人材育成	どちらともいえない	(221)	32.1	51.1	16.7
	やや優れている	(104)	25.0	45.2	29.8
	優れている	(17)	5.9	29.4	64.7
	劣っている	(33)	42.4	45.5	12.1
経営戦略・ビ	やや劣っている	(90)	46.7	41.1	12.2
ジネスモデル	どちらともいえない	(218)	34.4	52.3	13.3
	やや優れている	(109)	25.7	43.1	31.2
	優れている	(43)	9.3	34.9	55.8
	劣っている	(26)	50.0	34.6	15.4
経営理念・ビ	やや劣っている	(63)	47.6	39.7	12.7
ジョン	どちらともいえない	(200)	37.0	53.5	9.5
	やや優れている	(154)	25.3	44.8	29.9
	優れている	(53)	15.1	37.7	47.2
	劣っている	(24)	37.5	50.0	12.5
社長のリーダ	やや劣っている	(44)	50.0	40.9	9.1
ーシップ・実	どちらともいえない	(224)	40.2	46.4	13.4
行力	やや優れている	(150)	24.0	49.3	26.7
	優れている	(63)	15.9	39.7	44.4

上目標を掲げている法人においては，危機より好機と捉える割合の方が高い結果が示されていた．

　また，経営の「強み」に関して，すべての項目に関して自社の評価で「強み」を持っている法人において，TPP 参加に対して好機と捉える法人の割合が危機を上回っていることが明らかとなった．

　さらに，取り組み事業および生産作目と TPP への対応策との関係を見てみると，全体的な傾向としては，商品差別化およびコスト低減を TPP への有効な対応策として考えている法人の割合が高いことが明らかとなった．また水稲を生産している法人に関しては，「コスト低減」，「商品差別化」，「規模拡大」および「生産管理の改善・高度化」を TPP への有効な対応策として考えている法人の割合が相対的

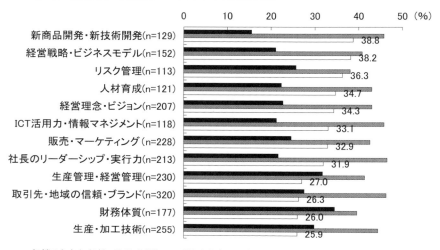

図 9-5-7 経営の強み（やや優れている・優れている）と TPP に対する意識

に高いことが明らかとなった．

　以上，本章では農業法人における TPP の影響と対応策に関する分析結果を述べてきた．本章の結果で示したように，将来の売上目標を明確に持っている経営や自社の経営に強みを持っていると自己評価している経営において，TPP を危機と捉えるより，好機と捉える割合が相対的に高くなっていく傾向が示された．また，TPP への対応策としては，「商品の差別化」および「コスト低減」に加え「規模拡大」や「生産管理の改善・高度化」を考えている法人が相対的に高い割合であることが示された．

　今後，我が国においても TPP の他に，FTA（自由貿易協定），EPA（経済連携協定），日 EU・EPA，中国の一帯一路政策など，自由貿易を促進する動きがますます加速していくであろう．そうした農業経営を取り巻く環境が目まぐるしく変化している時こそ，意欲ある農業経営者を育成し，経営成長・発展を可能とする国家施策および支援方策が重要であると考える．

（長命洋佑・南石晃明）

付記

本章の研究成果は，日本学術振興会基盤研究（C）（課題番号:16K07901，研究代表：南石晃明）による研究成果に基づくものである．

引用文献・参考文献

長命洋佑，南石晃明（2016）農業経営に対する TPP の影響と対応策－全国アンケート調査分析－，南石晃明，長命洋佑，松江勇次［編著］「TPP 時代の稲作経営革新とスマート農業─営農技術パッケージと ICT 活用─」，養賢堂，東京，pp.254-277.

平澤明彦（2018）政府の TPP 影響試算の変遷，谷口信和，服部信司［編著］「米離脱後 TPP11 と官邸主導型「農政改革」─各品目への影響と対策「農協改革」の行方─」，農林統計協会，東京，pp.45-67.

内閣官房（2013a）関税撤廃した場合の経済効果についての政府統一試算，https://www.kantei.go.jp/jp/singi/keizaisaisei/dai5/siryou1.pdf（2018 年 9 月 13 日閲覧）.

内閣官房（2013b）農林水産物への影響試算の計算方法について，https://www.kantei.go.jp/jp/singi/keizaisaisei/dai5/keisan.pdf（2018 年 9 月 13 日閲覧）.

内閣官房（2015a）農林水産物の生産額への影響について，http://www.cas.go.jp/jp/tpp/kouka/pdf/151224/151224_tpp_keizaikoukabunnseki03.pdf（2018 年 9 月 13 日閲覧）.

内閣官房（2015b）TPP 協定の経済効果分析，http://www.cas.go.jp/jp/tpp/kouka/pdf/151224/151224_tpp_keizaikoukabunnseki02.pdf（2018 年 9 月 13 日閲覧）.

農林水産省（2010a）国境措置撤廃による農林水産物生産等への影響試算について，http://www.maff.go.jp/j/kokusai/renkei/fta_kanren/pdf/nou_rinsui.pdf（2018 年 9 月 13 日閲覧）.

農林水産省（2010b）農林水産省試算（補足資料），https://www.cas.go.jp/jp/tpp/pdf/2012/1/siryou3.pdf（2018 年 9 月 13 日閲覧）.

農林水産省（2017）農林水産物の生産額への影響について（TPP11），http://www.maff.go.jp/j/kanbo/tpp/attach/pdf/index-13.pdf（2018 年 9 月 13 日閲覧）.

作山 巧（2018）米国抜き TPP11─合意の背景と評価，農業と経済，84（3）: 61-68.

清水徹朗（2016）TPP の日本農業への影響と今後の見通し，農林金融，69（1）: 45-58.

清水徹朗（2018）TPP11 と日 EUEPA の動向と今後の見通し─批准・発効の可能性と日本農業への影響─，「農林金融」，71（2）: 50-61.

谷口信和，服部信司［編著］（2018）「米離脱後 TPP11 と官邸主導型「農政改革」─各品目への影響と対策「農協改革」の行方─」，農林統計協会，東京，273pp.

第 10 章　世界の稲作経営の多様性と競争力

1.　はじめに

　世界の多くの国で米が主食になっているが，米の種類・品種や消費形態・調理法は実に多様である．食文化や調理法，気象や土壌の条件などの様々な要因によって，米に求められる品質，栽培に適した米の種類（ジャポニカやインディカといった品種群）や栽培方法も異なってくる．さらに，栽培技術の水準に加えて，農作業効率や収量に影響を及ぼす農地資源（勾配，肥沃度，圃場区画サイズ等）や気象資源（日射量，気温，降雨・降雪等）の状態に加えて，地価，労賃，農業機械・投入資材価格といった経済条件によって，世界の国々の米生産コストも異なってくる．わが国の稲作経営の国際競争力を見極め，それを向上させる方策を見出すためには，世界の稲作経営の現状を理解する必要がある．

　そこで本章では，まず第 2 節において米等の農産物の国際競争力について考察を行う．その後，世界 4 大陸の米生産が盛んな主要国を対象に，米生産消費や稲作経営の現状を概観し，その多様性を明らかにする．第 3 節では，ヨーロッパ大陸で最大の米生産量を誇り，リゾットで有名なイタリアを，第 4 節では北アメリカ大陸アメリカでジャポニカ米生産が盛んなカリフォルニアをそれぞれとり上げる．第 5 節では，わが国とは全く異なる発想で稲作を展開しており，両国の相互刺激が期待できる南アメリカ大陸コロンビアをとり上げる．最後に第 6 節では，世界最大の米生産国であり，わが国にとっても潜在的な大市場でもあるアジア大陸中国をとり上げる．ただし，中国は広大な地域で米生産が行われており，地域によって稲作経営の形態も大きく異なるため，稲作経営事例については割愛している．最後に第 7 節でまとめを行う．

（南石晃明）

2.　農産物競争力における「価格」と「非価格要因」

　農業の競争力は「価格」と「非価格要因」に区分されるが，荒幡（2001）は，「非価格要因」を「利便性」，「高度な品質」，「種類の多様性」，「健康関連（安全

性含む)」,「環境関連」に区分している．また,「カルドア・パラドックス」が成立すれば,「価格」競争力で劣るわが国の農業に「非価格」競争の余地はあるが,縁故米減少や農薬削減が困難な気象条件（多雨多湿）等の現状から国産農産物の「非価格」競争力の低下が懸念されている．

　生源寺（2014）は「品質優位があたかも日本農業のアプリオリな強みであるかのような言説について,むしろ注意深く接するほうがよいとの問題意識が論題設定の背後にはある」としている．また林（2014）は国産農産物の「高い安全性と品質」が「いかなる客観的根拠に裏づけられているか,明らかでない」としたうえで,「日本産の農産物と食品の『安全性』が国際的に見ても高いと言うためには,『安全性』に関する日本の規格・基準,実効性を担保する諸制度とその運用が国際的に見ても厳しいことの立証が必要であろう」としている．

　これに関連して,伊東（2015）は,海外産ジャポニカ米の食味が一部の国産米に近づいていること,日本人と外国人とでは米に対する嗜好・評価が異なること等を明らかにしている[注1]．このことは,農産物の競争力はそれが需要される国の市場特性（食文化・食習慣等）や調理・加工方法等によって変化すること,国内消費においても国産米の「非価格」競争力が盤石とはいえないことを意味している．換言すれば,国産米の「非価格」競争力の維持・向上のためには,戦略的な対応が喫緊の課題であるといえる．

　一方,「価格」競争力は「コスト」競争力ともいえるため,生産コストを可能なかぎり低減することが重要になる．南石ら（2016）では,玄米1kgあたり150円の全算入生産費を実現できる稲作経営技術パッケージを提示しており,こうした成果が全国的に普及すれば,「日本再興戦略」（内閣府 2016）が掲げた政策目標達成が可能になる．ただし,わが国の気候風土,圃場条件,為替相場等の自然・社会・経済条件からみて,国産米の生産コストを米輸出主要国の水準にまで低下させることは困難と思われる．

　図10-2-1に,世界視点からみたわが国の作付面積規模拡大と生産コスト低減（イメージ図）を示している．筆者らの推計では,米国カリフォルニア産米の中粒種・短粒種の生産コストは,わが国15ha以上層の2～3割程度であると推計される[注2]．コシヒカリを1,000ha規模で栽培するカリフォルニア州サクラメントの経営事例（第4節）では,わが国15ha以上層の3～4割程度,100ha超規模の先進経営（第2章）の4～5割程度であると推測される．イタリアの経営事例（第3節）ではインディカ米とジャポニカ米の両方を生産している．リゾット向きのジャポニカ米

294　第3部　稲作経営の事業展開・マネジメントと国際競争力

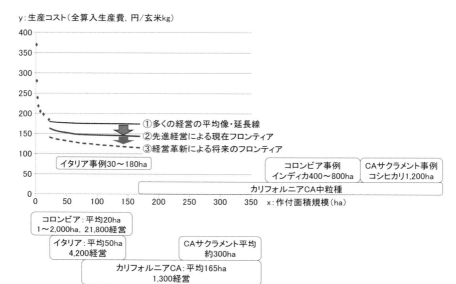

図 10-2-1　世界視点からみたわが国の作付面積規模拡大と生産コスト低減（イメージ図）
　　　　　出典：南石ら（2016）に加筆．

はインディカ米よりも収量が低く生産コストは高いが，わが国の100ha超規模の先進経営の6〜5割程度と推測される．コロンビア経営事例（第5節）はインディカ米を栽培しているが，カリフォルニア米よりも生産コストが高く低コスト化が大きな経営課題になっている．

　「非価格」競争を行うにしても，コスト競争力に大きな格差があるままでは，経営戦略の選択肢は相当に限定される．同一品種であっても，品質や食味などの「品質」が優れていれば，商品差別化の可能性もあるが，経営戦略の選択肢の幅を広げるためには，国産米の生産コスト低減と品質向上の両立が不可避と考えられる．

　換言すれば，経営戦略の選択肢の幅を広げるためには，可能な限り国産米の価格競争力向上（生産コスト低減）に引き続き努めることが必須である．それと同時に，和食食材としての価値も含めて非価格競争力向上を行うことが喫緊の課題といえる．なお，例えば，吉澤・草刈（2016）は価格競争力と非価格競争力の同時追求の重要性を示している．また，新山（2000）は，国内畜産生産の急激な低下を例に，「これから育成される水稲を含めて，かなりの大型経営でさえ農業生産

第 10 章　世界の稲作経営の多様性と競争力　295

部門だけでは存続することが困難になる」として，EU の「品質政策」を参考に
した新たな政策の必要性を主張している．

　以下の節では，国産米の国際競争力向上の糸口を探るため，世界各国のコメの
食文化や需要，生産の現状やコストを概観する．世界視点でわが国の稲作を相対
化することで，日本の稲作経営の将来像が見えてくる．

注：
1）伊東（2015，第 7〜8 章）では，国産および海外産のジャポニカ米の成分分析や食味官能
試験によって，日本人と外国人とでは米に対する嗜好・評価が異なることを明らかにしてい
る．日本人が白米として食べる場合には，国産米の評価は高いが，食味が中位以下・高温条
件下で登熟した米や古米等では国産米と一部の海外産米がほぼ同じ食味になる可能性も十
分考えられるとしている．さらに，「中・外食」で使用される「飯米改良剤」により海外産
白米の品質改善がなされ得るし，カレーや炒飯では国産米との食味の差はさらに縮まるとし
ている．
2）筆者の既存文献に基づく試算（伊東 2015，第 2 章）では，日本 15ha 以上の全算入生産
費は玄米 1kg あたり 186.77 円（2009 年産）であるが，これに対して，カリフォルニアのそ
れは 32.8（円高シナリオ，1 ドル 80 円）〜48.8 円（円安シナリオ，1 ドル 120 円）であり，
日本の 18〜26%程度である．これは，日本 503kg/10a に対してカリフォルニア 726kg/10a（中
粒種・短粒種）を想定した試算であった．しかし，カリフォルニアでコシヒカリ（短粒種）
やカルローズ（中粒種）を合計 2,000ha 規模で栽培する農場の現地調査（筆者ら，2016 年）
によれば，コシヒカリの収量はカルローズの 60〜65%程度であった．この収量差と面積あ
たりコストが品種によって不変と仮定した場合,カリフォルニア産コシヒカリの生産コスト
は，日本 15ha 以上の 29〜44%程度，第 1 章で紹介した先進稲作経営（100ha 超）の 37〜54%
程度と推測される．最新データによるコスト比較分析は今後の重要な課題である．

（南石晃明）

3.　ヨーロッパ大陸イタリアの稲作経営

1）はじめに

　本節では，日本の稲作経営者からみたイタリアの稲作の印象も含めて，生産か
ら出荷，保管・輸送までの工程等に着目して，ヨーロッパ大陸・イタリアの稲作
経営を紹介する．ただし，本章は，主に現地ヒアリング調査に基づいており，数
値等が政府統計と異なる場合や，イタリア稲作全体に一般化できない場合もあり
得るので留意されたい．なお，イタリア水稲生産については，笹原・吉永（2014）
や笹原（2015）が詳細な分析を行っている．

2）イタリアの稲作とコメ

EUでの米生産は主に8か国で行われているが，イタリア（生産割合52%）とスペイン（27%）の2国で全体の8割を生産している．イタリアにおける水稲の作付面積は23万haで，その93%が北イタリア（ロンバルディア州，ピエモンテ州）で生産されている．アルプスの南側に位置する北イタリアは水が豊富な地域で，1850年にはポー川，ドーラ・バルティア川から水を引くカブール灌漑用水路（83km）が整備されている（図10-3-1）．ミラノは北緯45度で北海道の稚内とほぼ同じ緯度で，年平均気温は13℃，年間降水量は約1000mmである．移動中の車窓から見える風景は，どこまでも続く水田地帯と防風林が，どこか十勝平野を思わせる．

現地で生産される米の種類は，tondo（丸い，昔からの品種で最近は寿司用）が17%，medio（中ぐらい，リゾット用）が56%，lungo（長い，主に輸出用）が27%で，140品種が生産されているという．収量は6.5t/ha（籾）で，1980年代以降は収量より味を求められるようになり，カルナローリ（リゾット向け，収量は低い）に人気があるという．

米農家1戸あたりの耕作面積は53haであるが，全農家の平均耕作面積は8haであり，米農家は規模が大きいことがわかる．米農家数は4200戸，精米会社が100社，生産から精米販売までする農家は65戸という．湛水直播が70%，乾田直播は30%だが増加しているという．なお，1950年代までは人力による移植が行わ

図10-3-1　イタリア稲作の現地調査地域
　　　　注）Google Maps 使用．

第10章 世界の稲作経営の多様性と競争力　297

米栽培34haやアグリツーリズモを行うA農家のトラクター90ps（ランボルギーニ）.

水稲種子生産75haを行うC農家の収穫の様子.

米75haを生産するB農家のショップ. 隣に精米・包装工場を持ち輸出も行っている.

米生産183haを作付するD農家が新しく購入した収量コンバイン.

図10-3-2　稲作農家の風景
　　　　注）農家ヒアリングによる.

れており，有名な映画「にがい米」の題材にもなったという．図10-3-2に，稲作農家の風景を示す．A農家は，米栽培34haやアグリツーリズモを行い，トラクター90psはランボルギーニ社製であった．米75haを生産するB農家は，精米・包装工場，ショップを持ち，輸出も行っていた．C農家は，東欧向けに水稲種子生産75haを行っていた．D農家は，EUのERMESプロジェクト（衛星リモセン）に協力している大規模農家であり，米生産183haを作付している．最近，大型収量コンバイン（約4,000万円）を購入したという．

3）イタリアの米流通

　生産された米は，53％がEUに，10％がEU以外に輸出され，イタリア国内で35％が消費される．イタリア全体での米の消費量は，国民1人当たり年間6kg，北イタリアでは16kgだが，パスタの消費量は年間1人当たり54kgであり，概ね

週に1回程度お米を食べていることになる．イタリア人は米をほとんどリゾットとして食べているので，リゾットの種類は豊富で季節や家庭によって様々なリゾットがある．リゾットのご飯は，パスタのように芯が残るアルデンテがイタリア人の好みで，日本人には幾分固いと思われる．D農家では，北イタリアの中でも米好きなようで，毎日米を食べているという．

　米の価格決定は，米農家がブローカーに販売を依頼し，米取引所でブローカーと精米会社との間で品種，品質，引き取り時期を考慮した交渉が行われて価格が決定される（図10-3-3）．品質で重要なのは，砕米・乳白・死米・着色粒がないかで，粒が大きいほど良く，品質のランク付けはない．取引所1階では，ブローカーと精米会社が商談し，販売数量の相談，籾サンプル100gを受渡し，契約書の確認等が行われる．また，品種，品質，引き渡し時期などを考慮して価格が決定され，3者署名（農家，ブローカー，取引所）の契約書が交わされる．2階のラボでは米の精米・品質分析が行われる．

　近年，イタリア国内では経済危機によって肉や魚に比べて割安感のある米の消費が伸びているという．一因には健康志向を受けて消費者がグルテンフリーに注

図10-3-3　米取引所の風景

目しているという面もある．その反面，EU への長粒種の輸出が，カンボジアや
ミャンマーからの関税のかかっていない米の輸入によって 8 万 t 近く減少してい
るという．また，2015 年産の平均米価が 78€/籾 100kg だったのが，2016 年産は
豊作だったことも影響して平均 38€/100kg と急落している．これには，長粒種が
売れないので生産者がコストの高いリゾット用の米を増産した結果，リゾット用
の米が全体的に安くなってしまったという背景もあるらしい．

　調査対象のポー川流域の稲作地域では，土壌や地下水位の関係から，米以外で
は大豆やトウモロコシしか作れず，その価格は米よりもさらに安いという．EU
からの補助金も減っており，輸出も厳しいという．そうした状況に危機感をもつ
米農家団体や米農家の中には，カンボジアなどから入ってくる非関税の米に関税
をかける必要があるという声も聞かれた．生産コストもこれ以上削減できないと
なると，農家はどうしたらよいのか模索しているようである．一案として，イタ
リアの消費者は，日本のように新米かどうかを気にしないので，価格が安いとき
に売らなくて済むようストックセンターの必要性を訴える声があった．

4）イタリアの品質管理

　調査に訪れた 10 月上旬は収穫期で，全域的に収穫が半分くらい進んでいる状況
だったが，どこも刈り遅れと思われるくらい葉は枯れて一面茶色い風景が広がっ
ていた．収穫適期の判定は籾水分 25%というが，訪問前日に収穫した籾は 20%と
のことだった．汎用コンバインのため，倒伏は避けたいとのことだが，倒伏が相
当見受けられたものの，発芽はしないということであった．

　イタリアにおいて求められる品質のうち，農家での乾燥段階で対策ができるの
は割れ（砕米）で，熱風乾燥時の温度管理が重要になる．農家 A では，温度計は
付いているが，自動水分計は付いていない乾燥機で 48〜50℃の熱風で，収穫時 20
〜25%を 10 時間かけて，11〜13%まで乾燥させるという．この地域は冬の湿度が
90%になることもあるので，乾燥後，水分量は 1〜2%程度，自然に戻るという．

　米農家は籾のまま保管するが，各農家が独自に保管する方法のほかに，公共の
サイロもある．A 農家はバラ積み，D 農家は大型サイロで保管していた（図 10-3-4）．
サイロ保管中は，穀温上昇による結露や発酵などの劣化を防ぐため，時々 2〜3℃
の冷風を送って温度管理している．

　精米は精米会社に委託する農家と，自社で行う農家がある．B 農家では，自社
で生産から精米・包装・販売まで行っていた．まずロールで籾摺り（おそらく中

300　第3部　稲作経営の事業展開・マネジメントと国際競争力

A 農家では，牛舎だったところにばら積みで保管．

A 農家は，精米所の水分に合わせるため，水分計を持っている．誤差が約1%あるという．

A 農家の乾燥機制御盤．温度設定のみ可能．

D 農家は，2010年にフランス製400tのサイロ3台を導入．

D 農家のサイロ制御盤．サイロ内の温度測定，冷風を送って湿度管理．

D 農家の乾燥機．30t×2台．燃料は天然ガス（メタン）．

　　図10-3-4　稲作農家の貯蔵・乾燥施設の風景
　　　　注）農家ヒアリングによる．

国か台湾製）し，次にふるい（木製，イタリア製），最後に精米（石臼，おそらく中国製）を行う（図10-3-5）．水を使った「無洗米機」，色彩選別機，大規模な包装機械も所有し，施設内はとても綺麗に管理されていた．

　なお，赤米等が5%混入しても基準では出荷できるという．食品安全については北欧の認証を取得しているが，認証のための書類作成が大変という声が聞かれた．保管・流通過程での品質管理については，温度よりも湿度が重要で，サイロで籾を1年半くらい保管することがあるが，温度は問題ではないとのことであった．

　イタリア国内の小売店向けに真空パックされた米は，精米から18カ月〜2年の賞味期限を表示している．真空が抜けることがあり，最近は窒素充填も行っている．B農家は，自社のショップで精米の販売も行っているが，リゾット用の具材がすでに混ざっている商品も多い．輸出も行っており，フランス，アルバニア，ボスニア，アメリカ，ユーゴスラビア等に輸出する際には，燻煙（外部委託）を行い，1.2tフレコンで出荷するという（図10-3-6）．フランスには，大型トラック

ロールで籾摺り

次にふるい，最後に精米を行う．

水を使った「無洗米機」．奥は色彩選別機．

大規模な包装機械．施設内はとても綺麗に管理されている．

図 10-3-5　稲作農家の精米・調製・包装施設の風景
　　　　注）B 農家ヒアリングによる．

で 2 日程度で届くため国内出荷と同じ感覚で輸出しているとのことであった．

5) イタリア米の品質

　イタリアで購入してきたいくつかのリゾット米の全てで，砕米が見受けられた．また，表面が乾燥のため肌ずれを起こしている．ミラノの日本料理店では，日本企業がイタリアの農家に生産を委託した独自の寿司米を使用しているが，日本人店主によれば，ごはんとして炊いた感じは日本産米に近いが割れ米が多いとのことである．おそらくは農家段階の乾燥水分に起因するものと推察される．イタリアでは，米はほぼリゾットで消費されるため，米には調理しやすさと味の染み込みやすさが求められる．イタリアの米農家に食味の話をしたところ，「米に味なんてあるのか，それは農家が何か努力して変えられるものなのか？」と逆に質問された．イタリアと日本では，米に対して求める品質が大きく異なる．

B 農家のショップ．リゾット用の具材がすでに混ざっている商品も多い．　　B 農家では，EU 圏内へは精米で 1.2t をフレコンで燻蒸，24t トラックで輸出．国内と同じ感覚で出荷．

図 10-3-6　稲作農家のショップと輸出米の風景
　　　　　注）農家ヒアリングによる．

　イタリアで日本のような品質の米を作ろうとしても，夏の高温と水不足で胴割れが発生しやすく，改善が難しく，農家が従来のやり方（播種量 180kg/ha，窒素過多，茎数過多）を変えられないという．また，直播栽培が続き，赤米対策としてクリアフィールドを使う農家が多く，品質よりも作りやすさや収量を重視している．
　イタリア人は最近，日本への憧れをもつ人が増え，スターシェフが日本食を取り上げることでブームになっているという．正確には，日本食がブームというよりは「寿司」がブームという側面もあり，日本食には日本産米が適しているという認識も乏しい．また，寿司にしても，非日本人寿司職人の中には，修行中も含めて，中粒種（アメリカ産「錦」など）でしか握ったことがなく，日本産米には関心がない職人もいるという．

6）おわりに

　イタリアの稲作農家は，一区画の大きさや農家あたりの経営面積は日本より大きいが，稲作の歴史から見ても，カリフォルニアなどの稲作とは大きく異なり，日本に近い存在といえる．日本より作付規模は大きいが，価格変動の問題や海外との価格競争にさらされ，流通構造の問題もあり，経営的には厳しい状況にある．一方，寿司の普及による需要増で短粒種の生産が少し増えているが，品質面ではまだ課題が多い．
　日本産米の EU への輸出については，もともと日本の米の価格が高いうえ，輸

第 10 章　世界の稲作経営の多様性と競争力　303

送コスト，関税などが加算されてかなり高価な商品となり，こだわりのある EU 在住の日本人のわずかな家庭消費以外は見込みにくい．日本産米は高品質が売りだが，現時点では EU でその高品質が必要とされていないし，日本的な高品質は求められていないのではなかろうか．

　日本産米を輸出するためには，まず EU の一般消費者に日本食における米の品質，ごはんのおいしさの理解度を深める必要があり，そのためにもイタリア産短粒種（寿司米）の品質を日本に近づけることが重要といえよう．

　イタリアの米農家は，日本食に求められる米の品質，とりわけ食味についての意識が違うので，そのための水管理や肥培管理，雑草管理を指導するのはかなりハードルが高いといえる．このため，日本式の栽培技術をそのまま持ち込むのではなく，現地の土壌・気候風土に適したように，それらを組み合わせた技術パッケージの提供によって，経営改善が可能なのではないかと思われた．そこでは，農匠ナビプロジェクトで研究開発を進めてきた密苗移植栽培技術，田植機 1 台による 100ha 超移植技術（育苗管理も含む），水田センサや自動給水機による水管理技術（飽水管理等含む），レーザーレベラーを活用した圃場均平技術等が，イタリア稲作農家の生産・経営改善に十分役立つと思われた．

　日本食の世界文化遺産認定や訪日ブームなどが牽引となって，時間はかかるかもしれないが，EU で寿司米（日本米）の品質を理解する一般の消費者が増えれば，必然的にさらに高品質な日本産米の需要が伸びると考えられる．そうした潜在需要を見越した先行投資に，わが国の稲作経営者も着目すべき時代になっている．

（横田修一・南石晃明・伊東正一）

4．北アメリカ大陸アメリカ（カリフォルニア）の稲作経営

1）はじめに

　カリフォルニア産カルローズ（Calrose）は，カリフォルニア州の米生産量の約 90％を占め，40 カ国以上に輸出されており，アジア料理から地中海料理，西欧料理まで，幅広い料理に活用されているという（USA ライス連合会 2018）．この他，コシヒカリ等の日本品種も栽培されているが，その収量や品質（外観形質，食味）については，従来，必ずしも正確な情報が知られていない．これは，収量や品質についての定義や測定方法が，日本とアメリカで異なることも一因である．そこ

304 第3部 稲作経営の事業展開・マネジメントと国際競争力

で，本節では，カリフォルニア稲作を概観すると共に，大規模コシヒカリ栽培の
経営事例を紹介する．その後，この農場のコシヒカリの収量と品質を明らかに，
わが国の収量や品質との比較検討を行う．

2) カリフォルニア稲作の概要

　カリフォルニア稲作については，八木（1992），八木（2010），八木（2014），伊東
（2015）等で詳しく論じられている．そこで以下では，これらの成果を要約する
形でカリフォルニア稲作の概要を述べる．伊東（2015）によれば，カリフォルニ
ア州の稲作作付面積は，2000年以降，20～24万 ha で推移しており，その95%が
ジャポニカ米である．水稲生育に重要な日照条件は恵まれているが，平地は年間
降水量 600mm 程度の半乾燥地であるため，主要な水資源は山脈地帯の積雪量に
依存している．冬季の降雪は必ずしも安定しないため，3年に1度は水不足に陥
るともいわれている．このような水供給の不安定性が，カリフォルニア米，特に
ジャポニカ米の生産量や市況にも大きな影響を及ぼしている．

　八木（2014）によれば，カリフォルニア州内には 1,304 の稲作経営（平均165ha）
と70社の乾燥・貯蔵の専門業者があり，乾燥・貯蔵施設を持たない経営も多い．
また，FRC（Farmers' Rice Cooperative）などの精米業者は，独自の乾燥・貯蔵施
設を有しているが，生産から精米までを一貫して行う稲作経営は2社にとどまる．
これらとは別に，稲作経営と乾燥・貯蔵段階や小売段階の企業を仲介する仲介販
売業者が約 30 社存在する．大規模稲作経営を対象に実施されたアンケート調査
（八木 2014，配布49票，回答17経営）では，回答者の平均面積は635ha（全員
100ha以上）で，ハーベスタ2.8台，従業員数8.2人は何れも州平均（それぞれ165ha,
0.4台，2.6人）を上回っている．回答者17人の平均年齢は54.1歳であり州平均
55.2歳とほぼ同じである．14名（82%）が大学卒であるが，そのうち農学系が53%
（9名，うちアグリビジネスを専門5名），非農学系が47%（8名）であり，稲作
経営は多様な学歴をもつ人材によって担われている．

　カリフォルニア産米の生産者価格は，7つの品目区分（class）によって異なる
（八木 2010）．（1）カルローズ（Calrose）は6～8品種（M104, M202～208 等の
中粒種）の総称であり，州全体の生産量の65～70%を占めている．（2）プレミア
ム品種は高品質品種（M401 や M402 等の中粒種）であり，生産者受取価格が他
のカルローズよりも 10～15%高い．（3）日本品種（コシヒカリ，あきたこまち，
ひとめぼれなど短粒種）の価格は20～30%高いが，倒伏しやすく栽培管理が難し

く収量はカルローズの7割程度といわれている．この他，もち米（sweet rice），有機栽培米（organic rice），香り米，その他の短中粒種（short and medium grain variety），長粒種（long grain variety）も栽培されている．

3）大規模コシヒカリ栽培の経営事例

現地調査を行ったM農場は，水稲生産および乾燥・調製事業を行っている大規模経営（借地あり）である（図10-4-1）．親族（兄弟・子供）が経営しており，農場の代表者（図10-4-2）の長男はFRCの役員を務めている．従事者は18人で，収穫（7人），運転（8人），その他作業（3人）を分担している．1909年に灌漑が始まり，1912年からジャポニカ米を栽培している．Yuba Riverから灌漑しており，水は軟水で水温は低いという．

コシヒカリ1200haを栽培しており，Tamaki rice corporationへ販売して「TAMAKI GOLD」（図10-4-3）等の商品になる．この他，中粒種のカルローズ等（600～800ha）

図10-4-1　農場遠景

図10-4-2　農場概要を説明する農場主

図10-4-3　籾の販売先の商品「TAMAKI GOLD」

図10-4-4　ハーベスタ等の農機置場

図 10-4-5 日々の水位を記録するための自作の水位計

図 10-4-6 米品質分析機器

の栽培や作業受託，水資源の販売を行っている．経営全体の売上は5億円程度と推測される．

毎年，レーザレベラーで圃場均平を行い，冬季にローラーをかける．播種は4～5月に行い，収穫はハーベスタ7台（John Deere 社，図 10-4-4）で9月第2週～10月まで6週間行う．コシヒカリ栽培には，複合肥料 10N-10P-5K の複合肥料を使用している．コシヒカリは水管理（water control）が難しく収穫時の倒伏のリスクもあることを日本人技術者から教わり，20年以上前から水深メジャー（図 10-4-5）を自作し，日々の水深を6段階（TT，MT，BT，TB，MB，BB）で記録している．生育状況に対応した肥培管理を実施するために，出穂割合を時期別に（5％，50％，100％の日にち）記録しており，葉色版，圃場マップ（収量や水分含有率）も使用している．さらに，米の品質分析機器（図 10-4-6）も準備しており，品質向上の努力が伺える．この農場の栽培方法を参考にしている周辺経営も多少はあるが，水位記録まではしていないという．

4）カリフォルニア米の収量と品質

水稲収量について，わが国では一定の粒厚以上で選別された精玄米重で表示しているが，カリフォルニアを含めて世界の米生産国の大部分は籾重量で表示されている．このため，わが国と他国における収量の比較検討を行うには，統一された算出方法で収量を算出しなければ，本来，比較はできない．そこで，以下では，松江ら（2016）に基づいてカリフォルニア産米（M 農場，FRC）と日本産米（九州大学農学部附属農場）の収量比較を紹介する．カリフォルニア産米はコシヒカリおよび中粒種の精玄米重歩合と精玄米重を日本方式で計測した．粒厚の選別は

第 10 章　世界の稲作経営の多様性と競争力　307

表 10-4-1　日本産とカリフォルニア産米の精玄米重歩合の比較

生産国	産地		品種	精玄米重歩合(%)
アメリカ	カリフォルニア	M 農場	コシヒカリ（短粒種）	95.1
			中粒種	94.4
		FRC	中粒種 1	92.0
			中粒種 2	90.6
日本	九州大学農学部附属農場		コシヒカリ	98.8

生産年：2016 年.

縦目振盪機（東京試験製作所製）を使用し，篩目 1.85mm 設定の粗玄米 200g を 5 分間振るった．精玄米重歩合は，粗玄米重に対する粒厚 1.85mm 以上の玄米重の割合で求めた．

　日本産米とカリフォルニア産米の精玄米重歩合の分析結果を表 10-4-1 に示す．コシヒカリの精玄米重歩合は，日本産（98.8%）がカリフォルニア M 農場（95.1%）よりも 3.7 ポイント高い．なお，調査年次や調査方法が異なるが，Li et al.（2017, 2018）によれば，わが国の先進稲作経営の精玄米重歩合は，例えば B 農場（30ha）では 92.0～91.7%（2014～2015 年産），Y 農場（120ha）では 91.1～88.1（2014～2015 年産）である．農場や生産年により変動するため，直接的な比較は慎重に行うべきであるが，参考として示せば，わが国の先進稲作経営はカリフォルニア M 農場よりも 3.1～7.0 ポイント低い．精玄米重歩合がカリフォルニアよりも国内農場が低い要因としては，松江らの方法は Li et al. の方法よりも，精玄米重歩合が高く推計される点に加えて，直播栽培（カリフォルニア）と移植栽培（日本）との違いと考えられる．松江（2012）によれば，直播栽培は移植栽培に比べて一穂籾数は少ないものの，千粒重が 1g 程度重く，登熟歩合が高いことが認められている．なお，中粒種については，カリフォルニア M 農場（94.4%）は FRC（92.0%, 90.6%）より 2.4～3.8 ポイント高く，この農場の栽培管理（肥培管理、水管理等）の技術力が優れていることを示している．

　カリフォルニア M 農場のコシヒカリの収量（2014～2017 年）を表 10-4-2 に示す．M 農場はコシヒカリを毎年 22 圃場前後の水田にコシヒカリを作付けしている．この表には，その中で 2014 年から 2017 年までの 4 年間連続してコシヒカリを作付けし毎年のデータが得られる 18 圃場のデータを示している．

　これをみると，2014 年から 2016 年までの平均単収は 54CWT 台を得ているが，2017 年産は 49.6CWT と例年より 1 割ほど低い単収となっている．これは 2017 年

308　第3部　稲作経営の事業展開・マネジメントと国際競争力

表 10-4-2　米国カリフォルニア州における M 農場のコシヒカリの単収（2014 年産〜17年産）

水田 No.	収穫時の水分，% 2017	精米率，% 整粒米のみ 1) 2017	精米率，% 砕米含む 2) 2017	単収/ac CWT3) 2017	単収/ac CWT3) 2016	単収/ac CWT3) 2015	単収/ac CWT3) 2014	単収/ac CWT3) 4 年間平均
1	17.4	50	67	57.5	55.9	61.0	47.2	55.4
2	21.8	65	70	46.9	58.8	55.2	53.3	53.6
3	22.3	67	70	52.5	57.9	63.0	55.7	57.3
4	19.9	67	70	42.4	52.0	49.8	55.1	49.8
5	23.2	67	70	50.9	55.2	59.8	53.6	54.9
6	20.0	66	71	42.2	51.2	49.3	56.9	49.9
7	20.1	63	69	49.2	53.1	55.5	57.3	53.8
8	19.7	65	70	46.5	57.2	56.1	58.2	54.5
9	17.1	56	68	53.8	54.2	55.6	57.6	55.3
10	18.7	59	69	47.7	56.1	54.2	55.2	53.3
11	17.5	59	67	52.1	53.1	52.8	56.9	53.7
12	18.2	61	67	51.1	58.2	52.9	49.8	53.0
13	16.9	52	68	50.0	55.9	60.0	57.1	55.8
14	18.3	65	71	53.6	53.8	50.4	54.4	53.1
15	19.3	55	69	49.0	49.5	54.8	54.8	52.0
16	16.6	58	72	48.6	48.6	50.7	49.5	49.4
17	21.3	63	71	49.4	55.8	51.9	56.2	53.3
18	16.9	44	68	49.2	48.2	47.8	50.1	48.8

資料：カリフォルニア州ユーバ郡の M 農場提供（2018 年 8 月 24 日）
1) 籾 100%から精米したものの整粒米の率を示す.
2) 上記 1 につき，砕米を含んだ精米の率を示す.
3) CWT は 100 ポンド，45.36kg,【籾ベース】を示す.
4) 単純平均を示す.

産が作付け時期に雨に見舞われ，播種が 2 週間程度遅くなり生育期間が短くなったことが影響しているものと思われる．ちなみに中粒種を主産とするカリフォルニア州全体の平均単収も 2016 年産の 88.4CWT から 2017 年産は 84.1CWT へと，やはり 1 割程度の減少がみられる（USDA 2018）.

　10a あたりの籾収量は，2014 年から 2016 年の 3 カ年平均が 617kg/10a，2014 年から 2017 年の 4 カ年平均が 603kg/10a となる．籾摺り歩合（籾から粗玄米への換算率）を 80%と仮定すると，粗玄米換算の平均収量は，2014 年から 2016 年の 3か年平均が 493kg/10a，2014 年から 2017 年の 4 か年平均が 483kg/10a となる．これに，表 10-4-1 の精玄米歩合を乗じると，精玄米換算の平均収量は，2014 年から2016 年の 3 か年平均が 467kg/10a，2014 年から 2017 年の 4 か年平均が 459kg/10aとなる.

　わが国のコシヒカリの全国平均収量（2015 年産）は 482kg であり，カリフォルニア M 農場の収量よりも 3〜5%高いが，特に高収量とは言えない．Li et al.(2017,2018）によれば，わが国の先進稲作経営の籾収量（水分含量 15%）は，例えば B

農場では 735〜806kg/10a（2014〜2015 年産），Y 農場では 674〜614kg/10a（2014
〜2015 年産）である．カリフォルニア M 農場（2014 年から 2016 年の 3 カ年平均）
は 617kg/10a であり，農場や生産年により変動するが，M 農場の 100~131%であ
り，わが国の先進稲作経営の収量は農場によって同程度から 3 割程度高収量であ
る．

　精玄米収量は，B 農場 539〜544kg/10a（2014〜2015 年産），Y 農場 480〜429kg/10a
（2014〜2015 年産）である．カリフォルニア M 農場（2014 年から 2016 年の 3
カ年平均）は 467kg/10a であり，農場や生産年により変動するが，M 農場の 92〜
116%であり，必ずしもわが国の先進稲作経営の精玄米収量は高いとは言えない．
こうした結果になった一因は，2014〜2015 年のわが国の B 農場や Y 農場の精玄
米歩合が，カリフォルニア M 農場よりも低かった点がある．玄米粒厚は，品種の
影響よりもその年の登熟期間中の気象条件，肥培管理および収穫時期によって大
きく影響を受ける．2014 年と 2015 年の精玄米重歩合が低かった要因は，全国作
況調査結果から次のように推察される．2014 年は全もみ数が多かったうえに（全
国作況調査結果），登熟期間中 8 月の日照不足の影響により玄米の充実不足を招い
た．2015 年は北海道，東北地方を除き全国的に作柄不良で，登熟期間中（8 月中
旬以降の低温・日照不足）の天候不良や台風等による影響で，玄米の充実不足を
招いたと考えられる．

　ところで，表 10-4-2 は，M 農場の 18 圃場の圃場別年度別の収量差も示してい
る．平均単収が比較的安定していた 2014 年から 2016 年産をみても，63.0CWT（2015
年 No.3）から 47.2CWT（2014 年 No.1）まで 3 割以上の差がある．また，籾 100kg
当たりから得られる精米率は，2017 年産でみると整粒米（whole grain）のみでは
67%という高い率（No.3，4，5）もあれば 44%（No.18）という低いものもあり，
平均は 60%であった．砕米（broken kernel）も含めた率では最高が 72%（No.16）
で，平均は 69%であった．さらに，収穫時の籾の水分は高いもので 23.2%（No.5），
低いもので 16.9%（No.18），平均で 19.2%となっている．M 農場によれば，22%
程度を目標に収穫するように努めてはいるが，従業員にそこまで徹底できていな
い，という．

　なお，M 農場の 2017 年産収量の聞取り調査よると，中粒種の籾収量は
1,010kg/10a であった．籾摺り歩合を 80%と改定した粗玄米重に精玄米重歩合（表
1）を乗じると 763kg/10a となる．わが国の全国平均収量（2015 年産，全品種）は
531kg であり，4 割程度高く大きな収量格差が存在している．この収量差が，生産

310 第3部 稲作経営の事業展開・マネジメントと国際競争力

表 10-4-3　日本産とカリフォルニア産日本品種における米の食味評価と理化学的特性

産地	食味総合評価	精米水分 (%)	アミロース 含有率 (%)	精米タンパク質 含有率 (%)
日本	-0.04	14.5	16.4	6.5
カリフォルニア	-1.33	13.3	17.2	6.4

食味基準米：秋田県産あきたこまち.
生産年：2013〜2014年.
供試サンプル数：食味評価は日本産 n=6，カリフォルニア産 n=4，理化学的特性は日本産 n=25，カリフォルニア産 n=9.

コスト格差の一因になっている.

　以下では，カリフォルニア産日本品種の品質について述べる．まず，理化学的特性についてみると，日本産米に比べてアミロース含有率およびタンパク質含有率は適正範囲であるものの，精米の水分含有率が低い傾向が見られる．このため炊飯米の食感（粘りと硬さの比率）が劣り，食味総合評価は不良である（表10-4-3）．ただし，食味に対するアメリカ人の評価と日本人の評価が大きく異なる（松江 2015）ことも明らかになっており，今回の結果は日本人からみた食味総合評価の一例である点には留意を要する．なお，精米の低水分の主要因は，収穫時期の遅れや収穫後の過乾燥仕上げによるものと考える.

　さらに，カリフォルニア産米の食味については，日本人の嗜好に合わない匂いを指摘する報告もある（加藤 2015）．こうした匂いは収穫後の乾燥や保管・輸送等のポスト・ハーベスト段階に起因する可能性があるように察せられる．筆者らの現地調査では，一部の稲作農家を除いて，多く場合，収穫後に外気による通風乾燥を主体にしており，日本のような収穫直後の熱風乾燥をしておらず，さらに貯蔵庫内の籾の撹拌回数が少ないことなどが原因となっている可能性が疑われる．同様の匂いの指摘は，南部アーカンソー州産の日本品種においてもなされたことがある．ただし，こうした匂いの有無，程度，原因，消費への影響等に関しては，さらなる調査・研究が必要である.

　このように，カリフォルニア産日本品種に対して，日本産米の食味が勝っているとの分析結果がある一方で，カリフォルニア産米の品質が日本産米に近づいてきているとの指摘もある．加藤（2015）は，カリフォルニア産米を含む9か国の海外産ジャポニカ米の食味と品質を分析し，白米として日本人が食べる場合には，日本の国産米の食味が優れているが，国産米でも品質が劣る米（高温障害，古米

等）や食味が中程度以下の米は，一部の高品質の海外産ジャポニカ米と同程度の食味になる可能性は十分あるとしている．

さらに，吉田（2017）によれば，日本炊飯協会は，2016年産米を対象にカリフォルニア産カルローズ（USA ライス連合会を通じて入手）と日本産米4種類の食味検査を実施した（日本穀物検定協会の方法に準拠）．なお，日本産米4種類は，山形つや姫，茨城コシヒカリ，北海道きらら 397，栃木あさひの夢である．米業界では，前2種類は主に家庭内炊飯用に販売されるA銘柄，後2種類は主に中食・外食等の業務用に販売されるという．検査の結果，つや姫とあさひの夢の総合評価はカルローズよりも高く，その差は統計的に有意であり，カルローズよりも優れた食味であった．これに対して，きらら 397 と茨城コシヒカリの総合評価の数値自体はカルローズよりも高かったが，統計的な有意差はなく，ほぼ同程度の食味という結果であったという．

このように，日本人の嗜好からすれば，依然として，中程度以上の日本産米はカリフォルニア産米よりも品質が優れているといえる．ただし，日本産米全体がカリフォルニア産米よりも美味しいとは，必ずしも言えない状況になっている．現在の品質・食味の違いの主要因の1つは，乾燥・貯蔵方法等のポスト・ハーベストの品質管理（乾燥・貯蔵段階の水分含量管理等）にあり，栽培段階での品質格差は大きくない可能性が考えられる．

4）おわりに

本節で明らかにしたように，カリフォルニア産米日本品種（コシヒカリ等）の収量や品質（外観形質，食味）は，全体的にみれば，わが国の水準には達していないが近づいてきていると考えられる．また，カリフォルニア産米を代表する中粒種（カルローズ等）については，収量はわが国の全国平均収量（全品種）よりも4割程度高く，品質においても国産業務用米との品質格差が縮小してきている状況がある．その一方で，農地集積や圃場区画等の土地条件や気候条件には大きな違いがあり，作業効率や生産コスト格差の一因となっている．わが国の国産米の付加価値を向上させるには，外観形質，理化学的特性や食味と共にそれ以外の品質価値をどのように見出し，消費者に伝えていくかが重要になる．その基礎として，食文化の違いによる消費者の嗜好の違いも考慮した米品質・食味に関するより詳細な分析やデータ蓄積が期待されている．

（南石晃明・伊東正一・松江勇次）

5. 南アメリカ大陸コロンビアの稲作経営

1) はじめに

　コロンビアの商業稲作は，80〜90 年前にスペイン人が始めたと言われている．その後，地球上の対極ともいえる遠く離れた日本とコロンビア両国の稲作は，今まで全く違った道のりを歩んできたように思える．しかし，現在両国の稲作経営は，生産コスト低減や国際競争力向上といった共通の課題を突き付けられている．農業経営者主導の農業経営技術パッケージの開発実証を提唱・実践する農匠ナビプロジェクトと，コロンビア稲作専門農協 FEDEARROZ が推進する AMTEC プログラムには，偶然とは思えない類似性が感じられる．ある意味で，対極であるがゆえに，両国の稲作経営者に「目から鱗」の新発想で新機軸（イノベーション）が生まれる予感さえある．そこで，本節では，コロンビア稲作の概要を示すとともに，わが国の稲作経営者がみた印象も紹介する．

　本節は，JST-JICA SATREPS プロジェクトの一環として実施した現地調査および研究成果（南石ら 2018a，横田ら 2018）に基づいている．本 SATREPS プロジェクトには 4 つの研究課題が設定されており，その 1 つは「技術移転」である．そこでは，農匠ナビプロジェクトの成果に基づいてコロンビアの条件に合致した新たな「技術移転」モデルを，コロンビアの稲作専門農協 FEDEARROZ（稲作生産者連合会）をカウンターパートとして，構築することが期待されている．なお，コロンビア稲作農家の技術ニーズについては長命ら（2018），FEDEARROZ や AMTEC については，南石ら（2018b）を参照されたい．

2) コロンビアのコメと稲作
（1）コメの需要と食文化

　コメの需要面をみると，中南米では 1 人あたり年間消費量（2011 年 USDA 資料から算出）が約 30kg 以上の国が幾つかある．パナマ 78kg（国内自給率 78%）を筆頭に，ペルー47kg（97%），ブラジル 46kg（101%），コロンビア 43kg（94%），エクアドル 35kg（103%）が上位を占めている．これは日本（54.4kg，2016 年）の 1.4〜0.64 倍に相当するが，人口増加や経済発展によって中南米諸国のコメの消費量（総量）は増加傾向にあり，2035 年までに 33%増加すると見込まれている．

　コロンビアのコメの一人あたり年間消費量は日本の約 8 割である．インディカ米が大半を占めるが，白米を塩やバターを入れて炊いた「ご飯」を日常的に食べ

ており、「食料の安全確保に欠かせない」ため「主食」といえる。ただし、日本とは異なり、「パサパサしたコメが美味しいコメ」という食文化もあり、「コメ＝貧しい人の食べ物」というイメージが古くからあるという。また、品種に対する拘りはあまり無いようで、販売されているコメの多くは複数の品種が混ざっているようである。さらに言えば、栽培時の気象リスク低減のために、播種時に複数の品種を混播することもあり、乾燥・精米段階でも品種別管理は行われていない。

2) 稲の栽培面積，収量，生産量

コロンビアにおける稲の栽培面積は、2009 年 47 万 ha であったが、年次変動を繰り返し 2014 年には 37 万 ha まで減少した。その後は増加傾向に転じ、56 万 ha（2017 年）～57 万 ha（2016 年）まで増加し、国内自給率 100% になっている。稲作はコロンビア国内の全市町村の 2 割にあたる 210 以上の自治体で行われている。こうした市町村では最大の就業機会を生み出す作物であり、50 万世帯が稲作・米生産・加工に関係して生計を立てているという。生産量は年次変動が大きいが平均 250 万 t（籾、水分含量 24%、以下同じ）、市場規模は 3 兆コロンビア・ペソ（約 1,000 億円）以上とも言われている。

全国平均収量は 5.3t/ha であるが、気候特性で全国を、中央地域、東部平野地域、乾燥カリブ地域、湿潤カリブ地域、バジェ・デル・カウカに 5 区分すると、大きな地域間格差があることがわかる（図 10-5-1）。具体的には中央地域が最も収量が高く、バジェ・デル・カウカ（地理的には中央地域に含める）が最も低く、最大 1.8 倍の収量格差がある。詳しく見ると、中央地域 6.1t/ha（稲面積比率 29%、灌漑水田面積比率 100%、年間降水量 1800～2000mm、最高気温 29～33℃）、東部平野地域 4.5t/ha（40%、60%、3000～4500mm、28～33℃）、乾燥カリブ地域 4.5t/ha（10%、96%、400～1000mm、33～40℃）、湿潤カリブ地域 4.5t/ha（20%、93%、1200～1300mm、33～42℃）、バジェ・デル・カウカ 3.3t/ha（1%、100%、1000～1200mm、29～33℃）である。なお、別の資料（FEDEARROZ2012）では、全国平均収量は 5.7t/ha であり、地域別に見ると、中央地域 7.1t/ha、東部平野 5.5t/ha、乾燥カリブ地域 5.8t/ha、湿潤カリブ地域 4.2t/ha であり、最大 1.7 倍の収量格差がみられる。同じ地域でも市町村間や農場間で 2t/ha 以上の収量格差が見られる場合もあり、また、栽培試験中の品種と実際の農場では大きな収量格差があるという。

気候は温暖で安定しており、四季がないため年間を通して毎日播種を行うことが可能であり、播種作業と収穫作業を同じ日に行う光景もしばしばみられる。こ

314　第3部　稲作経営の事業展開・マネジメントと国際競争力

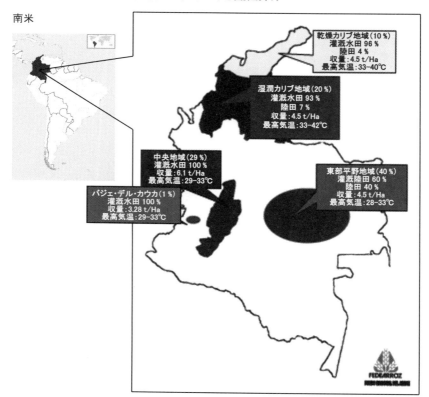

図 10-5-1　コロンビアの稲作地域
　　　　　出典：小川（2017）.

うした気候を利用して2期作が多く見られる．栽培期間は110～120日といわれており3期作は難しいが，水源が確保できる農場では1年を通じて毎月播種をして収穫を繰り返す農家もまれにみられる．通常は，第1期作は3～6月で降水量が多いが日照不足になりやすい．第2期作は9～1月で日照は多いが雨量が少ない．なお，大豆，トウモロコシ，牧草地との輪作等の中南米型の田畑転換が行われることもある．

3）中央地域イバゲの稲作栽培

　中央地域（Centro）はトリマ県，ウイラ県，バジェ・デル・カウカ県を含み，稲作面積は15万ha，そのうちトリマ県は9.6万ha（2014年）で64%を占めてい

る．トリマ県の県都であるイバゲ市（Ibague，人口50万）は，FEDEARROZ の発祥地でもある．市中心地の月別最高の気温は27～29℃，最低気温は18～19℃で年間を通じて安定している．月間降水量は70mm～240mm であり，周辺には水源となるコエージョ川支流のチパーロ川とコンベイマ川がある．

市中心部（標高1285m）を扇の要として，全長25km，勾配2～3度の傾斜の扇状地が広がっている．稲作栽培の多くは扇状地（標高1000m～600m）とそれに連なる地帯や，さらに下流の平野部（300m～200m）で行われている．扇状地の勾配のある畑では直播栽培のみが行われるが，平野部では日本式の水田（現地ではプール圃場とよぶ）もみられ，一部には移植も行われている．豊富な日射量と肥沃な土壌のイバゲ扇状地（Meseta de Ibague）は，コロンビアの「魚沼」ともいえるような「おいしいコメがよく育つ地域」といわれている．

イバゲ周辺の稲栽培面積は2期作合計で12500ha（播種面積は6200～6300ha），年間生産量は10.9万t，平均収量は8.8t/ha といわれている．稲作経営は約130経営あり，平均面積150ha（1圃場の区画は2～20ha，平均10圃場）で大型機械を所有している．収穫したコメは，そのまま乾燥・精米業者の施設に搬入し，生籾（水分含量24%）で販売する．乾燥・精米企業数社が国内生籾買取シェアの大半を占める寡占構造であり，稲作経営者が自前で精米・販売する事例はほとんど見られない．

イバゲ市周辺のコメ栽培は，傾斜した畑にタイパと呼ばれる作業機で等高線状の小さな畝をレーザー利用により作り，上流から灌漑水を流し込む方法で行われる．等高線の畝には切れ目が入れてあり，畑の隅々まで水が行きわたり，簡易的で細長く曲がった「棚田」ができあがる．これは，簡易的な水田を稲の栽培の度に作る方法であり，大規模な基盤整備を必要としない知恵・工夫であるともいえる．多くの場合，乾燥種子を播種機で直播するが，雨季で播種機が利用できない場合には，発芽種子を手で直播することもある．灌漑は，標高の高い上段の畑から行い，小さな畝を超えて，そのまま下流の畑の灌漑に使われる．播種も上段から行われ，水が行きわたる畑まで栽培が行われる．

栽培は，除草，土壌整備，タイパで畝作り，播種，灌水，窒素施肥（4～5回），収穫のサイクルで行われる（図10-5-2）．一般農家の平均播種量は150kg/ha 程度といわれているが，篤農家では120kg/ha 以下，AMTEC 導入農家では80kg/ha で高収量を上げる農家も現れている．約6割の農家は発芽率80%以上の認証種子を購入しているが，残りの4割は発芽率50%に満たない自家繁殖させた種子を使用

図 10-5-2　中央地域の稲作栽培サイクル
出典：南石ら（2018a）．

し，加えて気象変動リスク軽減のため複数品種が混播されることも多い．平均 180kgN/ha の窒素施肥を 3～5 回に分けて行い，間断灌漑を 3～5 日毎（あるいは 3～7 日毎）に行うことが多い．水源は，河川からの取水，地下水の汲み上げ，ため池である．なお，土壌は，砂質粘土，シルト質粘土，シルト質などが多い．

4）イバゲの大規模稲作経営

　イバゲの大規模稲作経営は，経営責任者が農場管理者，長期雇用従業員，短期雇用者を雇用し，経営内の分業が進んでいる（図 10-5-3）．また，経営外のコンサルタントや作業委託の利用も一般的である．経営責任者は経営の最高責任者であり複数の場合もある．農場管理者（アドミニストレータ）は，栽培管理および従業員管理の責任者であり，複数の場合や専門分野ごとに配置されることもある．大学農学部卒業以上で，技術訓練なども受けており，経営会議にも参加する．従業員は長期契約であり，機械操作や水管理・灌漑など，能力や経験で仕事が分業

第 10 章　世界の稲作経営の多様性と競争力　317

経営責任者	経営の最高責任者（複数の場合もある）．
農場管理者 アドミニストレータ	栽培の管理および従業員管理等の農場責任者． 複数の場合や専門分野ごとに配置されることもある． 大学学部卒以上で，技術訓練などにも参加．経営会議にも参加する．
従業員	長期契約の従業員．機械操作や灌漑などの能力・経験別に分業されていることが多い．
短期雇用者	播種や収穫時などの繁忙期に雇われる．日雇いでの契約が多く，経験がないことなどから，収穫後のイネの除去（野焼）作業や機械作業できない場合の播種作業等に限定される．
コンサルタント	ドローンUAVでの生育モニタリングや収量センサでの圃場のバラツキ管理など最新技術を用いてのコンサルティング．アルゼンチンやブラジルなどの国外企業も増えてきている．
作業委託	播種，収穫，圃場整備などの作業委託． 収量センサやレーザーレベラーを導入した農家が作業受託をするケースが増えてきている．

図 10-5-3　中央地域（イバゲ）の大規模稲作経営の経営生産管理体制
　　　　　出典：南石ら（2018a）．

されていることが多い．短期雇用者は，播種や収穫時などの繁忙期に雇用される．日雇いでの契約が多く，経験がないことなどから，収穫後のイネの除去（焼き払い）作業や機械の入れないところの播種などの作業に限定される．コンサルタントは，ドローン UAV での生育モニタリングや収量センサでの圃場のバラツキの管理など最新技術を用いてのコンサルティングであり，アルゼンチンやブラジルなどの国外企業も増えてきている．作業委託としては，播種，収穫，圃場整備等の作業があり，収量センサやレーザーレベラーを導入した農家が作業受託をするケースが増えてきている．

5) コロンビア稲作経営の課題

　コロンビアの稲作経営面積は，1〜2,000ha 程度まで極めて大きな格差があるが，平均規模は 20ha といわれている．稲作経営数は 21,800 といわれており，このうち主要な農業機械（トラクタやコンバイン等）を所有している稲作経営が 57%（12,400 経営），所有していない小規模経営が 43%（9400 経営）を占めている．年中，播種や田植ができる気候であるため，小規模経営ではこれらの作業を手作業で行う場合も多い．しかし，収穫については，作業遅延が籾収穫重量や品質の低下を招き，販売額減に直結するため，商業栽培を行っている農家の多くはコンバインのレンタルや作業委託を行っている．乾燥・精米会社は，籾の水分含量が

24%以下であれば籾重量単位で買取るため，農家としてはその上限での販売が最も有利になる．一方，自家用のコメ（特に先住民品種など）を栽培している零細農家は文化的（慣習的）に手刈を行っている場合もある．コロンビア「稲作白書」（2007年）によると，10年前は，農業機械が旧式（15年以上使用）で能力も低く（100馬力未満），灌漑施設の整備率は稲作面積の60%程度であり，今よりも生産量が天候（降水量）の影響を受けやすい傾向であった．

　こうした農業経営構造や灌漑施設整備状況から，以下の3点が課題となっている（Economics Research，Fedearroz-DANE）．①気候変動（エル・ニーニョやラ・ニーニャ，乾燥・水不足や高温，新病害虫等）による不作・収量変動への対応，②自由貿易協定 FTA に対処するための生産コスト削減による国際競争力と収益性の向上，③これらの課題を多くの稲作経営で解決するための大規模な技術移転．

　コロンビアの全国平均コメ生産コストは，RECALCA（Red Colombiana de Accion frente al Libro Comercio 2011）によれば，t当たり米ドル USD 換算で $444/t であり，エクアドル（$380/t），ペルー（$320/t），ウルグアイ（$316/t），ブラジル（$277/t）などの他の中南米諸国よりも高い．自由貿易協定 FTA により，コメに対する関税（80%）が2018年から約5%ずつ減少し，2030年には0%になるため，生産コストが $265.6/t といわれている米国からのコメ輸入が急増し，稲作経営への影響が危惧されている．このため，コメ生産コストの削減が主要な経営課題となっており，2019年までに生産コストを$350/t（21%削減）にする AMTEC プログラムが，2012年から FEDEARROZ によって実施されている．

6）日本の稲作経営者からみたコロンビア稲作
（1）稲作の栽培環境
　現地調査で訪問した中央稲作地域（イバゲ市）は，11月末でも太陽の高度が高く，目に見えて植物の生育は良い．日中は暑くても山岳地のために夜になると気温が下がり，日較差が大きいため，稲の生育には適している．平年雨量値は茨城県（約1,500mm）よりもやや多く（約1,700mm），水源（河川や井戸等）が確保できる圃場では年間を通じていつでも作付ができる．視察した農場でも，播種したばかりの圃場もある一方で，出穂前の圃場，稲刈り中の圃場とあらゆる生育ステージの稲を一日で見ることができ，稲作を行う環境としてはとても恵まれているといえる．

　イバゲは高低差のある扇状地に位置し，ほとんどの水田は傾斜地に立地してい

第 10 章　世界の稲作経営の多様性と競争力　319

図 10-5-4　中央地域（イバゲ）の稲栽培の風景
出典：横田ら（2018）を編集．

る．そのため「タイパ」と呼ばれる機械で，等高線に沿った畝を作って水を貯め，一見すると日本の棚田に似たような雰囲気である．直播の播種も収穫も，この畝の上も作業が行われる（図 10-5-4）．日本の水田は均平をとることが重要とされているが，圃場を均平にする作業には大変な時間とコストがかかるため，傾斜地のままで水を貯めるという日本とは根本的に異なる発想は，ある意味では合理的で，日本の常識を疑う良い機会になった．

2）稲作農家の危機感と行動力

　コロンビアでは，今までは，政府から稲作農家が直接受け取るタイプの補助金はないという背景もあり，米国との FTA による関税撤廃に対して強い危機感を持っている．このため，FEDEARROZ の AMTEC プログラム等で，収量の向上やコスト削減，高付加価値化を行うことで，経営の発展を目指す努力を行っている．これは，本来あたりまえの姿だといえるが，様々な思惑が交錯する日本の農政にがんじがらめの日本の稲作農家とは対照的に思える．

　コロンビア稲作農家の経営改善や収量向上のため積極的に新しい技術を導入しようという意欲と行動力がとても高いことを示す事例がある．2016 年にコロンビア稲作農家が，SATREPS プロジェクトの一環として来日して，農匠ナビ 1000 プロジェクトのシンポジウムに参加した際に，収量コンバインによる圃場内収量マップやドローンを使った生育状態の画像撮影を見た彼らは，すぐに自分のコンバインに後付け型の収量計や最新型の収量コンバインを購入し，ドローンを使った稲生育センシングをするため海外コンサルタントと契約したという（図 10-5-5）．

　一方で，我々日本の稲作農家はと言うと，伝統的に長く続けてきた農法や，慣

図 10-5-5　中央地域（イバゲ）の大規模稲作経営の風景
　　　　　出典：横田ら（2018）を編集．

わしのような手法に拘りすぎて，時代が変わっているにもかかわらずそこから脱却できないようにさえ見える．また，最新機器の導入という面では，コロンビアには，自国内に農業機械メーカーがないことから，海外製の最先端の農業機械を導入しやすい環境にある．それはまるで，固定電話回線がない途上国でスマートフォンの普及が一気に広がる状況と似ている．

　FEDEARROZ は歴史的に稲作農家が自ら必要性を感じて作った組織であり，稲作農家との関係性でいうと，日本とは少し違った印象がある．日本での農業者と農業関係機関・団体は共依存関係にあるように思えるが，コロンビアではお互いに依存するというよりは，それぞれの立場で自助努力を行い，その上で協力できる部分を協力するような関係に見える．当然，細かく見れば問題もあるが，日本とは異なる思想でできた組織の在り方と関係性から学ぶ，日本のこれからの目指すべき農業者と農業関係組織の関係の在り方を考えされられる．

　コロンビアでは，稲作農家は生産した籾を精米会社に出荷する形で，日本以外の多くの国で行われている形態をとっている．精米会社は大規模なプラントで乾燥・精米・パッキングし流通させており，米流通が寡占状態にあり，農業者からの籾の売り渡し価格は必ずしも上昇する傾向にはない．しかし，首都ボゴタの食品小売店で販売されているコメの中には日本国内での価格と変わらないようなオーガニックライスも販売されており，今後は，FEDEARROZ や個別の稲作経営が乾燥・精米・販売を行うような日本型米バリューチェーンを新たに構築することで，硬直状態の米流通に変革を起こし，農家の手取りを増やすことに繋げていくことが求められているようである．

　一方で，日本の稲作は，説明するまでもなく大きな変化の時期を迎えている．

第 10 章　世界の稲作経営の多様性と競争力　321

生産調整の終焉,高齢化による大量リタイヤとそれに伴う担い手への急激な集約,ICT や AI, ロボティクスなど新しい技術の土地利用型農業への展開など, 挙げればきりがない. このような時期に, 日本の稲作がこれから進むべき方向を考えるとき, それは必ずしも日本の稲作が進んできた延長線上にあるわけではない. 例えばコロンビアのように, 国からの農業保護が経済的には制約が大きい中で, 経営としては重要なことをシンプルに行う方法もある. 必ずしも均平な圃場に拘らずに, 傾斜地でいかに効率よく作業を行うかを考える方法もある. いずれにしても, 全く異なる考えに基づいた, 全く異なる環境に適合した稲作を学ぶことから, 日本の稲作がこれから進むべき方向のヒントがあるように思える.

7）おわりに

　コロンビア稲作では, 生籾（水分含量 24%で雑草種子交じり）を乾燥・精米会社に販売することが一般的であるが, そのことが経営的な課題にもなっている. さらに, アメリカ合衆国との自由貿易協定 FTA により米市場の開放が, 稲作経営の現実脅威となっている. このため, 米生産コストを低減するため, 稲作専門農協 FEDEARROZ は全国的な技術移転プログラム AMTEC を推進し成果をあげつつある. AMTEC プログラムは, 稲作経営の生産性を向上させ, 環境負荷を低減し, 生産コストを削減するための技術を統合した作物管理プログラムであり, FTA や気候変動に対処するための, コロンビア稲作経営イノベーションへの挑戦である. 興味深いのは, 農匠ナビ 1000 プロジェクトとのある種の類似性がある点である.

　農匠ナビプロジェクトに参画しているわが国の先進稲作経営との交流を通して, コロンビア稲作経営者は, 稲作生産における ICT 活用に取組み始め, 成果をあげている. さらに, 自社での乾燥・精米・販売さらには米由来の食品加工といった日本型稲作経営ビジネスモデルに, 大きな可能性を見出し, 既に幾つかの挑戦が始まっている.

　わが国の稲作経営が, コロンビア稲作から学べる点も少なからずある. 例えば, その第 1 は, スピード感である. ICT 活用にしても, 日本型稲作経営ビジネスモデルへの取組みにしても, 関心を持てば直ぐに取組み, 数年で何らかの成果をあげている. 第 2 は, 日本とは異なる発想である. 例えば, 大規模な基盤整備を行わず「畑で水稲を栽培する技術パッケージ」は, 日本の稲作経営の発想転換の契機となり得る. また, 圃場内生産管理についてみると, 日本では圃場内の生育ムラや収量のバラツキを極限まで追求する傾向があり, 圃場内の均平化や超精密作

業を究極する傾向がある．しかし，経営面からみた場合，その費用対効果が十分に検証されているとは言い難い．また，気候変動に着目すれば，わが国の稲作適地が北海道に移動する可能性が指摘されている．コロンビア型の稲作経営技術パッケージを活用すれば，膨大な経費を要する日本型の基盤整備を行うことなく，広大な北海道の畑作地帯で水稲栽培を拡大できる可能性さえ考えられる．

　これからの時代，世界の多様な稲作の知恵を幅広く取り込み，その国の常識にとらわれない柔軟な発想を持つことが，稲作とコメを守る鍵になるかもしれない．稲作3000年の歴史をもつ日本も，それに比べれば歴史の短いコロンビアも例外ではないのである．

（南石晃明・横田修一）

6．アジア大陸中国の米生産と技術革新

1）はじめに

　中国は世界最大の米の生産国であり，第2のインドの生産量は中国の7〜8割である．これに続くインドネシア，バングラデシュ，ベトナムの生産量は中国の3〜2割に過ぎない．本節では，中国の米生産と技術開発の動向について述べる．まず第2節では米生産・需給動向，第3節では米や資材の価格動向について概観する．その後，第4節では農業における情報通信技術ICTの開発・普及動向，第5節では良食味米生産技術の開発動向について述べる．

2）米の生産および需給動向

（1）作付面積・収量および生産量

　中国は世界最大の米生産国として，世界生産量の3割を占めている．2016年，国内の米栽培面積は3018.8万haに達し，それぞれ穀物，食糧と農産物の各栽培面積の32.0％，26.7％と18.1％を占め，トウモロコシに続いて2位であった．米は約65％の中国人口の主食であり，国家食糧安全保障の中心的役割を果たしている．1978年に発足した改革開放以降，米の作付面積は3,442.1万haから2017年の3,017.6万haに12.3％減少したものの，生産量は13,693万tから20,856万t（籾ベース，以下特に断わらない限り同じ）まで52.3％増加した．最も重要な原因は技術進歩や化学肥料の多投入，財政支援などにより，1ha当たりの収量が3,978kgから6,912kgまで73.8％増加したためである（図10-6-1）．

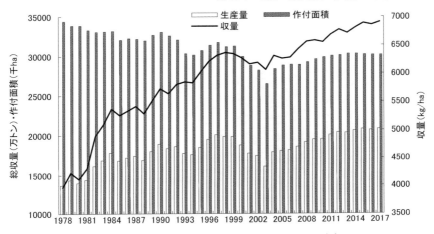

図 10-6-1　中国における米の作付面積・収量と生産量（1978-2017 年）
出典：『中国統計年鑑（関係年）』により筆者作成.

（2）主要な米産地

　水稲は最南の海南島から最北の黒龍江省，西部の新疆から東部の台湾にわたって広く栽培されている．主要な生産地域は東北平原（黒竜江省，吉林省と遼寧省），長江流域（四川省，重慶市，湖南省，湖北省，安徽省，江西省と江蘇省），東南沿海（海南省，広西自治区，広東省，福建省と浙江省）に大別できる．2016 年，これらの地域における米の栽培面積と生産量は全国の約 90％を占めた．なかでも，米栽培は湖南省，江西省および黒竜江省が三大地域である．例えば，2006-2016 年における全国対比で湖南省の米栽培面積は全国の 12.9％から 13.5％まで増加し，黒竜江省の米栽培面積と生産量はそれぞれ 6.6％から 10.6％，6.6％から 10.9％まで増加した（図 10-6-2，図 10-6-3）．

（3）ジャポニカ米の増加と需給変化

　中国産米の種類を分析すると，東北平原ではすべてジャポニカ米であり，長江流域と東南沿海ではジャポニカ米とインディカ米が混在している．また，インディカ米は成熟期間によってさらに早生，中生，晩生に分けられる．高度経済成長による所得の増加に伴い都会の富裕層を中心に，ジャポニカ米の需要量が拡大したことを背景に，ジャポニカ米の栽培は 1990 年以降急速に増加している．2004 年，食糧の低買付価格制度が発足して以来，ジャポニカ米の栽培面積は 666.9 万

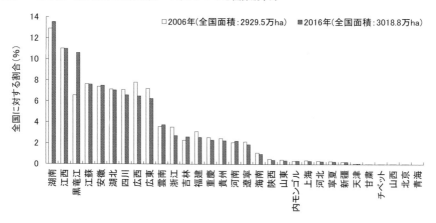

図 10-6-2 2006 と 2016 年の中国各省レベル地域における米作付面積の割合
出典：『中国統計年鑑（関係年）』により筆者作成．

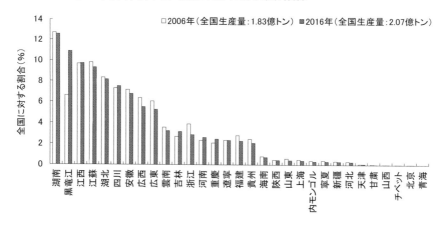

図 10-6-3 2006 と 2016 年の中国各省レベル地域における米生産量の割合
出典：『中国統計年鑑（関係年）』により筆者作成．

ha から 2017 年の 899.2 万 ha と 34.8%増加し，米栽培面積に占める割合は 23.5%から 30.4%と 6.9%上がった．その一方で，早生と中晩生のインディカ米は減少したものの，まだ 7 割程度を占めている（表 10-6-1）．米の生産量も同じように変化してきたが，中国経済発展による国民全体の生活水準が向上するにつれて，粘りがあり香りもよく，食味が優れているジャポニカ米の需要は次第に高まっている．また，ジャポニカ米の利益率はインディカ米よりもはるかに高い．2016 年の全国

表 10-6-1　2004-2017 年の中国における種類別米栽培面積構成の推移（単位：千 ha，%）

年	作付面積	早生インディカ米		中晩生インディカ米		ジャポニカ米	
		割合	面積	割合	面積	割合	面積
2004	28378.8	21.0	5959.5	55.5	15750.2	23.5	6669.0
2005	28847.2	20.9	6029.1	55.1	15894.8	24.0	6923.3
2006	28937.9	20.3	5874.4	54.5	15771.2	25.2	7292.3
2007	28918.8	19.9	5754.8	53.8	15558.3	26.3	7605.6
2008	29241.1	19.5	5702.0	53.9	15760.9	26.6	7778.1
2009	29626.9	19.8	5866.1	53.7	15909.7	26.6	7851.1
2010	29873.4	19.4	5795.4	53.2	15892.6	27.4	8185.3
2011	30057.0	19.1	5740.9	53.1	15960.3	27.8	8355.9
2012	30137.0	19.1	5756.2	52.5	15821.9	28.4	8558.9
2013	30312.0	19.1	5789.6	51.6	15641.0	29.3	8881.4
2014	30310.0	19.1	5789.6	51.1	15488.4	29.8	9032.4
2015	30216.0	18.9	5710.8	51.0	15410.2	30.1	9095.0
2016	30178.0	18.6	5613.1	51.0	15390.8	30.4	9174.1
2017	30176.0	18.1	5461.9	52.1	15721.7	29.8	8992.4

出典：中国産業情報（www.chyxx.com/industry/201804/628952.html）による筆者計算．

データを見てみると，早生，中生，晩生インディカ米の平均利益率はそれぞれ 0.2%，15.3%，8.6%だが，ジャポニカ米の平均利益率は 20.9%であった（中華人民共和国国家発展改革委員会価格司 2017）．よって，ジャポニカ米の生産量がさらに増加していくことが予測できる．

(4) 直播栽培およびハイブリッド米の生産状況

最近，中国では直播栽培が急増している．直播栽培は，育苗や移植などの手順を省き，作業プロセスを簡素化し，労働集約力と労働強度を低下させて生産効率を向上させる．関連研究の結果によれば，直播栽培は移植栽培より 1ha 当たりの投入労働力は 1.5〜2.0 人を節約できる（王 2017）．近年，倒伏や密植に耐性のある直播栽培に適した米品種は開発されつつあり，直播栽培技術や農業機械の研究普及および関係サービスに従事する専門農家・合作社（農協）の進展は直播栽培面積の増加を後押ししている．2017 年現在，中国水稲の直播面積は約 400 万 ha で，2008 年に比べて 100 万 ha 増加した．増加した面積の主な産地は，安徽省，江西省と湖南省でそれぞれ増加量の 50%，30%と 13%を占めている（王 2017）．

　ハイブリッド（交雑）米は雑種第一代に現れる雑種強勢（ヘテロシス）を利用した収穫量の多い米である．中国における「ハイブリッド米の父」と称される袁

326 第3部 稲作経営の事業展開・マネジメントと国際競争力

表 10-6-2 2015-2029 年中国におけるハイブリッド米の栽培面積と種子費

年	単位	2015	2016	2017	2018	2019	2020	2021	2025	2029
交雑早生インディカ稲の栽培面積	万 ha	113	107	100	93	87	80	73	53	33
早生インディカに対する割合	%	20	19	18	17	16	15	14	10	7
交雑早生インディカ稲の種子費	元/ha	630	690	750	810	885	975	1050	1485	2100
交雑中生稲の栽培面積	万 ha	1013	993	967	940	920	893	867	773	680
中生稲に対する割合	%	100	98	96	94	92	90	88	80	72
交雑中生稲種子費	元/ha	885	960	1035	1110	1200	1305	1410	1905	2595
交雑晩生稲の栽培面積	万 ha	347	347	340	333	333	327	327	320	313
晩生稲に対する割合	%	60	60	60	60	60	60	60	60	60
交雑晩生稲の種子費	元/ha	810	884	963	1049	1143	1247	1359	1917	2708
交雑稲の総栽培面積	万 ha	1473	1447	1407	1373	1333	1300	1267	1140	1027
交雑稲の種子費	元/ha	855	915	990	1080	1170	1260	1365	1890	2610
在来インディカ稲の栽培面積	万 ha	687	713	727	740	760	773	793	867	927
在来ジャポニカ稲の栽培面積	万 ha	867	867	867	873	873	873	887	940	980
稲の総栽培面積	万 ha	3027	3027	3000	2987	2967	2947	2947	2947	2933
交雑稲の総栽培割合	%	49	48	47	46	45	44	43	39	35

注：2015 年は実測値，他の年度は予測値．
出典：中国産業情報（http://www.chyxx.com/industry/201709/567642.html）

隆平が 1964 年から研究し，1974 年に「南優 2 号」「矮優 2 号」などの優良品種を
開発後，2015 年現在で全国ハイブリッド米の作付面積は 1473.3 万 ha であり，水
稲栽培面積（3027 万 ha）のおよそ 49%を占めている（表 10-6-2）．ハイブリッド
米の主な生産地域は，湖南，湖北，四川，重慶，広西，広東，江西，福建，貴州
等の南方地域である．その一方で，ハイブリッド米は中国の食糧供給に大きく貢
献してきたことは確かであるが，最近，多収性の固定品種が開発されていること
と，桂（2015）が指摘しているようにハイブリッド品種は種子生産に多くの労働
力を必要とすることと，農家は毎年種子を購入しなければならないこと，コメの
品質が均一でないことを考慮すると，その優位性は不確かといわざるを得ない．
事実，ハイブリッド米（早生インディカ）の栽培面積は減少しつつある（表 10-6-2）．

3）米価と生産資材価格の動向

1978～1996 年，中国政府は穀物の統一販売制度を改革し，穀物流通の「デュア
ルトラックシステム」を確立し，継続的に食糧価格を引き上げた．これにより，
米生産者価格指数と生産資材価格指数は年々上昇しており，両指標とも 1996 年に
は各々1978 年の 6.59 倍，3.98 倍に達した．同時に，米栽培面積は 1978 年の 3442.1
万 ha から 1993 年の 3135.5 万 ha まで 8.9%減少した．その主な原因は，米生産の

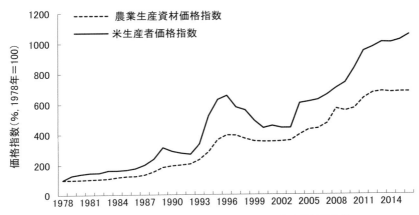

図 10-6-4　1978-2016 年の中国における農業生産資材と米生産者価格指数
　　　　　出典：『中国統計年鑑（関係年）』により筆者作成．

コスト高騰と利益率低減の併存に起因し，1992年の実質純利益は1989年より47％の低下である．1997〜2003 年，国営穀物倉庫の在庫米が過剰となり，穀物生産の利益は減少し，保護価格政策は徐々に撤廃されて米価は下落した．2003 年の米生産者価格指数と農業生産資材価格指数は，1996 年と比較してそれぞれ 213.7％，36％低下した（図 10-6-4）．同時に，米の栽培面積と生産量も 1978 年以来の最低値となった（図 10-6-1）．2004 年以降，主要穀物の最低購入価格，農業税の免除，良種・農業機械購入などへの補助といった政策の実施により，農家の食糧生産積極性が高まって農業生産資材と米価は引き続き上昇している．2016 年，農業生産資材と米生産者価格指数はそれぞれ 2003 年に比べて 2.4 倍，1.9 倍上昇し（図10-6-4），米の栽培面積と生産量も増加しつつある（図 10-6-1）．

　改革開放が始まってから 40 年近くにわたり，米生産者価格指数と農業生産資材価格指数はほぼ同時の変動傾向を示している．しかし，前者は後者よりも増加しており，両者間の格差は徐々に拡大してきた（図 10-6-4）．2008 年から，米価は高騰しつつあって国際米価をはるかに上回り，米の輸入拡大や政府米購入の負担増加につながっている．また，時系列の推定結果によると，農業生産資材価格指数と次年度の米生産者価格指数の Granger 因果性が有意である．言い換えれば，農業生産資材物の価格変動が米価に影響を及ぼしていたことは明らかである．

328 第3部 稲作経営の事業展開・マネジメントと国際競争力

4) ICT 技術進歩と農業経営革新

(1) ICT 技術の開発と普及事業

　中国では，ICT と農業生産・経営の融合が一段と進んでおり，一連の推進政策が打ち出されている．2016 年 3 月，農業部や国家発展改革委員会など 8 部局の主催で，「インターネット＋現代農業 3 年行動プラン」が実施されている．水稲生産に関して，精密なは種や栽培，灌漑，施肥，農薬散布，病虫害防除から農業技術サポート，経営体の育成といった分野で ICT の活用が一層強化された．農業部は 2016 年 8 月に「第 13 次 5 か年全国農業・農村情報化発展規画」を公表した．2020 年までに，農業生産の ICT 活用率を 2015 年時点の 10.2%から 17.0%に，農業総生産に占めるネット販売農産物の割合を 1.5%から 8.0%に，村レベルの情報サービス普及率を 1.4%から 8.0%に，農村インターネット普及率を 32.3%から 51.6%以上に，それぞれ引き上げる目標を掲げている．目標実現に向けた取組みとして，責任と連携の明確，政策体系の完備，イノベーション体系の構築，モデル事業の展開，査定・評価の強化等 5 つの側面から農業 ICT 技術の開発と普及を後押している．

(2) 農業経営イノベーションの動向

　近年，中国における稲作を取り巻く農業経営において，農業龍頭企業，農民専業合作社などの産業化主体が発展しつつある．「農業龍頭企業」とは，総資産と年間売上が所定規模（例えば，東中西部の総資産はそれぞれ 1 億，0.7 億と 0.4 億元）に達し，農家が生産する農産物の加工販売などを行い，地域農業産業化のリーダー（龍頭）的役割を果たす企業である．国，省，市の各レベル行政機関は農業龍頭企業を認証し，財政，金融，税制上の各種優遇措置を講じている．2012 年 3 月，国務院は「農業産業化龍頭企業発展を支援する意見」を発表して以来，農業龍頭企業は製品構成の最適化や品質管理の強化，ブランドの創造などの側面から急速な発展を遂げ，新しい段階へ移行してきている．2016 年末現在，130,300 件の農業龍頭企業の総年間売上高は約 9.73 兆元に達して 2015 年末に比べて 5.91%増加し，農産物およびその加工製品の 1/3，大都市の市販野菜の 2/3 以上を占めていた（高，郭 2018）．

　農民専業合作社は農民が主たる構成員であり，農業生産資材の共同購買・使用，農産物の生産・販売，農村観光資源の開発・運営，農業生産管理などを行い，生産性向上を図る日本の農協に似た組織である．2007 年，「農民専業合作社法」の実施を機にして，農民専業合作社は急速に増加してきた．2017 年，農民専業合作

社数は 193.3 万に達し，入社農家は 1 億戸を突破して全農家数の 46.8%を占めていた（董・洪 2017）．法人資格を持つ農民専業合作社は 3 次産業の融合及び生産・供給・販売・信用など包括的な業務を拡大し，中国農業の重要な新型農業経営主体となっている．

5) 良食味米生産技術の開発動向

中国ではこれまで水稲の育種目標としては多収品種の育成に力を入れており，品質に対してはさほど重視して来なかった感がある．近年，中国では経済発展に伴う所得の向上や食生活の多様化によって，消費者の間では良質・良食味米への要望が急激に高まってきている．また，品質が良く，おいしい米は高価格で売買されるため，生産者や流通業者の間でも高品質・良食味米への期待が大きい．このため，現在の中国においては米の安定生産を前提とした良食味品種の育成や良食味米生産のための栽培管理技術の開発が急務となっている．しかし，中国では未だ全国的に統一され，普及している食味特性の評価法や官能検査基準が定まっておらず，これに基づいた品種育成（選抜）も行われていないため，良食味品種の育成や良食味米栽培技術の確立に大きな支障となっている．

その一方で，中国にも図 10-6-5 に示したように 1995 年に制定され，2008 年に改訂された国家標準の食味官能評価方法がある（中華人民共和国国家標準 2009）が，評価項目が多くかつ評価判断基準が複雑で時間がかかりすぎるうえ，基準米の選定方法や炊飯方法にも不備な点が多いことなどが指摘されている（張ら 2009，王ら 2011）．このため，この評価方法は実際にはほとんど利用されておらず，各農業試験研究機関および大学では日本メーカーの食味計測評価装置で食味の良否を判断しているのが現状である．したがって，使いやすくて普遍性のある全国共通の食味官能評価方法を早急に策定し，これに基づいて米の食味に関する統一的な評価システムを構築する必要がある．

図 10-6-5 中国の食味官能評価方法
出所：http://www.chinagrain.cn/axfwnh/2018/07/19/3337137912.shtml

次に良食味米生産のための食味官能評価，良食味品種の育成および良食味米栽培技術の開発現状について述べる．

1）食味官能評価

前述した国家標準の食味官能評価方法の配点方法には二つあり，評価方法1は100点法で（図10-6-6），評価方法2は日本と同じ7段階法である．評価方法1は前述したように評価項目が多岐にわたっているとともに評価項目に対する配点段階が複雑であるため，パネリストに荷重な負担を強いることになる．なお，二つの評価方法の使い分けについては不明である．

GB/T 15682-2008

附 录 B
（规 范 性 附 录）
米饭感官评价评分规则和记录表（评分方法一）

品评组编号：　姓名：　性别：　年龄：　出生地：　品评时间：　年 月 日 午 时 分

一级指标分值	二级指标分值	具体特征描述：分值	样品得分 No. 2	No. 3	No. 4
气味 20分	纯正性、浓郁性 20分	具有米饭特有的香气，香气浓郁：18分～20分			
		具有米饭特有的香气，米饭清香：15分～17分			
		具有米饭特有的香气，香气不明显：12分～14分			
		米饭无香味，但无异味：7分～12分			
		米饭有异味：0分～6分			
外观结构 20分	颜色 7分	米饭颜色洁白：6分～7分			
		颜色正常：4分～5分			
		米饭发黄或发灰：0分～3分			
	光泽 8分	有明显光泽：7分～8分			
		稍有光泽：5分～6分			
		无光泽：0分～4分			
	饭粒完整性 5分	米饭结构紧密，饭粒完整性好：4分～5分			
		米饭大部分结构紧密完整：3分			
		米饭粒出现爆花：0分～2分			
适口性 30分	粘性 10分	滑爽，有黏性，不粘牙：8分～10分			
		有黏性，基本不粘牙：6分～7分			
		有黏性，粘牙；或无粘性：0分～5分			
	弹性 10分	米饭有嚼劲：8分～10分			
		米饭稍有嚼劲：6分～7分			
		米饭疏松、发硬，感觉有渣：0分～5分			
	软硬度 10分	软硬适中：8分～10分			
		感觉略硬或略软：6分～7分			
		感觉很硬或很软：0分～5分			
滋味 25分	纯正性、持久性 25分	咀嚼时，有较浓郁的清香和甜味：22分～25分			
		咀嚼时，有淡淡的清香滋味和甜味：18分～21分			
		咀嚼时，无清香滋味和甜味，但无异味：16分～17分			
		咀嚼时，无清香滋味和甜味，但有异味：0分～15分			
冷饭质地 5分	成团性、粘弹性、硬度 5分	较松散，粘弹性较好，硬度适中：4分～5分			
		结团，粘弹性稍差，稍变硬：2分～3分			
		板结，粘弹性差，偏硬：0分～1分			
综合评分					
备注					

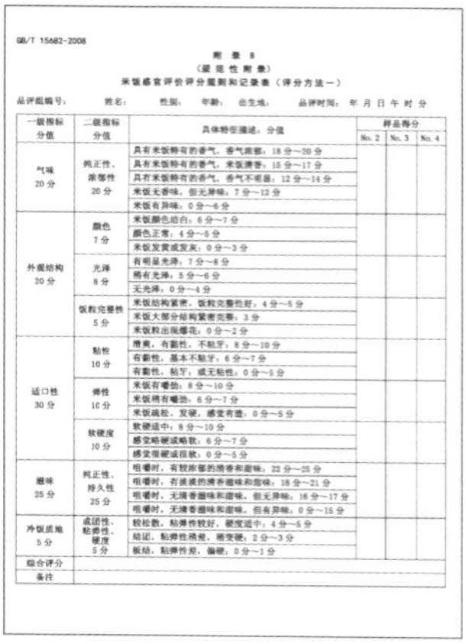

図 10-6-6　食味評価方法その 1

現在，食味官能評価方法の確立とパネルの養成の重要性を認識して，2015年から「中国北方稲作科学技術協会」というジャポニカ米についての研究紹介と技術普及を行っている学術団体が，良食味米生産に関する研究発表会を年に一回開催するとともに，精力的に中国各省の普及主力ジャポニカ品種を集め，参考品種に日本産コシヒカリを用いて食味官能試験を実施している（図10-6-7）．さらには，信頼性の高いデータを得るために，松江方式（松江 1992）によるパネル養成のためのパネリストの選定と識別能力や嗜好性を統計学的に解析し，食味官能試験の精度向上に努めている（図10-6-8）．

2）良食味品種の育成

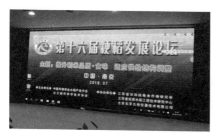

図 10-6-7　食味研究発表会
出所：著者撮影．

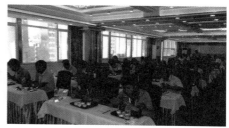

図 10-6-8　食味試験光景

第 10 章　世界の稲作経営の多様性と競争力　　331

　良食味品種の育成実績に当たっては，東北 3 省（遼寧省，吉林省，黒竜江省）
と江蘇省の農業科学院が先行している．良食味品種育成のための交配母本は，大
部分が日本の品種登録の有効期間が消滅した良食味品種が使用されている．成分
育種の戦略としては，低アミロース化が主で，次に低タンパク化である．但し，
具体的にどのような品種を育成するのか，例えばコシヒカリのような品種育成を
めざすのかといった目標品種がまだ定まっていない．ハイブリッド米については，
当初はインディカ型であったが，現在では収量性の確保を前提にした食味向上を
目的としているため，ジャポニカ型が主流になっている．当面の育種目標は低ア
ミロース化と香りの付加である．

3）良食味米栽培技術

　米粒内のタンパク質含量の制御を主にした，窒素施用量と食味との関係の試験
研究が主であるものの，生産地では依然として 10a 当たり窒素施用量が日本にお
ける水稲栽培の 2〜3 倍であるため（楠谷ら 2017），食味および環境負荷からみて
窒素施用量の制御が必要である．さらには食味からみた収穫適期の判断基準が定
まっていないため，遅刈りによる過乾燥米が外観品質，食味の低下を招いている．
仕上げ乾燥技術も不十分であるため，食味からみた玄米の適正な水分である 14〜
15％が確保されておらず（松江 2016），水分の大切さが認識されていない．

　今後，中国のジャポニカ型水稲品種の食味向上を図っていくことは，高品質米
の生産を通して稲作農家の所得を向上させ，同時に消費者においしい米を提供す
ることにつながり，都市と農村との持続的・共生的な発展にも貢献できると考え
る．

（李　東坡・松江勇次・南石晃明）

7．おわりに

　本章では，世界 4 大陸の米生産が盛んな主要国を対象に，米生産消費や稲作経
営の現状を概観し，その多様性を明らかにした．北アメリカ大陸アメリカではイ
ンディカ米の生産が主体であるが，カリフォルニアではコシヒカリ等日本品種も
含めてジャポニカ米を，わが国以上に周密な生産管理で大規模に生産している稲
作経営が存在している．ただし，そうした稲作経営者にとっては，米は日々の食
事に欠かせない重要な食材というわけではなく，ビジネス上の生産物といえる．

これに対して，ヨーロッパ大陸イタリアは，小麦粉（パスタ）が主食といえるが，米（リゾット）も重要な食材である．カンボジア等の海外からの価格の安い輸入米（インディカ）が増加し，国内米価の下落（インディカ米，ジャポニカ米）などで稲作経営は新たな経営革新を求められている．しかし，多くの稲作経営は生産コスト低減の余地は少ないと感じており，今後の経営発展の方向を模索しているようである．わが国では一般的にみられる米の直接販売や加工を行う稲作経営は，イタリアでは未だ限られている．

南米大陸コロンビアでは，米（インディカ）は最も消費量の多い穀物であり，白米で食べる主食として欠かせない食材である．アメリカとの FTA により米の輸入関税が段階的に削減されており，国内生産コストの低減を迫られている．これに対応するため，全国規模で低コスト生産に向けた稲作経営革新を進めており，一定の効果が見られている．こうした取組みには，わが国も参考になる点がある．その一方で，わが国の栽培管理，品質管理，食品加工の技術を導入することで，コロンビア稲作はさらなる経営革新の可能性を秘めているように思われる．

アジア大陸中国では，地域によって食材としの米の位置づけは異なるが，全体的に見れば米は主食であり重要な食材である．生産量ではインディカ米が主体であるが，経済発展によってジャポニカ米の需要増が見られ収益率も高いという．米新品種開発や ICT 活用などを積極的に推進しており，農業イノベーションを加速させている．距離的にはわが国から近く市場規模も巨大な中国は，わが国とっても魅力的な潜在市場であるが，現状では輸出と現地生産の両面において様々な障壁がある．

このように，世界の米生産消費，稲作経営は実に多様性である．各国の稲作経営における米の意味・位置づけは異なるが，それぞれの国際競争力を向上させるために，様々な取組みを進めている．わが国も，各国の取組みから学ぶべき点は学び，改めるべきは即座に改める姿勢が求められているといえよう．

（南石晃明）

付記

本章 2 節は，日本学術振興会基盤研究（課題番号：JP16K07901 およびJP17H01491）による研究成果に基づいている．3〜4 節は，農林水産省予算により生研支援センターが実施する「革新的技術開発・緊急展開事業（うち地域戦略プ

ロジェクト）」のうち「農匠稲作経営技術パッケージを活用したスマート水田農業モデルの全国実証と農匠プラットフォーム構築」（ID：16781474）および日本学術振興会基盤研究（課題番号:JP17H01491）による研究成果に基づいている．5 節は，JST-JICA 予算による SATREPS プロジェクト「遺伝的改良と先端フィールド管理技術の活用によるラテンアメリカ型省資源稲作の開発と定着」の研究成果に基づいている．6 節は，日本学術振興会基盤研究（課題番号：JP17H01491）による研究成果に基づいている．

引用文献・参考文献

荒幡克己（2001）長期的視点から見た日本農業の競争力，農業経済研究，73（2）：36-44.

中華人民共和国国家発展改革委員会価格司（2017）「全国農産物コスト収益資料集 2017」，中国統計出版社，北京，9-18（中国語）.

中華人民共和国国家標準（2009）GB/T15682-2008 糧油検査・米の蒸熟食用品質官能評価方法，中国標準出版社，北京，1-13（中国語）.

長命洋佑，南石晃明，小川諭志（2018）SATREPS「コロンビア」統合的稲作農業への挑戦 ［4］コロンビア稲作経営の実態と技術ニーズ—中央地域イバゲにおけるアンケート調査分析—，農業および園芸，93（6）：526-535.

董峻，洪偉傑（2017）全国に農民専業合作社数は 193 万家を超えた，中国農民専業合作社研究ネット，http://www.ccfc.zju.edu.cn/Scn/NewsDetail?newsId=21933&catalogId=338（中国語）.

FEDEARROZ（2012）AMTEC :ADOPCION MASIVA DE TECNOLOGIA（原文：スペイン語，日本語訳：九州大学農業経営学研究室），1-10.

高鳴，郭芸芸（2018）2018 中国における新型農業経営体分析レポート：農業産業化龍頭企業の調査とデータに基づいて，農民日報，www.farmer.com.cn/xwpd/jjsn/201802/t20180222_1357856.htm（中国語）.

林 正徳（2014）国際市場における品質・安全性規律と貿易戦略，農業経済研究，86（2）：127-136.

伊東正一（2015）［編著］「世界のジャポニカ米市場と日本産米の競争力」農林統計出版.

伊東正一，南石晃明，横田修一，松江勇次（2018）イタリアにおける近年の稲作及びジャポニカ米流通の状況，日本水稲品質・食味研究会報，9：44-45.

加藤和直（2015）海外産ジャポニカ米の食味と品質，伊東正一（2015）［編著］「世界のジャポニカ米市場と日本産米の競争力」農林統計出版，151-170.

桂 圭佑（2015）中国雲南省の超多収稲作，堀江 武［編著］「アジア・アフリカの稲作：多様な生産生態と持続的発展の道」，農文協，東京，212-227.

楠谷彰人，松江勇次，崔晶（2017）中国稲作紀行－河北省の稲作－，農業および園芸 92：567-571.

Li D.,T. Nanseki, Y. Chomei, S. Yokota (2018) Production efficiency and effect of water management on rice yield in Japan: two-stage DEA model on 110 paddy fields of a large-scale farm, Paddy and Water Environment: https://doi.org/10.1007/s10333-018-0652-0

Li D., T. Nanseki, Y. Chomei, T. Sasaki, T. Butta (2017) Technical Efficiency and the Effects of Water Management on Rice Production in Japan: Two-Stage DEA on 122 Paddy Fields of a Large-Scale Farm. 平成 29 年度日本農業経営学会研究大会報告要旨集：196-197

334 第3部 稲作経営の事業展開・マネジメントと国際競争力

松江勇次 (1992) 少数パネル，多数試料による米飯の官能検査，日本家政学会誌，43：1027-1032.

松江勇次 (2012)「作物生産からみた米の食味学」，養賢堂，東京，28-30.

松江勇次 (2015) 外国産ジャポニカ米の食味官能試験による格付け評価システムの構築—中国人とアメリカ人のジャポニカ米品種の食味に対する嗜好性—，伊東正一 (2015)［編著］「世界のジャポニカ米市場と日本産米の競争力」農林統計出版，129-150.

松江勇次 (2016) 稲作栽培技術の革新方向，南石晃明・長命洋佑・松江勇次［編著］「TTP時代の稲作経営革新とスマート農業」，養賢堂，東京，124-128.

松江勇次，南石晃明，山下一仁，伊東正一 (2017) 日本とアメリカにおける水稲収量の算出方法の比較検討，日本水稲食味・品質研究会会報，46-47.

内閣府 (2016)「日本再興戦略 2016—第4次産業革命に向けて—」，http://www.kantei.go.jp/jp/singi/keizaisaisei/pdf/zentaihombun_160602.pdf.

南石晃明 (2015) 稲作経営における生産コスト低減の可能性と経営戦略，伊東正一［編著］世界のジャポニカ米市場と日本産米の競争力，農林統計出版，東京.

南石晃明，長命洋佑，松江勇次［編著］(2016)「TPP時代の稲作経営革新とスマート農業—営農技術パッケージとICT活用—」，養賢堂，東京.

南石晃明，小川諭志，長命洋佑 (2018a) SATREPS「コロンビア」統合的稲作農業への挑戦［3］コロンビア稲作経営の現状，課題および展望，農業および園芸，93 (5)：447-457.

南石晃明，小川諭志，長命洋佑 (2018b) コロンビアにおける稲作イノベーションへの挑戦とそのインパクト—稲作専門農協 FEDEARROZ による大規模技術移転プログラム AMTEC—，農業および園芸，93 (6)：517-525.

新山陽子 (2000) 食料システムの転換と品質政策の確立，農業経済研究，72 (2)：47-59.

小川諭志 (2017) コロンビア稲作経営の現状と課題，SATREPS・農匠ナビプロジェクト研究会プレゼン資料，1-7，(2017年8月3日，つくば市).

笹原和哉，吉永悟志 (2014) イタリア水稲生産における特徴と低費化へのポント，日本農業経済学会論文集，289-296.

笹原和哉 (2015) イタリア水稲生産の省力化背景とその方法，農業経営研究，52 (4)：19-24.

生源寺眞一 (2014) 農業経済学の分析力：日本農業の品質競争力を問う解題，農業経済研究，86 (2)：79-81.

王澎 (2017) 水稲直播は省力かつ心配なし，農民日報，09月26日第05面，http://www.farmer.com.cn/jjpd/zzy/xdzy/201709/t20170925_1325856.htm (中国語).

王志東，頼穂春，李宏，黄道強，卢徳城，周徳貴，王重栄，周少川 (2011) 米食味品質評価方法の研究進展と展望，広東農業科学，38：18-20 (中国語).

USDA (2018) Rice Yearbook, https://www.ers.usda.gov/data-products/rice-yearbook/

USA ライス連合会 (2018) 中粒種について (カルローズ)，https://www.usarice-jp.com/about/middle.html

八木宏典 (1992)「カリフォルニアの米産業」，東京大学出版.

八木洋憲 (2010) カリフォルニアにおける大規模水稲作をとりまく状況と農業経営の対応，共済総合研究，58：42-74.

八木洋憲 (2014) 米国カリフォルニア稲作経営における情報管理と経営組織，南石晃明，飯國芳明，土田志郎［編著］「農業革新と人材育成システム—国際比較と次世代日本農業への含意」，農林統計出版，東京，321-334.

横田修一，佛田利弘，南石晃明 (2018) SATREPS「コロンビア」統合的稲作農業への挑戦［5］日本の稲作経営者からみたコロンビア稲作，農業および園芸，93 (7)：632-639.

吉澤一季，草刈 仁 (2016) 香港におけるコメの輸出需要からみた日本産米の輸出可能性，農業経済研究，88 (3)：329-332.

張玉栄，周显青，楊蘭蘭 (2009) 米食味品質評価方法の研究現状と展望，中国糧油学報，24：155-160 (中国語).

吉田忠則 (2017) 危うい幻想「日本のコメは世界一」，日経ビジネスオンライン (2017年2月3日)，https://business.nikkeibp.co.jp/atcl/report/15/252376/020100083/?P=1

第 10 章　世界の稲作経営の多様性と競争力　　335

第 11 章　次世代稲作経営の展望

1. はじめに

　次世代の農業経営を展望する際には，時空間のどちらに着目するかで，2 つの
アプローチがある．1 つは時間軸に着目するアプローチであり，もう一つは空間
軸に着目するアプローチである．本章ではこうした観点から，主に南石（2017）
に基づいて，次世代稲作経営の展望を試みる．まず第 2 章では空間軸に着目し，
欧州主要国からみたわが国の農業経営の現状を確認し，次世代展望の起点とする．
第 3 節では，時間軸に着目し，稲作経営を取巻く長期的変動要因を考察し，そう
したリスクに対応できる稲作経営革新の方向を考える．これらの考察に基づいて，
第 4 節では次世代稲作経営のシナリオを展望し，その実現のための政策課題を第
5 節で整理する．

2. 欧州主要国と比較したわが国の農業経営

　欧州は，わが国と同様に農業生産の長い歴史を有しており，豊かな食文化も育
んできている．そこで，次世農業経営を展望する起点として，欧州主要国からみ
たわが国の農業経営の現状を確認する．図 11-2-1 は，Eurostat の SO（Standard
Output）を農業経営規模の指標として，欧州主要国の経済規模別農業経営の全 SO
に占める累積シェアを示している[注 1]．Eurostat の最大経済規模区分である SO50
万ユーロ以上の農業経営が占める経済シェアは，デンマークやオランダで 6 割以
上と高く，次いでイギリスやドイツが 4〜5 割，イタリアやスペインが 3 割で，フ
ランスやスイスは 2 割前後まで低下する．最大規模区分の 1/10 の 5 万ユーロ以上
の農業経営が占める経済シェアは，多くの国で 9 割以上を占めているが，スペイ
ンやイタリアは 8 割弱である．フランスとスイスは，50 万ユーロ以上の大規模経
営のシェアはイタリアやスペインよりも小さいが，5 万ユーロ以上では逆転して
おり，5〜25 万ユーロ規模の農業経営が相対的に大きなシェアを占めていること
を示している．

　わが国については農産物販売金額を用いると，5000 万円以上の農業経営の経済

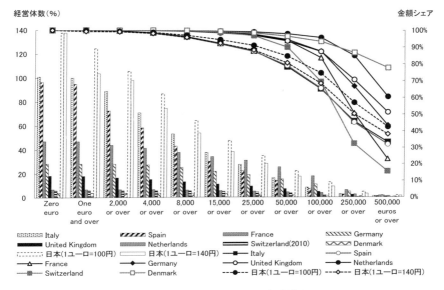

図 11-2-1　欧州主要国の農業経営規模別経済シェアと経営体数
　　　　　注：右軸：SO（Standard Output）を経済規模指標として欧州主要国の経済規模別農業経営の SO 総額に占める累積シェア．左軸：農業経営数（number of holdings）．なお，参考のため，日本については農産物販売金額を経済規模指標として農産物販売金額総額に占める累積シェアを示す（1 ユーロ＝100 円および 140 円の場合）．
　　　　　出典：南石（2017）．

シェアは 42.6%（17000 経営）である．これは，1 ユーロ＝100 円～140 円を想定すると，ドイツとイタリア・スペインの間に位置し，500 万円以上の経済シェア（84.6%）はスイスとスペイン・イタリアの間にある．わが国の農業経営は「零細」であるといわれたこともあったが，経済規模で見る限り欧州主要国に比肩しうる規模に達していることを図は示している．こうした現状認識は，わが国の農業をどのように展望するかの前提となるといえよう．

　ところで，欧州主要国の農業経営数に着目すると，イタリアとスペインが特に多く，スイス，オランダ，デンマークは最も少ない．人口 1 万人あたりの農業経営数をみても，スペイン（207.5 経営）やイタリア（169.0 経営）が特に多く，次いでフランス（74.0 経営），スイス（72.6 経営）が続き，オランダ（40.2 経営），ドイツ（35.4 経営），イギリス（28.9 経営）が少ない[注2]．日本（108.5 経営）は，イタリアとフランス・スイスの間に位置している．これらの国々の食文化，つま

338　第 11 章　次世代稲作経営の展望

り「フランスの美食術」,「地中海料理（スペイン, イタリア等）」,「和食」がユネ
スコ「食の無形文化遺産」に登録されていることは興味深い. 特にイタリアやス
ペインの料理は魚介類等の鮮度が良い食材を活かしたものであり, またリゾット
やパエジャのように米が重要な食材になっている点は, 日本の料理との類似点と
もいえる. 各国の農業経営構造は, 国土・人口, 歴史, 法制度, 農業・食料政策,
作目構成, 農家の「定義」等様々な要因に影響されているが, 次世代の農業を展
望する際には, 食文化との関連性も十分に考慮することが重要であると思われる.

注 1) Eurostat（2016 年 7 月, http://ec.europa.eu/eurostat）データに基づいて, SO（Standard Output）
を経済規模指標として, 欧州主要国の経済規模別農業経営の SO 総額に占める累積シェアを
算出した. 日本については農産物販売金額を経済規模指標として農産物販売金額総額に占め
る累積シェアを算出した. なお, 5 億円以上の平均販売額は独自全国アンケート調査を参考
に 10 億円で推計した.
注 2) 欧州主要国は Eurostat（2013 年）のデータから算出した. ただし, スイスは 2010~2011
年のデータによる. またデンマークは人口データの掲載がなかった. 日本は 2015 年のデー
タである.

3. 稲作経営を取り巻く長期的変動要因とリスク

　本節では, 時間軸に着目し, 稲作農業を取り巻く長期的変動要因について述べ,
その将来から現在取るべき対応策の基礎的知見を得る. 経営環境が大きく変化す
る時代には, 過去の延長を前提とした発想は, しばしば誤った行動, 対策の原因
となる. そうした場合には, 長期的変動の方向を冷静に見極め, 我々が得られる
情報から将来を想定し, そこから現在を考える「バックキャスティング
（backcasting）」発想が求められる.「バックキャスティング」とは,「未来のある
時点に目標を設定しておき, そこから振り返って現在すべきことを考える方法」
であり, これに対して,「過去のデータや実績などに基づき, 現状で実現可能と考
えられることを積み上げて, 未来の目標に近づけようとする方法」を「フォアキ
ャスティング（forecasting）」という（デジタル大辞泉）. 換言すれば, 前者は将来
から現在すべきことを考えるのに対して, 後者は過去・現在から将来を見通す発
想といえる.
　現在, 稲作生産・経営は, 大きな環境変化に直面している. 需要面では, わが
国の人口の減少や高齢化, さらに消費者のコメ離れ等に起因する国内コメ需要の
減少が予見されている. これは市場リスクの増大を意味している（図 11-3-1）. 供

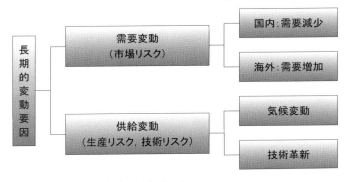

図 11-3-1　長期的変動要因とリスク

給では，地球温暖化による気象災害の頻発や米適地の国内移動等の大きな経営環境変化が生じ，生産リスクの増大が予見される．また，IoT，ICT やロボットに代表される情報通信・ロボット技術 ICT/RT の急速な技術革新が，稲作生産・経営の在り方にも大きな影響を及ぼす可能性があり，これも技術リスク増大を意味する．こうした需要・供給両面における営農リスク増大や環境変化に対応するためには，まず，その変化の方向を知ることが第一歩となる．

1）需要の長期的変動要因

　食料需要は，価格や所得などの経済的な要因と共に，人口，年齢，世代，時代，世帯人数・家族構成，さらには食文化・食習慣等の人口学的・社会学的・文化的要因にも影響を受けている．米需要に関しても様々な研究蓄積が得られており，例えば，藤本（2011）は 1 人あたりの摂取量減少を時代・年齢・世代効果に分離し，年齢効果（60 歳以上で減少）もあるものの，減少量の殆どが時代効果によるものであるとしている．また，草苅（2011）は嗜好バイアスの計測等により，穀類の家計需要減少は，人口減少，世帯規模（人数）の縮小，単身世帯の増加，若年世帯における食生活の簡略化，調理技術水準の低下等の要因によるものとしている．

　人口要因のみに着目しても，わが国の人口（2016 年，1 億 2692 万人）は，現在の 30 歳代の農業経営者がリタイアを迎える頃には 9913〜8674 万人（2048〜60 年）になり，22〜32％の減少が見込まれている．また，1 人あたり米消費量（2015 年度概算値，54.6kg）の減少傾向は緩やかになっているが，高齢者・単身世帯の増加も予見されており，将来的には 50kg 程度までさらに減少する可能性も否定でき

ない．こうした想定の下では，次世代の国内米需要量は現在の 8~6 割程度[注3] に減少する可能性もある．

さらに，消費者が求める食料の品質・安全安心の内容も時代，世代，年齢，家族構成等によって変化することが知られている[注4]．しかし，将来の具体的な展望の基礎となる定量的な研究成果は限定的であり，将来の食料需要を量質両面から明らかにする実証的研究がさらに期待される．それによって，市場リスクの事前評価とマネジメントが可能になる．

2）供給の長期的変動要因

（1）気候変動

気候変動により，農業生産に対しても様々な影響が懸念されている．気候変動は「温暖化」だけを意味するわけではなく，猛暑や冷夏など気温の変動幅の増大，集中豪雨の増加など降雨パターンの変化も含んでいる（南石 2011b）．また，こうした気候変動は，地球規模の水循環の変化とも密接に関連しており，水資源の利用可能性にも大きく影響する可能性がある．さらに，気候変動の主な原因と言われている二酸化炭素（CO_2 ）濃度の増加それ自体も，作物生産に影響を及ぼすことが知られている．これらは何れも生産リスクの増大を意味している．

気候変動に対する適応的対策を取らない場合，「移植日を現在のままと仮定すると，2046~2065 年の平均収量は，現在（1979~2003 年平均）に比べて，北海道および東北においてそれぞれ 26％，13％増収」するが，その一方で，「近畿，四国では，両地域とも現在に比べて 5％減収」するとの予測もある（環境省温暖化影響総合予測プロジェクトチーム 2008）．

収量変動のほかにも，高温障害による白未熟米や胴割れ米，カメムシによる斑点米などの品質低下が懸念されている．川崎（2014）は，平均気温が現在（1990~2010 年）よりも 3 度上昇する場合の収量と品質（1 等比率）への影響を統計的に推計し，全国平均の収量は 4.1％上昇するが，品質は 5.9％低下するとしている．地域的には収量では北日本の増加，品質では西日本の低下が顕著である．他の多くの研究でも，北日本では増収，西日本では現状維持かやや減収すると予測されているが，西日本を中心とする地域では，収量の年次変動も大きくなる傾向が見られる[注5]．

（2）技術革新とイノベーション

内閣府（2016b）『日本再興戦略 2016—第 4 次産業革命に向けて—』では，生産コストの 4 割削減が政策目標に掲げられている．これを実現するためには，経営規模の拡大と共に，情報通信技術 ICT を活用した次世代の生産管理技術を要素技術に含む経営技術パッケージの開発・普及が必要であり，様々なプロジェクトにおいてスマート農業の研究開発が加速している．本書（第 2 章～第 4 章，第 6 章～第 7 章）で示したように，農匠ナビ 1000 プロジェクトにおいては，水田センサによる水田水位・水温計測，土壌センサによる土壌水分・成分計測，UAV（ドローン）搭載カメラによる葉色計測，IT コンバイン搭載収量センサによる収量計測，自動流込み施肥機による施肥自動化，オープン水路用自動給水機による水管理自動化等の ICT を活用した生産管理技術の研究開発が進み実用化されたものも多い．

さらに，戦略的イノベーション創造プログラム SIP（内閣府 2016a）では，本章（第 5 章～第 7 章）で示した稲作ビッグデータ解析や営農最適化やシミュレーション（FAPS や FAPS-DB）による営農計画・作付計画支援の他，パイプライン用自動給水システム，UAV（ドローン）による施肥・防除，自動走行農機（田植機，トラクタ，コンバイン）等の研究開発も実施されている．また，気象災害（高温障害・冷害）軽減を含め，収量・品質の向上を目指した品種開発（多収米等）や栽培方法の開発が進められており，1t/10a 前後の収量が得られる品種も開発済みである．

ただし，これらの研究開発の成果が，実際の稲作生産に波及するためには，現実の稲作経営や米市場のニーズに合致する必要がある．例えば，多収品種の品質・食味にあう顕在需要がどの程度あるか，あるいは新たな需要が創造できるのか，こうした市場対応がなされて初めて営農現場への普及が実現する．また，研究開発された要素技術が，実際の稲作経営の現場で効果を上げるためには，対象経営の立地や戦略に最適な要素技術が組合された経営技術パッケージとして導入される必要がある．換言すれば，研究開発の成果を実用化するには，イノベーションの萌芽である技術革新を営農現場での技術需要に結びつける人材が大きな役割を持つともいえる．

注 3）人口と 1 人あたり米消費量の見通しからは，玄米換算で 600～480 万 t 程度と推定（精米割合 0.9）される．海外市場における国産米需要量については不確定な要素が多く今後のさらなる研究が期待される．

注 4）食料に関わる安全性や安心感は，リスク概念によりしばしば分析される．例えば，南石（2012）では食料リスクの概念と対応策について考察している．

注5）地球が温暖化しても水稲冷害リスクは必ずしも減少せず，温暖化リスクと冷害リスクが並存することが指摘されている．気候変動や冷害に対するリスクマネジメントについては南石（2011a）を参照されたい．

4. 次世代稲作経営の将来像

1）将来像の1つとしての稲作法人経営

　本書第1章でみたように，先進稲作経営は，経営立地に対応する経営戦略を立案し，それに対応した経営技術パッケージを確立することで，生産コスト低減を実現している．それと同時に，顕在需要だけでなく，潜在需要の発見，需要創造も行いながら，市場対応により商品・販路を多様化させて，経営発展を実現している．また，農業法人経営を対象にした全国アンケート分析で確認したように，こうした経営革新は，経営規模（売上，従事者数）拡大により促進されるため，次世代稲作農業の主要な主体の1つは，経営革新を持続的に実践できる一定の経営規模を持つ稲作経営であるといえよう．

　具体的には，本書や南石ら（2016a,b）で紹介したような先進経営が次世代稲作経営の将来像の1つといえる．こうした先進経営は一定の層を形成するまでに発展しており，さらに経営革新が進めば，将来的には売上げ数億～数十億円（作付面積数十～千ha）規模の水稲経営（会社，農事組合，営農集団等）が相当の経済シェアを占めることが少なくとも技術的な面からは可能になるといえる[注6]．そうした経営では，さらなる経営発展を志向して，地域を超えた経営間連携や経営統合による事業の拡大・多角化が進展し，自社に最適な技術開発を独自あるいは他機関と連携して主導的に行うことも考えられる．

2）市場環境の変化と稲作経営戦略

　本書でみてきたように，経営革新により価格競争力と非価格競争力を向上させようとする先進稲作経営は一定の層を形成しており，今後は海外展開も含めた事業展開が進むと考えられる．その背景には，今後，わが国全体の国内食料需要の市場規模が減少する一方で，世界全体の食料需要は増加するとみられていることがある．具体的には，国産米需要は人口減少高齢化等により，現状の6～8割に将来は減少する可能性が高いが，その内容は消費者の食文化・食習慣・嗜好，所得水準，消費調理形態等によっても大きな影響を受ける．例えば，「品質」や「安全安心」を重視する消費者と，「価格」を重視する消費者とに二極化する可能性が高

いと思われる．各市場セグメントの具体的内容と市場規模は，各経営の比較優位性に影響を及ぼす重要な要因となる．

　しかし，世界全体をみると発展途上国の経済成長や人口増加等により食料需要の増加が見込まれている．さらに，海外における和食の市場規模の拡大も期待できる．関係機関の戦略的な取組みにより，わが国の国産米は，和食にとっては優れた品質・調理特性を維持できる可能性を有していると考えられ，国産米の海外需要増加を見込んだ輸出拡大も政策課題となっている．

　こうした市場環境の変化を経営戦略の面からみれば，わが国の稲作法人経営は，生産コストを限界まで低減させながら，国産米の品質・調理特性・ブランドを最大限向上させる方向で，直販・加工等含めて高付加価値の追求を目指すべきと思われる[注7]．さらに，稲作経営の発展という視点からいえば，海外市場を対象とした国産米の輸出と共に，わが国の稲作経営技術パッケージを活用した海外生産が重要な事業展開のキーワードになると考えられる．

　産業を問わず，需要動向や技術革新など経営環境変化に即した経営革新ができる経営にとっては，環境変化は新たなビジネスチャンスといえる．本書第9章で示したように，売上目標が高く，「ICT活用力・情報マネジメント」や「経営戦略・ビジネスモデル」に自社の経営の「強み」を感じている経営は，TPPに代表される自由貿易等の市場経営環境変化を，経営発展の「好機」と捉えているのである．

3) 稲作経営の類型・タイプと社会的役割

　本書では主に法人稲作経営に焦点をあてているが，現実には様々な類型・タイプの「稲作経営」が存在している．「稲作経営」を含む広義の「農家」をみると，自給自足的等の農的生活を重視するライフスタイルとしての「自給農家」，他の職業に就きながら農業も行う「兼業農家」，家族労働力主体で農業に専念する「個人経営」の「農家」，農業を職業・ビジネスと考える「法人経営」の「農家」など実に多様である（図11-4-1）．多様な「農家」はそれぞれの「目線」で，自分たちの必要とする技術を選択し，経営の形態・規模を選択している．

　経営的な観点からいえば，各経営が，需要面や政策面から期待される社会的役割をどのように果たせるのか，経営革新のスピードと内容によって次世代稲作経営の「棲み分け」の状況が定まってくると考えられる．各経営において，個々の経営の経営戦略を明確にし，その実現に向けた経営革新を実践することが強く求められている．

344　第 11 章　次世代稲作経営の展望

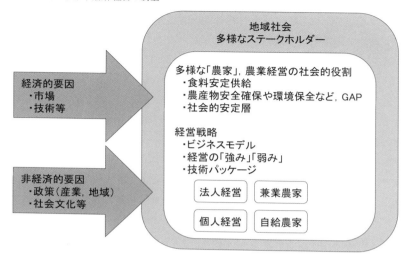

図 11-4-1　多様な農家の優位性を規定する要因と社会的役割

　また，社会全体からみれば，様々な類型・タイプから構成される現代の稲作経営には，農産物を適正な価格で安定的に供給するという従来からの社会的役割に加えて，農産物安全確保，環境保全，労働安全確保，動物福祉維持といった農業適正規範 GAP への取組みも期待されている（例えば，南石 2011a）．こうした社会的要請にどのように応えていけるかは，個々の稲作経営の優位性を決める重要な要因といえる．
　この点に関連して，南石（2012）は食料安全保障（国レベルの食料不足リスク対応）の観点から，農業経営の多様性の重要性を指摘している．つまり，食料不足リスクについて意義のある議論をするためには，わが国全体のエネルギーおよび栄養素について，需要と供給の両面から考察する必要がある．供給面では，食用農産物供給の主体の特徴を明らかにし，その望ましい構成を考える視点が重要である．家族農業経営であるか企業農業経営であるかを問わず，農業経営は，様々な経営リスクに直面しており，今後さらにリスクが増大すると考えられる．農業全体としての食料供給の安定性という視点から見れば，食料供給を行なう農業経営の多様性が，食料不足リスクの低減につながる面がある．想定できる主要な農業経営主体としては，例えば，先進的な農協を核にした生業的家族経営，独自の経営理念や販路をもつ企業的家族経営，そして，多数（数十人）の従業員を雇用

し戦略的事業展開を行なう企業農業経営などがある．また，緊急時を想定した食料安全保障の観点からは，食料を自ら生産できる自給的農家・農的生活者も一定の社会的役割を果たしうるといえる．こうした異なる特徴を有する多様な農業経営の「棲み分け」と連携は，すでにその萌芽がみられるが，今後，大きな潮流になる可能性がある．多様な農業経営の最適な構成比率（農業経営主体ポートフォリオとも言える）は，歴史風土や社会経済的条件，さらには食料安全保障戦略にも依存すると考えられる．

　農業経営は様々な視点から区分できる．例えば，農業経営は，法的形態，経営理念・戦略（事業展開含む）等によって，法人経営・個人経営，独自販売・JA 出荷等の軸で幾つかの類型に大別することができる．こうした類型によって効果的に果たせる社会的役割が異なる可能性もある．それぞれの経営や経営類型の優位性は，経済的要因（技術，事業多角化，市場の機能等）と非経済的要因（家族，政策，文化等）の今後の影響度合いによって決まるといえる[注8]．最近は，個人経営（家族経営）の優位性を低下させる要因がより強く働いているように思われるが，政策や需要動向の面で不確実な要因も多く，将来予測は困難と言わざるを得ない．

　あるいは，稲生産はその生産目的や販売経路から以下のように大別することもできる．①食用米経営内消費（家族・親戚向けのいわゆる縁故米等），②食用米販売，③食品加工原材料生産（経営内加工，販売用），④飼料米・WCS 等の非食用原材料生産（自給，販売），⑤農業体験・研修等サービス提供．②を例にとると，販売方法・経路により，さらに幾つかのタイプに大別できる．a. 消費者へ直接販売（独自店舗・直売所・通販），b. 小売店へ販売，c. 外食・食品加工業者等へ販売，d. JA 農協・集荷業者等へ販売．①よりも②，a よりも b は，生産から最終消費までの間に介在する経済主体の数が多くなり，food-chain が長くなり流通経路も複雑になる．

　食料生産に直結する①～③に着目すれば，自給的農家・農的生活者（個人経営）は①に，独自の販路をもつ農家（個別経営）は主に①と②a に対応している．本書で主な対象とした法人経営の多くは主に①，②abc，③に対応しており，JA・集荷業者向けに生産する農家・農家集団（個別経営やその集合体）は主に①と②ad に対応している．

　本書（第 1 章，第 8～9 章）や南石（2017）でみたように，法人経営は様々な経営革新を実践しており，経営規模（売上，従事者数）が大きいほど，経営革新へ

346　第 11 章　次世代稲作経営の展望

の取組みが進み，多様化した市場ニーズに対応すると共に生産コストが低下する傾向がある．このことは，食料の安定供給という面からみれば，法人経営は既に大きな社会的役割を果たしている重要な主体の 1 つであり，今後のさらなる経営発展が期待される．

　その一方で，地域の消費者との繋がりを重視した生産・販売を行い，「顔が見える関係性」や「信頼・安心感」等の「非価格」競争力を向上させている個人経営も消費者ニーズに応じた社会的役割を果たしている重要な主体の 1 つといえる．こうした個人経営の中には，経営資源（労働力や資金等）の外部調達を最小限に留めた「家族経営」を経営理念とし，独自の栽培理念に基づいて栽培方法にも工夫を凝らすと共に，野菜栽培や食品加工なども行い農業で生計を立てる経営が多い[注9]．

　「家族経営」は，経営の外部環境の変化に対する「強靭性」があり社会的安定層としての役割もあるとされている．こうした「家族経営」のイメージは，欧米主要国の「family farm」像に通じる面もあり，わが国においても農業経営像の 1 つといえる．さらに，非農家出身者が農業参入を考えた場合，現実的な最初の選択肢は「農業法人経営への就職」であるが，農業法人経営で一定の経験を積み，その後，個人経営（家族経営）や法人経営として独立するというルートも今後の重要なキャリアパスの 1 つになると思われる．なお，「家族経営」の変容と展望については，日本農業経営学会（2018）を参照されたい．

4）稲作経営と地域社会

　如何なる産業であっても経営が発展していく上では，ステークホルダーと良好な関係を構築することが必要になる．特に農業も含めて全ての地場産業企業にとっては，経営者や従業員の居住・生活空間と生産・経済活動空間が重層的に関連している場合が多い．このため，生活・経営の両面で重要なステークホルダーである「地域社会」との関係性構築は，農業経営者が取り組むべき活動の 1 つであることに異論はないであろう．本書第 1 章で取り上げた先進事例においても，地域社会の一員として地域住民を対象とした環境・食農教育活動（例えば「田んぼの学校」）や PTA 活動等に積極的に取り組んでいる．こうした稲作経営と地域社会の関係は，地域社会自体の変化，一般企業や非農家子弟の農業参入，農業法人経営の規模拡大・事業多角化の進展等により，今までよりもさらに機能的な関係に再構築される可能性が高いと思われる．

第 11 章 次世代稲作経営の展望 347

　特に，稲作経営は水資源が不可欠な土地利用型農業であり，従来から地域社会との関係が深いといわれている．緒方ら（2017ab）によれば，他作目に比較し，「地域農業・地域社会への貢献」を経営目的とする割合が多い傾向がある．稲作経営からみれば，農地・用水・人材等の経営資源の調達先である農家や土地改良区，生産資材の購入先である農業用資材・機械販売業者や JA，農産物の販売先である消費者・小売業者・食品加工業者等は，地域社会の構成員である場合が多く，重要なステークホルダーといえる．

　ところで，農業経営全般において規模拡大や法人経営増加が進んでいるが，他作目に比較し，稲作経営においては，相対的に小規模経営の割合が高くなっている．稲作経営（単一経営，62.7 万経営）においては，経済シェアで 55% を占めるのは 500 万円未満の経営体（主に個人経営，60 万経営）である．また，「過去 1 年間に稲を作った田」152 万 ha のうち面積で 60%（91 万 ha）を占めるのは，生産コストが高い 5ha 未満の経営である[注10]．近年の米の JA 農協集荷率は低下したとはいえ，それでも 45%（H25 年産，日本農業研究所 2015）程度はあると言われており，米生産における JA 出荷農家（個人経営が主体）・農家集団の役割は依然として大きく，地域社会で存在感のあるステークホルダーである．こうした稲作農家（個人経営）の今後の動向は，政策や JA 農協の取組みに大きく影響されると考えられる．欧州においても，専門農業協同組合が技術開発・人材育成から生産・販売管理，輸出戦略に至るまで大きな役割を果たしている作目・地域があり（例えば，南石ら 2014，第 6 章），今後，JA 農協グループ・組合員農家の経営革新に期待がかかる．

　本節でみてきたように，稲作経営には様々な類型・タイプが併存しているが，各経営の優位性に大きな影響を及ぼす主要因の一つは政策である．「産業政策」と「地域政策」の政策目標をどのように設定し，どのような具体的施策が実施されるのかによって，将来の各経営の優位性が影響を受けることになる（注 11）．その際，各経営の社会的機能・役割をどのように客観的に評価するのかが，「農家」の定義と共に，論点の 1 つになると思われる．

注 6）そうした経営革新が全国的に波及し，農業経営の形態や規模の分布が変化するには，人材と共に農地の調達可能性が影響する．農地地代（賃借料）に対して地価が割安になってきている地域，米価下落や農地保有者の世代交代等を契機として農地売却を検討する農家が増加する地域等，農地の需要と供給の両面で「流動化」が進む条件が整う地域の動向分析が期待される．また，本書第 1 章の事例では 100ha 規模に達すると，農地の面的集積・連坦化・

348 第11章 次世代稲作経営の展望

大区画化が進み，むしろ作業効率が向上する現象がみられる．どの程度の規模や条件で作業効率の反転が生じるかについて，今後の実証的研究が期待される．なお，川崎（2009）は，圃場分散が規模の経済性を低下させ，コスト削減を妨げていることを明らかにすると共に，それまでの研究では「概ね5ha以上の階層で規模の経済性がほぼ消滅する」とされていたのに対して，16ha規模でも規模の経済性があることを示している．

注7）国内では小売価格1kg400円の精米の生産者価格は約217円（54%），ごはん1杯約26円は食パン1食（2枚，130g）約60円の43%，小売100円のおにぎり1個110gに使用する精米は約48gで米材料費は約19円（19%）等とされている（日本農業研究所2015）．こうした主食への支出額を，パンやパスタ等の食料，菓子飲料等の嗜好品，さらには他の商品・サービスと比較してどのように評価するのか，消費者が妥当と感じられるような付加価値を如何に提供できるのかが，わが国の稲作経営の維持発展にとって重要になる．国産米の輸出可能性についても，吉澤・草刈（2016）は価格競争と品質競争の同時進行の重要性を指摘している．伊東（2015）では海外における外国産「コシヒカリ」の小売価格は450円/kgかそれ以上としているが，これは国産米のさらなる低コスト化と高品質化で競争力を向上できる可能性を示唆しているといえる．

注8）「家族経営」（個人経営）の優位性を変化させる環境要因は，経済的要因と非経済的要因に大別できる（南石ら2014）．経済的要因としては①技術の向上による作業標準，経営外部の人材育成，③加工販売部門等への事業・販路多角化，④機械化による最小最適規模の拡大，⑤農地価格と収益還元価格の比率，⑥「市場の失敗」等がある．非経済的要因としては①「家族」の変質，②政治の変化，③文化的要因（農業農村への関心，食文化等）がある．

注9）「家族経営」の将来像の1つとして，例えば「合鴨水稲同時作」で世界的に著名でフランス映画『セヴァンの地球のなおし方』（監督：ジャン＝ポール・ジョー）でも紹介されている古野農場（http://www.aigamokazoku.com/）がイメージできる．経営主の古野隆雄氏は，分業化・専門化が進む傾向がある法人経営よりも，「家族経営」の方が「農業本来の面白さ」を実感できるという．

注10）例えば，最新の農業経営の大規模化や農業法人経営体数の増加傾向については橋詰（2016）を参照されたい．澤田（2014）は，センサス個票を用いて農産物販売金額1500万円以上の大規模農業経営体の平均規模の推移（2005～2010年）を詳細に分析しており，2010年の水稲経営の耕地面積は「家族経営」では都府県22ha（2249経営），北海道26ha（1298経営），「非家族経営」（法人経営）では都府県43ha（920経営），北海道85ha（50経営）に達していることを明らかにしている．農業法人経営の事例や発展過程については，日本農業経営学会（2011）等を参照されたい．なお，稲作経営（単一経営）62.7万のうち販売額5000万円以上の経営の販売額シェアは8.3%，2000万円以上20.6%，1000万円以上32.9%，500万円以上45.0%，100万円以上が77.0%である．「過去1年間に稲を作った田」152万haの内訳をみると経営面積1ha未満が22.8%（35万ha），1～5ha未満が36.9%（56万ha），5～15ha未満が20.7%（31万ha），15ha以上の経営が19.5%（30万ha）である．

注11）関連する政策としては，食料・食品政策（安全確保含む），貿易政策，農業政策（価格，農地，農村振興，人材育成，技術開発等）等が想定できる．なお，新山（2000）は，国内畜産生産の急激な低下を例に，「これから育成される水稲を含めて，かなりの大型経営でさえ農業生産部門だけでは存続することが困難になる」として，EUの「品質政策」を参考にした新たな政策の必要性を主張している．

第 11 章 次世代稲作経営の展望　349

図 11-5-1　次世代経営確立の政策課題

5. 次世代農業経営確立の政策課題

　稲作経営を含め農業経営革新を持続的に実現する上で，農業経営者の経営努力のみでは解決が困難な課題もある．本章では技術や人材を主な対象にしており，生産コスト，経営革新，技術開発と人材育成の面から，今後の政策課題について述べる（図 11-5-1）．なお，農地・水資源も稲作経営の重要な資源であり，調達できる水田の面積や整備状況によって，稲作経営の戦略・事業展開も異なり，必要な経営技術パッケージも異なってくる．ただし，農地の集積・「流動化」については膨大な研究蓄積があるため，本章では割愛する[注12]．なお，以下の（2）～（4）は農業経営全般に共通するものである．

350　第11章　次世代稲作経営の展望

1）米生産コスト削減を促進する経営環境整備

　次世代稲作経営が国際競争力を向上させ存続発展するためには，生産コスト削減と品質向上を両立することが求めされている．「日本再興戦略」（内閣府 2016b）では，「今後 10 年間（2023 年まで）で資材・流通面等での産業界の努力も反映して担い手のコメの生産コストを現状全国平均比 4 割削減する」とされている．南石ら（2016a,b）では，その目標を達成できる稲作経営技術パッケージ（玄米 1kgあたり 150 円の全算入生産費を実現）を提示しており，こうした経営技術パッケージが全国的に普及すれば，政策目標の達成が可能になる．さらに，本書で示したように，高収量品種・増収栽培技術の開発普及，情報通信技術 ICT 等を活用した経営管理・生産管理の革新がさらに進行すると共に，圃場集積・大区画化を可能にする「農地流動化」，地代や資材・農機価格の低減等が進めば，将来的には100 円/kg を目指した一層の生産コスト低減の可能性もあると考えられる[注13]．これらの点は，稲作経営者の経営努力のみでは改善困難であり，引継ぎ政策的な対応が求められている．

2）経営革新を持続的に実現できる農業経営の育成支援強化

　本書第 1 章で示したような事業・市場革新，経営管理革新，技術革新，組織革新といった経営革新（イノベーション）を継続的に行っている農業経営を如何に促進するのか,持続的な経営革新を実現できる農業経営を如何に育成するのかは，大きな政策的課題といえる．しかしこれは，農業経営全体の課題でもあり，他産業を含む産業全体における政策課題でもあり，産業を問わず中小企業に共通した政策課題であるといえる．南石（2012）で指摘したように，農業法人経営は，経済規模，収益性，生産性等の経済指標でみれば他産業中小企業に比較して必ずしも劣っているとはいえず，比肩しうる存在になっている．このことは，経営革新を持続的に実現できる農業法人経営の支援育成は，産業全般を対象とした中小企業政策とも関連が深く，今後は関連政策の一層の連携強化が期待されている．

3）農業経営者主導の研究開発を可能にする体制整備

　農業技術を実際に使用するのは農業経営であり，どのような農業技術が必要とされるかは，農業経営の立地条件の他，経営戦略，ビジネスモデル，経営の規模や技術水準によっても異なる．換言すれば，「農家目線」で研究開発された技術でなければ，広く「農家」に普及することは期待できない．現在の農業経営は多様

化してきており，求められている農業技術も多様である．

　さらに，実際の営農現場では，農業経営の様々な条件や属性に適合するように，個々の技術が組合された経営技術パッケージとして使用されている．このことは，要素技術のみに着目して研究開発を行っても，経営技術パッケージとして提供されない限りは，多くの農業経営への普及が期待できないことを意味している．しかし，既存の農業技術の研究開発体制においては，要素技術の研究開発が主眼であったと言わざるを得ない．

　こうした現実からみれば，技術開発は経営革新の重要な源泉であるが，先進農業経営が必要とする技術開発を持続的に行うには新たな研究開発実践モデルの構築が必要となっている（南石ら 2016a）．こうした研究開発実践モデルは，農業技術を実際に使用する農業経営主導のマーケットイン型の農業技術開発実践モデルといえる．今後は，研究シーズ開発を重視する従来型のプロダクトアウト型モデルと，営農現場ニーズ・実用性を重視する新たなマーケットイン型モデルが，農業技術開発の両輪として機能することが期待されている（南石ら 2014，2016a）．

　このような発想の農業技術の研究開発を加速するためには，新たな研究開発体制・組織の整備が喫緊の政策課題といえる．農業経営技術パッケージの研究開発において，農業経営者主導を担保する仕組みとしては，例えば，以下のような案も考えられる．①農業経営が国等の予算による研究プロジェクトに研究機関として参画することを人的・財政的に支援する制度を整備する．これには，農業経営者が研究プロジェクト管理を行う立場で参画する制度の整備も含まれよう．②農業経営団体・組織や個別の農業経営が独自の予算で行う研究プロジェクトに国が予算を助成する制度を整備する．

　なお，スマート農業のように，農業経営の生産管理や経営管理に関わる情報の収集・解析やこれに基づく意思決定に関する新たな技術は，農業経営戦略とも密接に関連している．このため，実用性の高い研究開発成果を得るためには，農業経営者が主導する形態の研究開発が，従来の品種開発や農業資材・機械開発に比較して一層重要になる．また，スマート農業に関わる研究開発においては，農場内で発生するデータや情報が本質的に重要な意味をもつため，こうしたデータや情報，さらにはその解析から得れるノウハウや知財の帰属や使用に関する農業経営の権利が十分に担保される法的整備が求められている．

4）持続的経営革新を主導する農業人材の育成

　本書で既に述べたように，イノベーションの萌芽である技術革新を営農現場での技術需要に結びつける人材が，実際の経営革新の実現者であり，研究開発成果の実用化において大きな役割を果たしている．こうした持続的経営革新を主導する農業人材の育成は，大きな政策課題といえる．また，営農現場で日々行われている生産管理・経営管理の改善を実際に担っているのも農業人材であり，経営革新を持続するための人材育成も求められている．

　以下，具体的にみていくと，農業経営が求める職種として，生産管理責任者（農場長）に対する要望が，経営規模（売上高）に関わらず大きい傾向等がみられることが，本書（第8章〜第9章）や南石（2017）で分析した筆者らのアンケート調査分析から明らかになっている．また，経営代表者の大学卒業割合は，経営規模の大きい畜産経営（酪農，肉用牛，養豚，養鶏）等で高く，経営規模の小さい水稲経営等で低い傾向がみられる．さらに，大学卒業者のうち農学系分野の卒業生の割合は肉用牛や酪農で高く，水稲は中程度になっている傾向もある．このように，作目や経営規模によって，経営者の教育訓練属性が異なる傾向が見られるため，一層効果的な農業人材育成を行うためには，経営成果や経営行動との関係も含めて，人的資源が経営に及ぼす効果に関する総合的な研究が期待される．ドイツやデンマークを対象にした研究（淡路2014）では，農業経営規模拡大に伴って，農業経営者・管理者における大学卒業生の割合が高まる傾向が見られることが明らかになっている．わが国においても，経営代表者の大学卒業割合は，経営規模が拡大すると高くなる傾向がみられる．

　それでは，次世代の農業経営者や生産管理責任者（農場長）に求められる能力としては，どのようなものが期待されるであろうか？本章で示したように，農業経営を取巻く経営環境が大きく変化し，様々なリスクが増大しており，それに対処できるリスクマネジメント能力の向上が，農業経営者や農場管理者等の農業人材にも求められている．また，本書全体を通して示したようにスマート農業が実用化段階に入りつつあり，農業経営においても情報マネジメント能力の向上が経営の存続・発展にとって今まで以上に求められるようになってきている．このように，次世代の農業経営においては，リスクマネジメントと情報マネジメントの能力向上が求められている（南石2011a）．さらに，農業に関わる情報通信技術ICT，ロボット技術RT，バイオテクノロジーBT等の技術革新が急速に進展している現代においては，これらの技術革新の成果を農業経営において活用するための技術

マネジメントの重要性も高まっている.

このように，農業法人経営においては，様々な面で人材の確保と育成が喫緊の経営課題となっており，人材マネジメントの重要性も高まっている．こうした現状を踏まえると，①育成すべき農業人材像の明確化，②農業人材育成制度の再構築と品質保証制度の整備，③農業経営者が実質的に参画する農業人材育成制度整備,④社会的要請とICT等の技術革新に対応した教育訓練の内容と方法の実現が，強く期待されている．こうした人材育成においては，先進的な農業経営において期待されている事業・市場革新，経営管理革新，技術革新，組織革新に直結する内容を「農家目線」で体系化した内容が期待されている．また，人材育成の方法としては，「体験」や「実践」を基本とした職業訓練と，最先端の「技術」や「理論」に関する高等教育を組合わせることが効果的であると考えられる．これら農業人材育成の詳細については，南石ら（2014，2015a）を参照されたい.

なお，本書では，狭義の農業（生産に焦点をあてた従来の農業）に焦点をあてた農業人材育成について述べた．しかし，次世代農業人材育成では，広義の農業（関連分野を含む拡張された農業）を対象にした人材育成が求められている．例えば，オランダでは，植物，動物，花，食物，自然，レクリエーション，健康，環境に係る幅広い分野の教育を「緑の教育」と称している．これらの分野は，広義の農業および農業関連産業に係るものであり，関係機関は連携して教育研究の推進を行うとともに，体系的な情報提供を行っている（南石ら 2014）．わが国の「食農教育」も「食」と「農」の関連性を重視する点では共通性がある．それをさらに拡張することで，一層広く国民全体が関心をもてる職業領域の創成に繋がるのではなかろうか．農業生産から，食品加工，農産物・加工食品販売，農林水産物の調理・料理，農家・漁家レストラン・民宿，農業・林業・漁業体験・アウトドア体験，フラワーアレンジメントまで幅広い農林水産関連分野を対象にし，これらの分野を関連づけた人材育成が，次世代には求められている．農業法人経営の事業多角化は，既にこれらの分野をカバーしつつあり，教育制度が現実の変化に対応できていない実態がある.

注 12)「農地流動化」は政策的にも重要なテーマであり，例えば，有本・中嶋（2010）や高橋（2015）が興味深い分析を行っている．「流動化」の手段としては，農地売買に加えて，「農地と株の交換」や「土地株制度」（辻 1997）の提案もある．なお，「農地流動化」の対象となる水田資源の整備状況別賦存量（農林水産省 2014）についてみると，水田（247 万ha）のうち大区画 22 万 ha（9%），標準 134 万 ha（54%），未整備（狭小・不整形）91 万 ha

（37%）である（農林水産省 2014）．また，パイプライン 42 万 ha（17%），開水路 165 万 ha（67%），不備（田越し灌漑を行う棚田や用排水未整備の低平地等）40 万 ha（16%）である．今までの水田整備投資を最大限生かすような農地政策が求められる．

注 13）ただし，わが国の気候風土や圃場条件等の自然や社会・経済条件は，世界の米輸出国とは異なっており，余程の円安にならない限り，国産米の生産コストを米輸出国水準にまで低下させることは困難と思われる．

6．おわりに

　本章では，第 2 節において，わが国の農業経営は欧州主要国と比肩し得る経済規模に達している現状を確認した．その上で，第 3 節では，稲作経営を取巻く長期的変動要因に起因する様々なリスクを考察し，これに対応できる稲作経営革新の方向を整理した．第 4 節では，これらの考察に基づいて，次世代稲作経営のシナリオを展望し，稲作法人経営が次世代経営の将来像の 1 つであることを示した．第 5 節では，その実現のためには「農家目線」の政策が必要であることを整理した．

　次世代の農業経営の将来像を展望する際には，政策面では，「農家」の定義を含めて，各経営・類型の社会的機能・役割をどのように客観的に評価するのかが，論点の 1 つになると思われる．経営的な観点からいえば，どのようなタイプ・類型の経営が需要面や政策面から期待される社会的役割をどのように果たせるのか，その経営革新のスピードと内容によって次世代の経営の「棲み分け」の状況が定まってくると考えられる．各経営が経営戦略を明確にし，その実現に向かった経営革新を実践することが強く求められている．その一方で，経営努力のみでは解決困難な社会的・制度的な課題として，農業技術の研究開発や農業人材の確保育成に関わる新たな制度の再構築が喫緊の課題といえる．

（南石晃明）

付記

　本章は，日本学術振興会基盤研究（課題番号：16K07901）および農林水産省予算により生研支援センターが実施する「革新的技術開発・緊急展開事業（うち地域戦略プロジェクト）」のうち「農匠稲作経営技術パッケージを活用したスマート水田農業モデルの全国実証と農匠プラットフォーム構築」（ID：16781474）によ

る研究成果に基づいている.

引用文献・参考文献

淡路和則 (2014) ドイツとデンマークにおける農業人材育成システムとその展開動向, 南石
　　晃明・飯國芳明・土田志郎 [編著]「農業革新と人材育成システム―国際比較と次世代
　　日本農業への含意, 農林統計出版, 81-104.
有本寛・中嶋晋作 (2010) 農地の流動化と集積をめぐる論点と展望, 農業経済研究, 82 (1):
　　23-35.
藤本髙志 (2011) 食品摂取の時代・年齢・世代効果―共変動最大化によるコウホート分析―,
　　農業経済研究, 83 (1): 1-14.
橋詰登 (2016) センサスに見る近年の農業構造変動の特徴と地域性―「2015 年農林業セン
　　サス結果の概要 (確定値)」の分析から―, 農林水産省農林水産政策研究所研究成果報
　　告会配布資料, 32.
伊東正一 (2015) [編著]「世界のジャポニカ米市場と日本産米の競争力」, 農林統計出版.
環境省温暖化影響総合予測プロジェクトチーム (2008) 地球温暖化「日本への影響」―最新
　　の科学的知見―, 環境省地球環境研究総合推進費の戦略的研究「S-4 温暖化の危険な水
　　準及び温室効果ガス安定化レベル検討のための温暖化影響の総合的評価に関する研究」
　　(略称　温暖化影響総合予測プロジェクト) 前期報告書, 1-94.
川崎賢太郎 (2009) 耕地分散が米生産費および要素投入に及ぼす影響, 農業経済研究, 81
　　(1): 14-24.
川崎賢太郎 (2014) 国産農産物の品質評価をめぐる課題と展望, 農業経済研究, 86 (2): 82-91.
草苅仁 (2011) 食料消費の現代的課題, 農業経済研究, 83 (3): 146-160.
内閣府 (2016a) 次世代農林水産業創造技術,「戦略的イノベーション創造プログラム SIP」,
　　http://www8.cao.go.jp/cstp/gaiyo/sip/
内閣府 (2016b) 日本再興戦略 2016―第 4 次産業革命に向けて―, http://www.kantei.go.jp/jp/
　　singi/keizaisaisei/pdf/zentaihombun_160602.pdf
南石晃明 (2011a)「農業におけるリスクと情報のマネジメント」, 農林統計出版.
南石晃明 [編著] (2011b)「食料・農業・環境とリスク」, 農林統計出版.
南石晃明 (2012) 食料リスクと次世代農業経営―課題と展望―, 農業経済研究, 84 (2): 84-95.
南石晃明・飯國芳明・土田志郎 [編著] (2014)「農業革新と人材育成システム―国際比較と
　　次世代日本農業への含意, 農林統計出版.
南石晃明 (2015a) 技能の概念と農業技能, 南石晃明・藤井吉隆 [編著]「農業新時代の技術・
　　技能伝承―ICT による営農可視化と人材育成」, 農林統計出版, pp.17-38.
南石晃明 (2015b) 稲作経営における生産コスト低減の可能性と経営戦略, 伊東正一 [編]
　　「世界のジャポニカ米市場と日本産米の競争力」, 農林統計出版, pp.37-54.
南石晃明・長命洋佑・松江勇次 [編著] (2016a)「TPP 時代の稲作経営革新とスマート農業
　　―営農技術パッケージと ICT 活用」, 養賢堂.
南石晃明・長命洋佑・松江勇次 [編著] (2016b)「農匠ナビ 1000「農業生産法人が実証する
　　スマート水田農業モデル (IT 農機・圃場センサ・営農可視化・技能継承システムを融
　　合した革新的大規模稲作営農技術体系の開発実証)」研究成果集」, 九州大学大学院農学
　　研究院農業経営学研究室, 1-48.
南石晃明 (2017) 農業経営革新の現状と次世代農業の展望, 農業経済研究, 89 (2): 73-90.

356 第 11 章 次世代稲作経営の展望

南石晃明（2018）農業・農業経営のイノベーションと将来像，日本農学会シンポジウム要旨
　　「未来農学─100 年後の農業・農村を考える─」，31-34.

農林水産省（2014）新たな政策の展開を踏まえた農業農村整備の具体化に向けて（補足説明
　　資料），「食料・農業・農村政策審議会配布資料」，http://www.maff.go.jp/j/council/seisaku/
　　nousin/bukai/h26_2/pdf/06_siryou2_2_261008.pdf

農林水産省（2015）農業経営統計調査「平成 26 年産米生産費」，http://www.maff.go.jp/j/tokei/
　　kouhyou/noukei/seisanhi_nousan/pdf/seisanhi_kome_14.pdf

農林水産省［編］（2018）「2015 年農林業センサス総合分析報告書」，農林統計協会.

日本農業経営学会［編］（2011）「次世代土地利用型農業と企業経営─家族経営の発展と企業
　　参入」（南石晃明，土田志郎，木南章，木村伸男［責任編集］），養賢堂.

日本農業経営学会［編］（2018）家族農業経営の変貌と展望（酒井富夫，柳村俊介，佐藤了
　　［責任編集］），農林統計出版.

日本農業研究所（2015）「米の流通，取引をめぐる新たな動き（続）」（米の流通構造の変容
　　および米取引，流通をめぐる新たな動きに関する研究会報告），日本農業研究シリーズ
　　No.22，1-144.

新山陽子（2000）食料システムの転換と品質政策の確立，農業経済研究，72（2）：47-59.

緒方裕大・南石晃明・長命洋佑・西瑠也（2017a）農業経営における経営目的と経営管理意
　　識─農業法人全国アンケート調査から─，2017 年度日本農業経済学会大会報告要旨，
　　K21.

緒方裕大・南石晃明・長命洋佑（2017b）農業法人における ICT 費用対効果の評価に関する
　　因子分析，農業情報学会 2017 年度年次大会講演要旨集，43-44.

澤田守（2014）「大規模農業経営体」の動向と課題─農業センサスによる分析─，南石晃明・
　　飯國芳明・土田志郎［編著］「農業革新と人材育成システム─国際比較と次世代日本農
　　業への含意」，農林統計出版，pp.145-162.

高橋大輔（2015）日本農業における調整問題，農業経済研究，87（1）：9-22.

辻雅男（1997）農業生産システムの新たな方向，農村計画学会誌，16（2）：164-169

吉澤一季・草刈仁（2016）香港におけるコメの輸出需要からみた日本産米の輸出可能性，農
　　業経済研究，88（3）：329-332.

索引

あ行

アクションプラン, 99, 103-110, 114, 117, 119, 124-125, 129

イノベーション：16-19, 21, 24, 31, 40, 133-134, 142, 179, 217, 220, 234, 239, 247-250, 312, 321, 328, 332, 334, 340-341, 350, 352, 355-356

インディカ米：294, 323-325, 332

か行

外観品質：63-64, 66, 87, 159, 164, 331

価格競争力：294, 342

仮想カタログ法：186, 218, 238-239, 250

カルローズ：295, 303-305, 311, 334

環境情報：161, 163

気候変動：17, 43, 59, 186, 200, 223, 318, 321-322, 340, 342

技術革新：16-19, 23-36, 39, 94, 251, 322, 339-341, 343, 350, 352-353

技術パッケージ：18-27, 30-31, 41-48, 74, 94-98, 181, 217-218, 230, 249-250, 273, 291, 293, 312, 321, 333-334, 341-343, 349-351, 354-355

気象対応型追肥法：59-62

気象リスク：270, 313

技能：16, 18, 23, 25, 27, 30-32, 40-41, 45, 77-79, 81-82, 164, 182, 208, 210-211, 220, 225, 230, 233, 250, 262, 272-273, 355

経営革新：16-28, 30-45, 96, 139, 159, 180, 218, 250, 273, 291, 294, 328, 332-336, 342-345, 347, 349-352, 354-355

経営管理革新：24, 26, 32-36, 350, 353

経営シミュレーション：98-99, 140-141, 183, 208, 210, 217

経営整理シート：105, 113, 118, 127

経営戦略：25-26, 31, 35-36, 39-40, 46, 100, 105, 107, 114, 120, 229, 244-246, 254, 264, 268-271, 286-287, 290, 294, 334, 342, 343, 350-351, 354-355

経営展望：16-17, 336

経営の「強み」：270, 278, 286, 287, 289, 343

経営目的：41, 254, 258, 262, 271, 347, 356

経営理念：270-271, 287, 290, 344, 346

ケイ酸：75-76, 150-152, 168-179, 202

減価償却費：107, 121, 128, 157, 208, 235

研究開発：22-23, 31, 43, 45, 71,

74, 94, 96, 127, 139, 156, 182, 189, 220, 223, 227, 229, 237, 249, 273, 303, 341, 350-354

高密度播種育苗：103-106, 111-115, 117-119, 126, 132, 137, 139-140

コスト削減（低減）：16, 17, 19, 23-30, 39-40, 45-46, 52, 68, 82-86, 90-95, 99, 101-106, 110-111, 117, 119, 125-126, 137, 165, 216, 220, 227, 230, 238, 318, 348, 350

さ行

最適営農（作付）計画：19, 27, 32, 41, 83, 86, 183, 212-214, 216, 218, 229-235, 237-238, 249-250

作物情報：161, 163

事業・市場革新：23-24, 29-33, 39, 350, 353

事業多角化：19, 266-268, 280, 281, 284-285, 345-346, 353

事業展開：18, 20-21, 25, 38, 40, 249-254, 259, 264-265, 271-273, 343, 345, 349

市場環境：342-343

市場変動：164

次世代稲作：16, 18, 20, 336, 342, 350, 354

自走型軽量土壌分析システム：94, 201, 203

自動化：16, 19-20, 31, 93, 95, 158, 182, 189-190, 195, 216, 220-229, 234-238, 341

自動給水機：20, 95, 130, 156, 158, 183-195, 216, 218, 222-223,

303, 341

写真測量：204, 206, 218

ジャポニカ米：292-295, 304-305, 310, 311-325, 330-355

集落営農組織：145-147, 211

収量マップ：77, 148-149, 158

情報マネジメント：20-21, 38, 218, 251, 253, 268, 270-273, 286-290, 343, 352

食味：57, 59-66, 87, 94-96, 98, 120, 122, 159, 164-165, 218, 293-295, 301, 303, 310, 311, 322, 324, 329-334, 341

人材育成（人的資源管理）：23-24, 31, 35-41, 78, 234, 244-246, 251, 254, 259-263, 268-273, 287-290, 334, 347-349, 352-356

水田センサ，19-20, 28, 31, 46, 70-72, 74, 94-95, 98, 99, 131-132, 141, 154-158, 161, 164, 183-185, 187-190, 196-199, 217, 221-222, 239, 241, 303, 341

スマート（水田）農業：16, 23, 44, 98, 107, 122, 144, 162, 220, 341, 351-352

生育情報：61, 86, 87, 183, 203-205, 217

精玄米重歩合：306-307, 309

生産履歴：66, 68, 94, 184

世界視点：20-21, 293-295

組織革新：18, 24, 349, 353

た行

中粒種：293-295, 302, 304-309, 334

地力指数（SQI）：168, 170-174, 178

直播栽培：27，32，48，53，56，82，83，86，107，108，113，118，137，139-140，165，208，214，216，302，307，315，325

低収量圃場特定：183-184，216，239-241

データセントリック科学，21

登熟歩合：63-64，150-153，158，307

土壌センサ：20，95，96，163，224，341

土壌分析：28，46，74-75，95-96，150，163，167，179，200-203，217，224

土壌マップ：74-78，183，201，203，217

ドローン（UAV）：20，86-95，99，141，163，183，203-207，217，223-226，317，341

な行

流し込み施肥：28，53-56，82-86，94-95，104，110，114，125，130，139，165，223，239，341

二毛作体系：144，158

農家目線：19-21，182，195，220-221，228，249，350，353-354

農業生産管理システム：98-99，131，133，135-138，141-142

農作業映像コンテンツ：28，46，77-78

農作業情報：161，163，164

農作業ノウハウ：18，23，25，30，44，74，77，95，164，182，208-210，245，273，351

農産物競争力：292

農匠 PDCA：100，104，113，118，126

農匠プラットフォーム：20，142，159，183-190，218，228，249，333，354

農匠ノート：105-106，113，118，120，127

は行

ハイブリッド米：325-326，331

パス解析：167-168，170，174-175，180

非価格競争力：294，342

非価格要因：292

ビッグデータ：17，20，161，164-165，169，178-179，184-185，196，341

標準化地力指数（SSQI）：171，173

標準化土質（SSP）：168，170-173

品質管理：299-300，311，328，332

飽水管理：29，47，94-95，144，150-156，158，184，186，190，195-196，303

圃場均平：28，47，90-91，93，303，306

ま行

マルチバンドカメラ：204，207

水管理：20，25，27-30，45-47，51，53，70-74，85，94，117，121，131，144，150-159，163-170，176-179，182-199，203，216，218，220-224，234，238-239，241-243，250，303，306-307，316，341

密苗：19，24，29，48，49，51-53，

125, 303

無人ヘリ：86-87, 96, 115, 120, 225, 226

や行

葉色：59-61, 86-90, 94, 150, 161-169, 183, 203-207, 218, 306, 341

ら行

リスク：17, 32-36, 40-41, 61, 110, 164, 183, 185, 192, 200, 212-216, 223, 229, 230-245, 250, 259, 268-270, 287-290, 316, 336, 338-340-344, 352-355

粒厚：64-66, 152-153, 165, 306, 307, 309

良食味品種：329-331

良食味米生産技術：322, 329

類型・タイプ：343-344, 347

6次産業化：98, 106, 121, 123, 127

ロボット：16, 19-20, 123, 127, 139, 182, 220, 227-228, 230-238, 249-251, 339, 352

アルファベット

AI（人工知能）：17, 19, 182, 205, 220, 228-229, 234, 321

DEA（データ包絡分析）：167-168, 176-177, 179-181, 333

FAPS：19-21, 31, 40, 83, 86, 103, 116, 122, 164, 183, 208-220, 229-237, 249-250, 341

FAPS-DB：20, 40, 183, 208, 209-212, 217-218, 230, 250, 341

FVS（営農可視化システム）：28, 46, 71, 73, 81, 94, 95, 131, 163-165, 184-187, 196, 213-216, 221, 230, 232-235, 237

ICT（情報通信技術）：16-24, 28, 31-43, 47, 61, 95-100, 117, 121, 127, 130-131, 139, 141, 144, 165, 181-182, 189, 191, 200, 218, 220, 223, 243-254, 268-273, 285-291, 321-322, 328, 332, 334, 339, 341, 343, 350-356

ICT 活用：16, 34, 244, 252, 268, 328

ICT 費用対効果：35, 243

IoT：17, 19, 182, 194, 339

IT コンバイン：66, 68, 148, 156, 224, 240

IT サービス：238

IT 農機：69, 144, 154

LPV：161, 168-169

NDVI：87-88, 204-205, 207

PDCA サイクル：99, 129

PSM 分析：191, 193

Society5.0：17, 21

SPAD：60-61, 95, 161, 168-169, 205-206

TPP：17-18, 20-21, 41, 47, 96, 159, 180, 218, 250, 273-291, 334, 343, 355

SWOT 分析：105, 118, 121, 127

執筆者一覧

編著者

南石晃明 　九州大学大学院農学研究院　教授（まえがき，序章，1 章 1
～4 節，2 章 1～2，8，10～11，13～14 節，5 章 1～5 節，6 章
1～4，7～9 節，7 章 1～7 節，8 章 1～8 節，9 章 1～6 節，10
章 1～6 節，11 章 1～6 節）

章責任者

渡邊　健 　茨城県農業総合センター農業研究所　所長（刊行にあたって，
（3 章）　3 章 1，6 節）

松江勇次 　日本水稲品質・食味研究会　会長，元・福岡県農業総合試験
（4 章）　場　場長，元・九州大学　学術研究員（特任教授）（刊行にあ
たって，2 章 6 節，4 章 7 節，10 章 4，6 節）

長命洋佑 　九州大学大学院農学研究院　助教（5 章 1～5 節，6 章 2～3，
（8，9 章）　8 節，7 章 3～6 節，8 章 1～8 節，9 章 1～6 節）

著者（執筆順）

横田修一 　有限会社横田農場　代表取締役社長，農匠ナビ株式会社　代
表取締役社長（刊行にあたって，2 章 11 節，6 章 2～3 節，7
章 2 節，10 章 3，5 節）

佛田利弘 　株式会社ぶった農産　代表取締役社長，農匠ナビ株式会社
研究主任（2 章 3，10 節）

伊勢村浩司 　ヤンマーアグリ株式会社　新規事業推進グループ　部長（2
章 3，7 節）

澤本和徳 　ヤンマー株式会社　中央研究所　主幹研究員（2 章 3 節）

森　拓也 　茨城県農業総合センター農業研究所　主任研究員（2 章 4 節，
3 章 2～4 節）

森田　敏 　農林水産省　農林水産技術会議事務局　研究調整官（兼政策
統括官），元・農業・食品産業技術総合研究機構　九州沖縄農
業研究センター上席研究員（2 章 5 節）

李　東坡 　九州大学大学院農学研究院　学術研究員・特任助教（2 章 6
節，5 章 1～5 節，6 章 4 節，10 章 6 節）

362 執筆者一覧

金谷一輝	ヤンマー株式会社　中央研究所（2章7節）
平石　武	ソリマチ株式会社　取締役（2章7節）
福原悠平	有限会社フクハラファーム　代表取締役社長，農匠ナビ株式会社　研究主任（2章8，12節）
髙﨑克也	株式会社AGL　代表取締役社長，農匠ナビ株式会社　研究主任（2章8，13節，6章3節）
小平正和	東京農工大学大学院農学研究院　産学連携研究員（2章9節，6章5節）
澁澤　栄	東京農工大学大学院農学研究院　教授（2章9節，6章5節）
中井　譲	滋賀県東近江農業農村振興事務所　課長補佐，元・滋賀県農業技術振興センター　専門員（2章12節）
吉田智一	農業・食品産業技術総合研究機構　農業技術革新工学研究センター　スマート農業推進統括監（2章12節，6章6節）
清水ゆかり	農業・食品産業技術総合研究機構　中央農業研究センター，元・茨城県農業総合センター　農業研究所　研究嘱託員（3章3～4節）
稲毛田　優	茨城県県南農林事務所つくば地域農業改良普及センター　技師（3章3～4節）
住谷敏夫	茨城県県南農林事務所稲敷地域農業改良普及センター　地域普及第一課長（3章3節）
佐藤潤次	茨城県県南農林事務所稲敷地域農業改良普及センター　主任（3章3節）
阿久津　理	茨城県県西農林事務所経営・普及部門　技師（3章3～4節）
眞部　徹	茨城県農業総合センター　専門技術指導員（3章5節）
柴戸靖志	福岡県農林業総合試験場豊前分場　専門研究員（4章1～2節）
石丸知道	福岡県農林業総合試験場豊前分場　研究員（4章3～6節）
佐々木　崇	九州大学大学院農学研究院　テクニカルスタッフ（5章1～5節，6章4節）
福原昭一	有限会社フクハラファーム　代表取締役会長，農匠ナビ株式会社　取締役会長（6章2節）
佐藤正衛	農業・食品産業技術総合研究機構　北海道農業研究センター　大規模畑作研究領域　上級研究員（6章7節）

| 前山　薫 | 岩手県農業研究センター　上席専門研究員（6 章 7 節） |

前山　薫　　　岩手県農業研究センター　上席専門研究員（6 章 7 節）

馬場研太　　　九州大学大学院生物資源環境科学府　大学院生（修士）（6 章 8 節，7 章 3〜4 節）

緒方裕大　　　九州大学大学院生物資源環境科学府　大学院生（博士）（7 章 6 節，8 章 4 節）

太田明里　　　九州大学大学院生物資源環境科学府　大学院生（修士）（8 章 7 節）

伊東正一　　　九州大学名誉教授，九州大学大学院農学研究院　学術研究員（特任教授）（10 章 3〜4 節）

編著者紹介

南石　晃明（なんせき　てるあき）

　岡山県に専業農家の長男として生れる．米国コーネル大学留学を経て，岡山大学大学院農学研究科修士課程修了．農学博士（京都大学）．専門は農業経営学，農業情報学など．農林水産省農業研究センター経営設計研究室室長，農研機構中央農業総合研究センター生産支援システム開発チーム長などを経て，2007 年から九州大学大学院農学研究院教授．

稲作スマート農業の実践と次世代経営の展望
南石晃明［編著］

Smart agriculture practice in rice-farming
and perspective of farm in next-generation

Nanseki, Teruaki [Ed.]

JCOPY ＜出版者著作権管理機構　委託出版物＞

2019　　　2019年2月21日　第1版第1刷発行

稲作スマート農業の
実践と次世代経営の
展望

著者との申
し合せによ
り検印省略

ⓒ著作権所有

定価(本体4200円＋税)

編　著　者　南　石　晃　明

発　行　者　株式会社　養　賢　堂
　　　　　　代　表　者　及　川　清

印　刷　者　株式会社　丸井工文社
　　　　　　責　任　者　今井晋太郎

〒113-0033　東京都文京区本郷5丁目30番15号

発　行　所　株式
会社 養　賢　堂　TEL 東京(03) 3814-0911　振替00120
FAX 東京(03) 3812-2615　7-25700
　　　　　　URL http://www.yokendo.com/

ISBN978-4-8425-0572-5　C3061

PRINTED IN JAPAN　　　　製本所　株式会社丸井工文社

本書の無断複製は著作権法上での例外を除き禁じられています。
複製される場合は、そのつど事前に、出版者著作権管理機構の許諾
を得てください。
(電話 03-5244-5088、FAX 03-5244-5089、e-mail:info@jcopy.or.jp)